◆ 零基础学智能体丛书

零基础开发
AI Agent
用Dify从0到1做智能体

叶涛　管锴　杨霆辉·著

电子工业出版社
Publishing House of Electronics Industry
北京·BEIJING

内 容 简 介

这是一本面向零基础、非 IT 技术背景读者的 Agent 开发实战指南。本书以 Dify 为 Agent 开发平台，采用案例教学的方式手把手教你如何用 Dify 开发 Agent。无须编程，你也可以开发功能丰富的 Agent。

本书采用"方法总结—工具操作—项目实战"的结构循序渐进展开介绍，共 9 章。首先，本书揭示了 Agent 在 AI 应用落地中具有的场景化、流程化、个性化、本地化的价值，总结了生产级 Agent 的开发流程与开发注意事项。然后，本书介绍了 Dify 的平台特性与使用方式，详细演示了 Dify 在本地电脑及云服务器上的部署方法与操作步骤，以案例化的形式展示 Dify 的 5 种 AI 应用的特点，并借助 10 余个案例详细介绍了 Dify 的 18 个工作流节点的具体使用方法。最后，本书选取了发票识别与处理、长文档处理、本地知识问答、人才招聘这 4 个典型的业务场景，用 6 个典型的项目案例，手把手演示了从需求分析、运行流程、节点设计到运行效果的全链路 Agent 开发过程，并总结了每个案例的开发经验，为你提供了开发类似功能的 Agent 的思路。

本书适用于希望借助 AI 技术提升职场竞争力的人士、希望将 Agent 技术应用到真实业务场景中降本增效的管理者，也适用于希望利用 Agent 技术寻找商业机会的创业者。

未经许可，不得以任何方式复制或抄袭本书之部分或全部内容。
版权所有，侵权必究。

图书在版编目（CIP）数据

零基础开发 AI Agent：用 Dify 从 0 到 1 做智能体 / 叶涛，管锴，杨霆辉著. -- 北京：电子工业出版社，2025.7(2025.10重印). -- (零基础学智能体丛书). -- ISBN 978-7-121-50432-7

Ⅰ．TP18

中国国家版本馆 CIP 数据核字第 2025D6S045 号

责任编辑：石　悦
印　　刷：三河市良远印务有限公司
装　　订：三河市良远印务有限公司
出版发行：电子工业出版社
　　　　　北京市海淀区万寿路 173 信箱　　邮编：100036
开　　本：787×980　1/16　印张：18　字数：391.68 千字
版　　次：2025 年 7 月第 1 版
印　　次：2025 年 10 月第 7 次印刷
定　　价：89.00 元

凡所购买电子工业出版社图书有缺损问题，请向购买书店调换。若书店售缺，请与本社发行部联系，联系及邮购电话：(010) 88254888，88258888。
质量投诉请发邮件至 zlts@phei.com.cn，盗版侵权举报请发邮件至 dbqq@phei.com.cn。
本书咨询联系方式：faq@phei.com.cn。

前　　言

生成式 AI 技术以大模型为核心。近年来，大模型的能力快速迭代，带来了更自然的文本生成、更高级的语义理解、更低的资源消耗、更广泛的应用领域。然而，在 AI 技术的实际应用中，仅仅依靠大模型的通用能力，往往难以满足复杂多样的业务场景需求。于是，AI Agent（简称 Agent，智能体）正在成为推动 AI 技术走向实用化、价值化的关键力量。一些率先应用 AI 技术的企业，已经通过 Agent 将 AI 技术嵌入业务流程中，在营销策划、资料审核、文案生成、智能问答、客户服务、人才招聘等方面掀起效率革命。

2025 年被业界认为是 Agent 元年。随着大模型推理能力及多模态能力的增强，Agent 已经从简单的 Chatbot（聊天机器人）发展为能够执行复杂任务的 Workflow（工作流）。Agent 的应用场景越来越丰富，并从 To C（消费者用户）场景逐渐向 To B（企业级用户）场景发展。

Agent 不仅能理解复杂指令，还能拆解和规划任务、调用工具、记忆上下文、执行复杂任务，最终形成完整的"感知—决策—执行"任务闭环。

那么，用什么工具开发 Agent？开发 Agent 需要什么技能？非技术人员能不能学得会？如何寻找 Agent 的应用场景？如何让 Agent 消除真实业务的痛点？

针对以上疑问，为了让更多非 IT 技术背景的人能够快速掌握 Agent 的开发和使用能力，我们撰写了本书。本书的定位为零基础开发 Agent 的实操指南，以 Dify 作为开发 Agent 的工具。你不需要掌握编程知识，通过学习本书的内容，能够初步掌握用 Dify 开发 Agent 的技巧和实操能力。

在出版本书之前，我们已经出版了《零基础开发 AI Agent：手把手教你用扣子做智能体》，该书系统地介绍了如何用扣子（Coze）平台开发 Agent，书中的案例侧重于 To C 场景，学习难度相对较低。与扣子相比，Dify 的使用者以企业级用户为主。因此，本书的案例侧重于To B场景。通过学习本书的内容，你可以实现Agent开发从"好玩"到"好用"的跨越。当然，如果你在使用Dify之前，有学习和使用扣子等Agent开发平台的经验，那么学习本书的内容会更加轻松。

本书采用"方法总结—工具操作—项目实战"的结构循序渐进地展开介绍，共分为9章。

第1章简要介绍了Agent的概念与工作原理，总结了Agent在AI应用落地中的4大独特价值，并提出了在真实业务场景中应用的生产级Agent的概念与应用价值。

第2章梳理了国内外Agent开发平台的发展脉络，以及Dify的特点与优势，基于Dify在开发生产级Agnet方面的能力，从方法论层面总结了开发生产级Agent的流程与注意事项。

第3章详细演示了如何在本地电脑及云服务器上部署Dify。私有化部署是Dify的重要优势。实际上，很多生产级Agent的开发与应用，对私有数据的安全性及保密性都有很高的要求。因此，不想用云服务方式使用Dify的开发者，需要仔细阅读本章，按照操作指引就能完成Dify的部署。需要说明的是，本章有一定的代码操作难度，非IT技术开发者在阅读时可能有一定困难。如果你只需要用云服务方式使用Dify，那么可以跳过本章。

第4章和第5章全面介绍了Dify的各项功能及使用技巧，以案例化的形式展示了Dify的5种AI应用的特点，并借助10余个案例详细介绍了Dify的18个工作流节点的具体使用方法。建议你在使用Dify开发完整项目之前，认真学习这些内容，并参照本书中的案例进行练习，充分掌握Dify的设计原理和使用方法，为后续学习复杂的项目案例奠定坚实基础。当然，在学习后续的项目案例时，如果对Dify的某个功能的理解有困难，也可以回顾这些内容定向学习。

第6章到第9章是项目案例，选取了发票识别与处理、长文档处理、本地知识问答、人才招聘这4个典型的业务场景，用6个典型的项目案例，手把手演示了从需求分析、运行流程、节点设计到运行效果的全链路Agent开发过程，并总结了每个案例的开发经验，为你提供了开发类似功能的Agent的思路。对这些案例的阅读原则上没有先后顺序，你可以根据自己的兴趣选择任意案例开始学习。

我们从AI技术应用者的视角，以用户能看得懂的语言风格撰写本书，用通俗的文字解读复杂的技术概念，并在书中穿插大量实操案例进行演示，力求做到图文并茂。需要说明的是，Agent开发平台日新月异，你在阅读本书时可能会发现Dify的个别界面和功能与本书介绍的略有不同，你需要结合实际情况判断，灵活运用书中的知识。

你可以将本书当作开发生产级 Agent 的入门书。本书介绍的 Agent 开发平台及案例以企业级的业务场景为主。

为了确保本书的专业性和实用性，我们在撰写过程中，寻求了技术专家的支持。来自中国移动研究院的智能体工程师解飞老师，为我们提供了 Dify 部署、部分案例中的 Agent 开发的技术支持。来自深信服的 IT 专家冯峰老师，为我们提供了硬件、安全及部分案例中的 Agent 开发的技术支持。感谢所有为本书付出辛勤努力的作者、编辑和其他工作人员。

感谢广大读者对本书的喜爱，希望本书能够帮助你系统、快速地学会开发 Agent。欢迎各界人士与我们互动讨论，共同推动 AI 技术在真实业务场景中应用。

叶涛、管锴、杨霆辉
2025 年 6 月

目 录

第 1 章 从大模型到 AI Agent ·········· 1
1.1 Agent 的概念与工作原理 ·········· 1
1.1.1 Agent 的概念 ·········· 1
1.1.2 Agent 的工作原理 ·········· 2
1.2 Agent 在 AI 应用落地中的价值 ·········· 3
1.2.1 场景化 ·········· 3
1.2.2 流程化 ·········· 5
1.2.3 个性化 ·········· 8
1.2.4 本地化 ·········· 9
1.3 Agent 正在从好玩走向好用 ·········· 10
1.3.1 好用的 AI 应用——生产级 Agent ·········· 10
1.3.2 生产级 Agent 助力企业经营管理突破 ·········· 13

第 2 章 Dify 介绍及 Agent 开发流程 ·········· 17
2.1 快速了解 Agent 开发平台 ·········· 17
2.1.1 Agent 开发平台速览 ·········· 17
2.1.2 Agent 开发平台的分类与使用 ·········· 18
2.1.3 Agent 开发平台与通用 Agent 平台的区别 ·········· 19
2.1.4 Dify 的特点与优势 ·········· 20
2.2 Dify 的使用方式 ·········· 23
2.2.1 用云服务方式使用 Dify ·········· 23
2.2.2 部署并使用 Dify 社区版 ·········· 27
2.3 生产级 Agent 的开发流程 ·········· 27

2.3.1　如何开发一个生产级 Agent ·········· 27
　　2.3.2　开发生产级 Agent 的注意事项 ·········· 30

第 3 章　部署 Dify 的开发环境 ·········· 32
3.1　部署 Dify 的总体方案 ·········· 32
3.2　部署 Docker ·········· 34
　　3.2.1　在本地电脑上部署 Docker ·········· 34
　　3.2.2　在云服务器上部署 Docker ·········· 42
3.3　部署 Dify ·········· 45
　　3.3.1　下载 Dify 的源代码文件 ·········· 45
　　3.3.2　部署 Dify 服务端 ·········· 47
　　3.3.3　在前端访问 Dify ·········· 50
　　3.3.4　在云服务器上部署 Dify ·········· 51
3.4　部署模型管理平台 ·········· 52
　　3.4.1　什么是模型管理平台 ·········· 52
　　3.4.2　部署 Ollama ·········· 53
　　3.4.3　部署 Xinference ·········· 59
　　3.4.4　Dify 接入模型管理平台 ·········· 63
　　3.4.5　在云服务器上部署模型管理平台 ·········· 70

第 4 章　Dify 的功能介绍及 5 种应用 ·········· 73
4.1　Dify 的主页面 ·········· 73
　　4.1.1　探索页面 ·········· 73
　　4.1.2　工作室页面 ·········· 74
　　4.1.3　知识库页面 ·········· 74
　　4.1.4　工具页面 ·········· 75
4.2　Dify 的 5 种应用 ·········· 76
　　4.2.1　聊天助手 ·········· 77
　　4.2.2　Agent ·········· 80
　　4.2.3　文本生成应用 ·········· 83

4.2.4 Chatflow（对话工作流） ·· 86
  4.2.5 工作流 ·· 96
 4.3 Dify 知识库 ·· 98
  4.3.1 Dify 知识库的功能 ··· 98
  4.3.2 创建 Dify 知识库 ·· 99
  4.3.3 知识库分段及检索参数配置 ································ 101
  4.3.4 连接外部知识库 ··· 108
 4.4 Dify 工具扩展 ··· 109
  4.4.1 来自市场的工具 ··· 110
  4.4.2 自定义工具 ··· 111
  4.4.3 作为工具发布的工作流 ·· 111

第 5 章 Dify 工作流节点详解及实操案例 ···································· 113

 5.1 数据预处理模块 ·· 114
  5.1.1 开始节点 ··· 114
  5.1.2 知识检索节点 ··· 116
  5.1.3 变量赋值节点 ··· 117
  5.1.4 参数提取器节点 ··· 122
  5.1.5 代码执行节点 ··· 124
  5.1.6 文档提取器节点 ··· 127
  5.1.7 列表操作节点 ··· 129
  5.1.8 变量聚合器节点 ··· 131
 5.2 数据生成模块 ·· 132
  5.2.1 LLM 节点 ·· 132
  5.2.2 问题分类器节点 ··· 137
  5.2.3 条件分支节点 ··· 139
  5.2.4 迭代节点 ··· 142
  5.2.5 循环节点 ··· 145
 5.3 数据输出模块 ·· 148
  5.3.1 模板转换节点 ··· 148

  5.3.2　HTTP 请求节点 ·········· 149
  5.3.3　Agent 节点 ············ 151
  5.3.4　结束节点 ············· 154
  5.3.5　直接回复节点 ··········· 154

第 6 章　开发发票识别助手 Agent ········ 156

6.1　项目需求：自动识别并初步审核发票 ··· 156
  6.1.1　业务场景概述 ··········· 156
  6.1.2　传统手工作业的痛点 ········ 156
  6.1.3　发票识别助手 Agent 的功能 ···· 157

6.2　发票识别助手 Agent 的开发过程详解 ··· 157
  6.2.1　入门案例：开发增值税发票识别助手 Agent ············· 158
  6.2.2　进阶案例：多类型发票聚合识别助手 Agent ············· 165

6.3　举一反三：Agent 开发小结与场景延伸 ·· 183

第 7 章　开发标书阅读与内容框架生成助手 Agent ············ 185

7.1　项目需求：自动识别标书的关键内容并生成内容框架 ············ 185
  7.1.1　业务场景概述 ··········· 185
  7.1.2　传统手工作业的痛点 ········ 185
  7.1.3　标书阅读与内容框架生成助手 Agent 的功能 ············· 186

7.2　标书阅读与内容框架生成助手 Agent 详解 ······················ 187
  7.2.1　入门案例：开发标书阅读助手 Agent ················ 187
  7.2.2　进阶案例：开发标书阅读与内容框架生成助手 Agent ········· 199

7.3　举一反三：Agent 开发小结与场景延伸 ·· 213

第 8 章　开发本地知识问答助手 Agent ····· 214

8.1　项目需求：在确保数据安全的前提下智能问答 ················· 214
  8.1.1　业务场景概述 ··········· 214
  8.1.2　建设公司知识库的痛点 ······· 214
  8.1.3　本地知识问答助手 Agent 的功能 ·· 215

8.2　本地知识问答助手 Agent 的开发过程详解 ··· 216

	8.2.1 本地配置公司知识库	216
	8.2.2 解读及设置知识库参数	220
	8.2.3 创建本地知识问答助手 Agent	223
	8.2.4 本地知识问答助手 Agent 的开发过程展示	228
8.3	本地知识问答助手 Agent 的运行效果	230
8.4	举一反三：Agent 开发小结与场景延伸	235

第 9 章 开发人才招聘数字员工 Agent ············ 237

9.1	项目需求：从收集岗位需求到评估面试的人才招聘全流程 AI 化	237
	9.1.1 业务场景概述	237
	9.1.2 传统的人才招聘工作的痛点	238
	9.1.3 人才招聘数字员工 Agent 的功能	239
9.2	人才招聘数字员工 Agent 的开发过程详解	240
	9.2.1 人才招聘数字员工 Agent 的运行流程图	240
	9.2.2 创建人才招聘数字员工 Agent	241
	9.2.3 编排人才招聘数字员工 Agent	243
9.3	人才招聘数字员工 Agent 的运行效果	265
9.4	举一反三：Agent 开发小结与场景延伸	274

第 1 章　从大模型到 AI Agent

1.1　Agent的概念与工作原理

1.1.1　Agent 的概念

Agent，并非一个新词，对应的中文意思为"代理人"。它指的是具有行为能力的实体，对应着某种能力的行使或表现。Agent 有十分广泛的应用范围。本书介绍的 AI Agent（简称 Agent）是指能够集成大模型与各类工具、理解用户需求、自主规划和执行复杂任务的智能应用。Agent 能够完成更复杂的任务而不只是针对用户问题生成简单的回复内容。如果大模型是会思考的大脑，Agent 就是不但有大脑，还有手和脚的人，不但能够思考，还能够执行更复杂、更个性化的任务。Agent 被习惯性地称为智能体，是我们每个人在 AI 时代都需要的智能助手。Agent 也被称为数字分身或数字员工。这些称呼有利于我们直观地理解 Agent 的功能。

举个例子，你想喝一杯饮料，要先打开传统的外卖平台的主页，选择"饮品"类目，在推荐页选择饮料商家，在商家产品页上根据需求下单。假如你有一个专属的外卖 Agent，就只需要对你的 Agent 简单地说："我想点一杯喝的"。Agent 就会根据当时的天气情况，以及你的健康数据、饮食习惯、消费习惯等主动给你推荐饮料，甚至帮你直接下单，就像一个贴心的私人助理。

简单来说，Agent 可以被定义为"**在特定场景下，具备一定环境感知、自我分析、问题解决和自主决策能力的智能助理。它能够理解复杂的目标，动态地调整策略，并持续优化结果。**"

随着大模型技术迭代加快、愈发稳定和成熟，Agent 作为大模型进入应用阶段的重要配套工具将发挥越来越大的作用，甚至未来的 AI 竞争将率先从 Agent 竞争开始，这也是我们不得不重视和学习 Agent 的重要原因。在特定的行业或场景下，通用大模型难以精准地满足用户需求，而 Agent 可以通过解读复杂目标、深入具体场景、完成复杂任务大大提高智能化效率。因此，Agent 也被视为数字经济时代为百行千业赋能的高效工具。

1.1.2 Agent 的工作原理

Agent 是基于大模型开发的具备记忆、主动规划和工具使用能力的智能体，也可以理解为：

$$Agent=大模型+记忆+主动规划+工具使用$$

Agent 通过感知（Perception）、规划（Planning）和行动（Action）这 3 个核心步骤满足特定场景下的用户需求，如图 1-1 所示。这是 Agent 智能行为的骨架，支撑着其与环境的交互和自主决策。

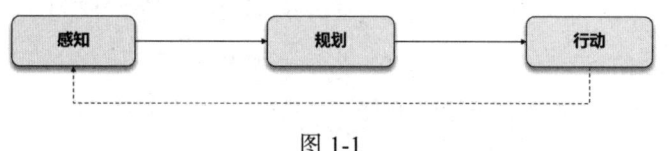

图 1-1

1. 感知：数字世界的五官

感知是指 Agent 通过其感知系统从环境中收集信息并从中提取相关知识的能力。这些信息可能包括文本、图像、声音等。感知系统如同精密的感觉器官矩阵，就像我们的眼睛、耳朵等，帮助 Agent 捕捉画面信息和声音信息。Agent 通过这些信息能够了解当前环境的状态。

例如，你去医院看病，有一个医疗诊断 Agent。它的"视觉系统"可能依托于医学影像识别算法，捕捉 X 光片或 CT 片中的微小异常阴影；它的"听觉系统"可能是自然语言处理模块，先把自然语言转换成音频，再把音频转换成文本，最后利用对医患对话长文本的理解能力将其转换成结构化病历；它的"触觉系统"可能是患者身上的各类检查设备，如体温计、血压计、心电图等，能够实时读取患者的各类健康数据。

2. 规划：硅基大脑的思考艺术

规划是指 Agent 为了实现某一目标而进行决策的过程。在这一阶段，Agent 会根据收集到的信息制定出一系列行动方案，并确定如何有效地实现目标。这会涉及子目标分解、连续思考及自我反思等复杂的过程。就像我们开车时看到红灯，要踩刹车板停下，看到前方发生交通事故，在思考后选择一条新的行驶路线。

3. 行动：从思考到行动的"最后一公里"

行动是指基于环境和规划做出的具体操作。Agent 会执行其规划好的动作并与环境进行交互，就像我们可以支配自己的身体，可以控制右脚从油门移动到刹车板，可以控制方向盘换一条路线。Agent 像一个质检机器人，可以根据产品质检结果将产品移动到具体的分类位置，或者像酒店里配备的智能音响，可以通过语音助手发送一条"打开窗帘"的指令。

行动的可靠性决定了 Agent 的现实价值。即使一个 Agent 的感知和规划能力再强，如果行动难以被支撑，其也将失去核心价值。行动体现在现实场景中的每个细节和精准度上，如工业质检 Agent 的机械臂采用 PID-模糊控制复合系统，当检测到 0.01mm 的零件偏差时，补偿算法会计算温度、惯量、摩擦系数等 20 余个参数，生成精确到微秒级的扭矩修正指令。

1.2 Agent在AI应用落地中的价值

1.2.1 场景化

大模型以其深度学习架构和注意力机制，以及卓越的多任务学习能力和泛化能力，正在推动 AI 领域向更高层次的语言理解和生成迈进。更自然的文本生成、更高级的语义理解、更低的资源消耗、更广泛的应用领域及持续学习和适应性，为 AI 应用开辟了新的可能性。

随着AI技术的发展，通用大模型的迭代速度加快，生成效率越来越高，但其仍在一些方面表现得不太理想：第一，通用大模型的训练过程对数据的依赖性极高，如果数据的覆盖面不够广泛，那么模型在面对未见过的领域时，其泛化能力会受到限制，这也是我们用通用大模型在一些特定行业、特定领域无法得到满意答案的原因。第二，通用大模型的长期维护和更新是确保其持续相关性与准确性的关键。随着模型参数增加，管理和优化模型的复杂性随之增加。如何高效地维护和更新这些模型，成为一个技术挑战。同时，随着数据增加，对于算力的消耗将会非常大，导致应用成本居高不下。第三，通用大模型在专业知识方面存在明显局限。海量的私有知识有较高的保密性，而大模型难以获得这部分信息，数据样本和数据库明显不足，导致其在相对专业的应用场景中产生"幻觉"。

我们可以把大模型商业生态系统划分为3个层次：基础层（通用大模型）、垂直层（行业/专业大模型），以及应用层（在微场景中落地的AI应用）。这3个层次相互依存，共同构建了一个繁荣且完善的大模型商业生态系统，如图1-2所示。

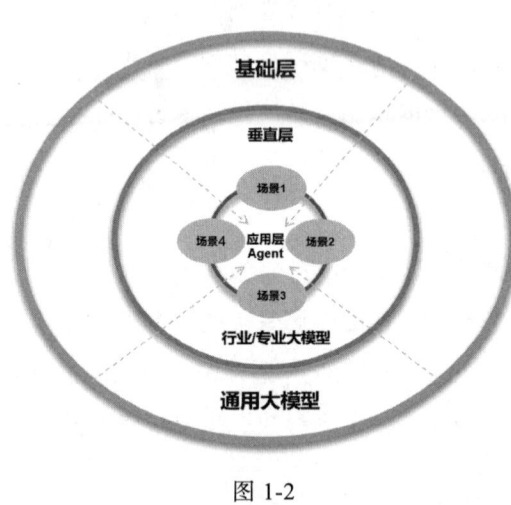

图 1-2

基础层是整个生态系统的基石。它提供了广泛适用的算法和大模型，类似于生物体中的心脏，为整个系统"供血"。这些通用大模型具备强大的学习能力和广泛的知识储备，能够处理各种类型的语言和数据，为更加专业和具体的应用提供支持。

垂直层则专注于特定行业或专业，类似于生物体中的动脉，将基础层的能力进一步细化和专业化。这些行业/专业大模型根据特定行业/专业（如医疗、金融或法律等）的需求进行优化。它们能够提供更加精准和专业的服务，满足特定用户群体的需求。

应用层则专注于具体的小场景和微服务，类似于生物体中的毛细血管，将AI的能力深入日常生活和工作的方方面面。这些应用通过集成到各种软件和服务中，提供个性化和场景化的解决方案，使得AI技术更加贴近用户。

在这个生态系统中，大模型与 Agent 的结合是一次重大的进化。这种结合使得大模型不仅是一个被动的知识库，还是一个能够主动使用工具、解决问题的智能实体。这种工具使用能力赋予了大模型更真实、更具体的落地场景，使得它们能够在现实工作和生活中发挥更大的作用。

例如，一个基于大模型的 Agent 可以被集成到客户服务系统中，通过自然语言处理和机器学习技术，自动回答用户的咨询问题，提供个性化的服务，或者用于数据分析和预测，帮助企业做出更明智的商业决策。这些应用不仅提高了工作效率，还为用户提供了更加丰富和便捷的体验。

大模型的 3 个生态层次相互协作，共同推动了 AI 技术的发展和应用。通过不断地优化和创新，大模型及其智能代理（Agent）将在未来的商业生态中扮演越来越重要的角色。

1.2.2 流程化

Agent 流程化的价值体现在其自身运行的标准化机制与对外部业务流程再造两个层面。这种双重属性使其既具备工程化部署的可行性，又能成为企业流程优化的核心引擎。

1. Agent 的内生流程化

前面讲过 Agent 通过"感知—规划—行动"这 3 个核心步骤满足特定场景下的用户需求。这也是 Agent 的核心流水线架构。也就是说，Agent 的基本运作就是一个流程化的过程。执行流程是 Agent 区别于传统大模型的重要因素，也是 Agent 具有先进性的重要体现。要想成为一名有一定专业水平的 Agent 开发者，就应该在 Agent 开发过程中增加对插件、API 等工具的使用，并设计工作流，在工作流中引入数据预处理模块、数据生成模块、数据输出模块的多类型节点，从而增强 Agent 的拓展能力，使其能够处理复杂任务或重复性任务，提高 Agent 处理任务的稳定性。

在 Agent 开发过程中，有一个核心的要素就是工作流。工作流是一组预定义、标准化的步骤，允许用户通过直观的图形页面，灵活地组合各节点，构建出既复杂又稳定的任务执行流程。当面对涉及多个环节的任务情境，且对产出结果的精确性与格式有着严格要求时，采用工作流的方式进行配置是更优的技术方案。工作流的核心作用就是围绕任务目标将 Agent 运行所需的工作流节点按照运行步骤串联起来，以完成最终任务。

工作流这个概念已经被广泛应用，国外的 Zapier 或者 Make，以及国内的扣子、Dify、文心智能体平台 AgentBuilder 等，都支持通过可视化的方式，对插件、大模型、代码块等进行组合，搭建工作流，帮助用户自动化地处理重复的任务。

Agent 流程化的本质是复杂系统的有序性表达。从霍尔三维结构理论来看，在时间维层面，Agent 遵循"感知→表征→推理→决策→行动"的时序逻辑链；在逻辑维层面，Agent 实现了"问题定义→模型构建→方案优化→验证迭代"的闭环演进；在知识维层面，Agent 构建了包含领域知识库、经验规则集、元学习策略的多层认知体系。

因此，Agent 设计本身就隐含了流程化的思路，但其又与传统编程的流程化思路有所不同。从设计目标与思路的角度来看，Agent 的目标是解决动态、开放性问题，能够自己适应环境变化并能够自主决策，而传统编程的目标是处理确定性任务，通过固定逻辑实现精准、高效的结果。从运行的角度来看，Agent 根据环境反馈和上下文实时调整执行路径，可能生成新的计划或跳过某些步骤，而传统编程的执行路径在编码时完全确定，在运行时不可更改。从数据处理方式的角度来看，Agent 可以解析模糊的输入数据，如文本、图像、音视频，利用大模型提取语义，对各类数据进行非结构化处理，而传统编程的输入数据需严格匹配预设格式，处理逻辑为确定性映射，比如 SQL 查询。总的来说，传统编程像"乐高说明书"，必须严格按照步骤组装，而 Agent 更像"探险家"，在未知环境中动态规划路径。Agent 的流程化思路的本质是目标驱动，而非步骤驱动，其核心在于应对不确定性的设计目标。

2. Agent 的外化流程化

内生流程化指的是 Agent 本身的运作依靠"封装"的流程来实现，而在应用层面，Agent 的最大价值其实是对管理流程和业务流程的再造。使用 AI 技术实现流程再造，不仅可以大大提高企业运行效率、节省成本，还能减少人对流程的"干扰"，实现流程的自运行。这才是 Agent 在企业应用落地过程中的最大价值。

下面以几个具体的管理或业务场景为例进行分析，看一看 Agent 对流程智能化改造能够达到什么样的效果。

场景 1：汽车总装质检流程

传统的汽车总装质检流程是整车在总装完成后，进入待检区，由质检人员按照检查项目逐项进行人工检查、记录数据、分析数据和填写质检报告，如图 1-3 所示，不但耗时较长，还可能存在错检、漏检等现象。

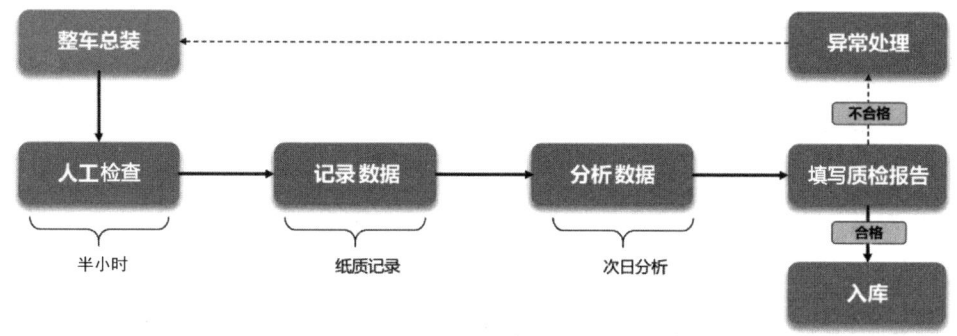

图 1-3

在引入 AI 技术后，汽车生产厂家可以根据汽车总装质检流程设计相应的 Agent，将人工操作全部变成智能化操作，不再用人工查看外观、用手持设备检查各项参数，而是改用视觉传感器进行整车扫描，将检测时间从原来的半小时缩短至 90 秒，还能实时上传相关数据到 MES（Manufacturing Execution System，制造执行系统），由系统对前端工艺参数进行自动调整，立即改善缺陷，并自动生成质检报告，具体流程如图 1-4 所示。利用 Agent 对流程再造，质量问题追溯时间可从 4 小时降至 10 分钟，工艺优化周期可从月度调整为实时。这样，产品合格率得到大幅提升，实现了企业降本增效的目的。

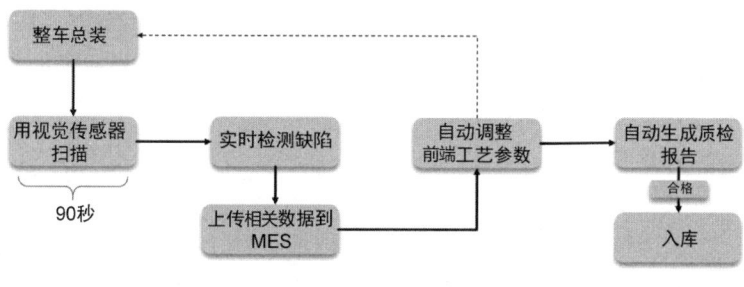

图 1-4

场景 2：车险理赔流程

在保险行业，保险理赔是很重要的业务场景，也是很费人工和最易出现争议的场景。有开车经验的人肯定都会非常熟悉传统的车险理赔流程。当出现车辆剐蹭、追尾、碰撞等交通事故时，客户首先要拨打保险公司的客服热线电话，客服人员会询问车主信息及事故情况，进行记录，并派附近的鉴定员进行现场查勘，然后上传图片去定损核价，最后进行财务支付，整个流程大概需要一周，复杂一点儿的案件可能需要更长时间。在这个过程中，客户需要等待现场查勘、等待定损核价、自行送修等，体验感很差。

在 Agent 介入后，客户在遇到车辆事故时，可自行登录保险理赔 Agent，通过智能语音系统报案，并上传事故现场照片及车辆受损照片。Agent 会将照片导入图像定损系统，使用反欺诈模型评估。在评估通过后，对于小额赔付，Agent 会自动审批并支付。对于大额赔付，Agent 会转入人工审批，在人工审批完成后进行支付。除了大额赔付需人工参与，其他环节无须人工参与，对小额案件可以实现"秒级定损"，复杂案件的处理时间可以从 15 天压缩至 72 小时，大大降低了保险公司的人工成本，极大提升了客户体验，增加了客户对企业的好感度。

1.2.3 个性化

传统的系统是既定的程序，用户要根据标准化的操作方法去调整相应的参数以便得到最终结果。Agent 则通过用户的目标自行调整参数，进行分析、推理、思考，匹配相应的信息，从而实现用户的目标。传统的系统在参数一定的情况下得到的是标准答案，而 Agent 即使在参数相同的情况下得到的也不会是标准答案。

因此，在满足用户日益增长的个性化需求方面，Agent 更具优势，尤其在服务领域，Agent 能够根据用户的需求，在不同的场景下构建精准的个性化服务范式，以满足不同的用户需求。

在教育领域，当前大量的在线教育平台可以建立 AI 教师系统，可以通过设计专属的 Agent 建立对学生因材施教的模型。例如，根据 500 多个学生的行为特点（答题犹豫时间、错题重复率等）生成个性化的知识图谱，为每一位学生都生成具有个人特点的学习地图；可以根据学生接受知识的特征选择合适的教学模式，如为视觉型学生优先推送视频类教程，为听觉型学生自动生成语音讲义等；可以通过图像技术识别学生上课时的微表情变化，自动调整教学节奏，以提升学生的完课率。

在零售业领域，服饰电商平台可以部署智能导购 Agent。该 Agent 通过用户的消费数据构建"消费偏好-社交属性-场景需求"三维模型，精准预测用户的穿搭风格，推荐个性化服饰类别。用户可以根据自己的身体参数通过上传照片、视频等进入虚拟试衣间。该 Agent 基于人体 3D 建模技术实现 1∶1 数字化形象匹配，让用户直观感受到 Agent 推荐的衣服穿在自己身上的感觉，从而缩短成交链路，提升客户体验感。

在健康领域，依托当前普及的智能手环、智能手表等可穿戴设备建立的智能健康管家 Agent，通过采集用户的健康生理指标，设计用户独有的健康参数，指挥智能可穿戴设备实时监测用户身体的各项指标，当出现异常情况时发出健康警报，并给出健康建议。例如，用户有糖尿病史，该 Agent 可以实时监测用户的血糖波动情况，给出用药建议。

1.2.4 本地化

通用大模型在落地应用阶段还需要打通"最后一公里"。

无论是企业还是个人，在使用大模型时其实普遍担忧的就是数据安全的问题。现有的大模型基本上都是在云端部署的，使用的服务器要么是大模型厂家的，要么是第三方的，数据存储和调用都不受使用者控制，引起人们对数据安全的担忧在所难免。

从企业层面来看，每家企业都有独特的管理模式和业务数据。有些数据涉及商业机密，如果通过云端或外网访问，那么可能导致数据泄露。当然，有条件的企业也可以本地化部署服务器和轻量化大模型，在本地访问和存储数据，避免数据泄露的风险，但这需要投入大量的资金购买硬件设备并需要专业人员进行系统运维，并不适合所有企业。

从个人层面来看，数据规模不太大，不需要太高的数据安全级别，本地化部署大模型似乎并无必要，但是个人仍对隐私信息有安全需求，如何解决这个问题？既能满足大家的使用需求，又打消对数据安全的顾虑成为普遍的诉求。

怎样既能够享受大模型带来的技术便捷性，又能够满足企业和个人对数据安全的诉求？Agent 为我们提供了一种新的选择。与本地化部署大模型需要投入巨额资金相比，本地化部署 Agent 的成本要小得多。本地化部署可以将企业或个人的推理和训练数据存储在本地的加密容器中，仅允许 Agent 通过安全接口访问相关数据。Agent 在调用大模型前，可以通过规则引擎或轻量化模型自动识别并保护敏感信息，通过物理与系统的双重隔离保护数据安全。如果本地化部署大模型，那么对本地大模型进行训练也需要投入大量的精力和成本，而训练一个单一场景下的 Agent 是相对容易低成本实现的，Agent 的低成本本地化部署也是 AI 应用落地的核心价值之一。

1.3 Agent正在从好玩走向好用

1.3.1 好用的 AI 应用——生产级 Agent

1. 生产级 Agent 的定义

随着 AI 技术的发展，AI 在写作、绘画、视频制作、知识问答等方面应用得越来越多，但 AI 技术的核心价值是提高生产力。因此，AI 技术的高价值应用场景在企业端，于是促进了生产级 Agent 的发展，Agent 正在从好玩真正地走向好用。

生产级 Agent 和实验性 Agent 与针对个人应用场景的 Agent 不同，更关注在企业端的应用，是企业业务 AI 化转型的核心引擎。企业端的应用不同于个人应用。对于针对个人应用场景的 Agent 来说，我们想用就用，在不用时不需要它工作，对它的稳定性、安全性等没有很高的要求，而对生产级 Agent 的系统稳定性、可扩展性及与业务系统深度耦合有很高的要求。

因此，生产级 Agent 是指深度融入企业核心经营管理场景，以业务和管理流程为融合点，具备持续服务能力、高可靠性及可量化价值产出的智能体。它凭借 AI 技术的非结构化、多模态数据处理结合复杂业务逻辑融入企业核心经营管理系统，直接为企业提供生产力。

2. 生产级 Agent 的核心特征

生产级 Agent 应用于企业业务场景，与企业业务环节紧密连接，因此具有高稳定性、高集成度、高精度反馈和高进化效率这 4 个核心特征，如图 1-5 所示。

图 1-5

（1）高稳定性。大部分的企业业务场景都具有连续运行的特征，如制造业的生产线、金融业的资金交易服务等，因此企业对生产级 Agent 的要求是满足 99.99% 以上的服务可用性，也就是系统稳定性要高。如果系统稳定性不高，就会带来很高的生产经营风险，一旦出现问题，就可能给企业带来较大损失。因此，系统稳定性是企业部署生产级 Agent 的首要考量因素。

（2）高集成度。企业部署生产级 Agent 的目的是连通价值创造的各个环节，以实现系统闭环，达成总体目标。企业在具体部署时要与 ERP（Enterprise Resource Planning，企业资源计划）、CRM（Customer Relationship Management，客户关系管理）等内部管理系统实现 API 级的数据互通。例如，某鞋服制造企业的供应链 Agent 需要实时对接仓储管理、物流调度、订单管理、排产计划等 8 个业务系统。这就对 Agent 的集成度提出了更高的要求。

（3）高精度反馈。生产级 Agent 在特定的场景下还应具备通过多维数据采集、精细特征提取和实时响应机制，形成闭环控制回路的能力。例如，在半导体制造场景下，对于生产异常的检测效率要达到毫秒级才能有效地提高产品良率。在金融交易场景下，Agent 需要实时捕捉 0.01 秒级的异常交易波动，才能够有效提高内幕交易识别准确率。

（4）高进化效率。由于企业业务场景是持续动态更新的，因此要求 Agent 的功能也能够进化。Agent 要不断地根据动态数据优化模型参数，实现最优化目标。这就要求在设计 Agent 时需要以目标为导向，让 Agent 完成输入的任务，还需要让 Agent 对任务完成结果和规划路径持续地进行反馈评估、自学习、验证等，确保 Agent 能够自我进化，持续迭代。

3. 生产级 Agent 的 3 个价值锚点

生产级 Agent 的核心价值就是在企业端为企业提供生产力，因此在开发生产级 Agent 时，要深入了解企业的业务链条，找到与业务链条融合的价值锚点，使 Agent 能够真正为业务开展添砖加瓦。从 AI 技术的发展现状来看，生产级 Agent 在与业务链条融合时至少可以通过业务流程重构、智能化决策和资源利用效率优化这 3 个价值锚点，使 AI 技术在企业真正落地为生产力，如图 1-6 所示。

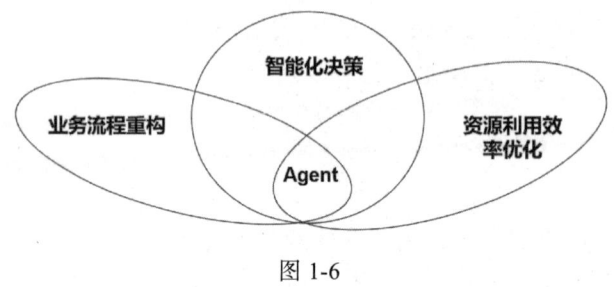

图 1-6

传统的业务流程呈现线性结构，比如按照时序、工序进行审批或串行处理。在流程节点过多的情况下，传统的业务流程可能出现响应迟滞、容错性差等缺陷。Agent 可以通过实时感知—动态决策—闭环控制的机制，将流程转化为可自适应调整的智能网络。利用多 Agent 协同，可以实现并行处理与跨阶段信息共享，打破流程阶段的壁垒，让每个节点的输出都实时影响上下游节点的参数，当出现异常情况时可以直接切换到备用路径，而非中断流程。因此，利用业务流程锚定 Agent 的价值，本质上是通过 AI 技术驱动业务变革。

传统的业务流程中分布着多个决策节点，决策主要依赖于决策者的专业水平、个人经验及直觉，通过对数据的收集、识别、分析提出解决方案，并协调各方资源，组织执行方案，触发下一步流程。数据的局限性、对历史经验的依赖、决策者的个人能力差可能会导致决策周期长和决策失误等。Agent 通过构建多源感知 - 认知计算 - 策略进化体系，整合各类结构化数据和非结构化数据，通过 AI 系统学习历史数据与共享实时数据，基于目标建立各利益相关方博弈树，并动态规划路径，提出最有利的决策建议或自动执行决策，大大缩短了决策周期，降低了决策失误等风险。

传统的业务流程中的资源分配依赖于固定规则和人工调度。企业掌握的信息的全面性和时效性差异，会导致资源分配的差异。Agent 通过构建资源态势感知 – 供需预测-动态博弈体系建立设备、人力、资金等资源的数字化镜像，在三维物理空间和时间维度系统规划资源路径，并通过市场化原理配置资源，实现资源利用效率的提升。

1.3.2 生产级 Agent 助力企业经营管理突破

1. 企业经营管理突破的核心是生产力变革

企业经营管理突破是企业在发展过程中面对的永恒不变的课题。中小企业由于经营规模所限，在拥有的资源有限的情况下，主要面临业绩增长困难的问题，而大型企业在规模较大、资源充足的情况下主要面临转型升级的问题。虽然不同规模的企业所面临的核心问题略有不同，但是本质上都需要打破原有桎梏，寻求新的破局点，而这个破局点就是生产力。要想解决企业经营管理突破的课题，就要解决企业生产力提高的问题。

从现代企业经营管理的角度来看，企业生产力是指企业通过投入各类生产要素，在单位时间内产出产品或服务的价值的能力。它反映了企业在一定时期内，利用人力、物力、财力等进行生产活动的能力和效率。简单来说，企业生产力体现在企业把投入的资源转化为产品或服务的速度和质量上。例如，一家汽车制造企业的生产力体现在通过工人的操作和机器设备的加工，把钢铁、塑料等原材料生产成汽车的效率上。如果在相同的时间内，该企业能够生产出更多质量合格的汽车，那么它的生产力就更高。

因此，现代企业的生产力来源主要有以下 4 个：人力、技术、资本和管理。

人力是生产力的主要来源。这并不是指人本身能够提供生产力，而是指依附在人身上的知识、技能、经验、创意等推动价值创造而产生生产力。

技术是推动企业生产力发展的关键要素。技术本身就可以提高产品或服务的质量和生产效率。可以说，适配的技术本身就是生产力。

资本不直接产生生产力，但资本可以购买人力、技术、工具等生产力要素，通过价值转化而推动生产效率提高。

管理则通过有效地整合企业所需的人力、物力、财力而推动企业整体生产质量和生产效率提高,从而带来生产力。

2. AI技术的发展助力企业生产力变革

AI技术的发展深刻影响企业的人力、技术、资本和管理这4个生产力来源。

首先,人类社会发展的核心驱动力就是技术。每一次重大的技术突破都是生产力的巨大变革。古代冶铁技术的出现,大大提高了打猎的成功率和种植水平,让人类社会进入了封建时代。蒸汽机的出现,让大规模生产成为现实,让人类社会进入了工业化时代;电力的发现,进一步提高了工业生产效率,让人类社会进入了现代工业化时代;AI技术的发展,能大规模减少人类对生产的干预,让机器自己创造价值,必然会出现一次新的生产力变革。

其次,AI技术的发展重塑了生产关系。以前的生产过程是人主导的,由人操作设备创造价值,为社会提供产品和服务。AI技术的发展,使机器可以代替人类思考并拥有部分自主决策能力,使生产过程主要依靠人机协同完成。对生产过程的决策也从以往的经验式决策转变为数据驱动式决策,让决策的效率和精准度变得更高。

再次,AI技术的发展促进资本聚集方向发生改变。资本聚集方向在AI时代将由土地、设备等逐渐转向电力、算力、高端技术、人才等。因此,AI技术将再一次让社会财富重新分配,打破传统企业的资源垄断,使创新和效率成为企业竞争的核心战场。

最后,AI技术的发展推动企业管理模式变革。在AI时代,"人""事""物"的协作关系已发生深刻改变,而管理的本质就是对"人""事""物"这些核心生产要素进行资源整合,提高生产效率。这意味着管理面对的主要对象从"人""事""物"转变为"人-事""人-物""事-物",从管理对象到管理模式,再到管理方法将发生重大改变。

3. 生产级Agent促进企业核心能力重构

生产级Agent是业务AI化、企业AI化的重要载体,直接促进企业生产力变革。与通用大模型对某一个具体问题给出推理过程和解决方案不同,生产级Agent能够执行单一场景的具体任务或复杂场景的复杂任务,其通过整合大模型、自动化工具链及行业知识图谱,突破了传统规则驱动模式,实现了"感知—规划—行动"的智能化升级,从而对企业核心能力进行重构。

与一般的 Agent 相比，生产级 Agent 对企业核心能力重构主要体现在以下 3 个方面。

第一，生产级 Agent 具有自主决策能力，通过多模态语义理解与动态环境交互，可基于企业生产级实时数据针对具体问题生成多套解决方案，然后对各个方案进行对比分析，快速做出决策，并执行方案。

第二，生产级 Agent 可形成数据驱动闭环，通过"反馈评估—自学习—验证"机制，能够利用业务数据持续优化性能，不断提高业务流程的效率。

第三，生产级 Agent 可以实现跨系统集成。企业生产经营过程中不同的场景由不同的系统（如 ERP、CRM 系统等）进行管理，但各个系统并未能完全连通，即使能够连通，也只是实现数据上的互联互通，并不能执行多系统复杂任务。生产级 Agent 通过自动化工具（如 RPA）可以将多个系统集成，从而顺利完成复杂的任务。

4. 生产级 Agent 应用落地的 3 个阶段

虽然生产级 Agent 可以应用在企业经营管理的各个核心工作场景中，但是由于目前 AI 技术还在快速迭代的过程中，大模型本身还不够成熟，而生产级 Agent 对 AI 技术的成熟度要求比较高，因此在企业中应用落地可以分阶段实施。

随着 AI 技术不断发展和成熟，Agent 可以覆盖大部分行业的核心业务场景，而在应用落地过程中可遵循效率跃升→决策优化→模式创新 3 个阶段来规划。

第一个阶段：效率跃升——用智能化代替重复性劳动。

企业经营管理过程中有很多低脑力、重复性工作。做这些工作不需要强大的推理能力，对数据错误的容忍度较高，而且工作方式更加程序化。这些工作（如客服、订单处理、票据审核等）岗位更容易被 AI 技术替代，从而可以节省企业的大量人工成本，提高工作效率。

第二个阶段：决策优化——从经验驱动到数据驱动。

有很多场景以往大多依靠某些人的能力和经验进行专业决策。人为决策往往依赖于个人自身的能力和经验，以及决策时的心理状态，具有较大的不确定性，无法将个人能力转化为组织能力。生产级 Agent 则可以将个人能力和经验集成到智能化系统中,降低人为因素对决策的影响,通过实时分析生产的数据,进行判断和决策,真正实现从经验驱动到数据驱动,比如营销决策、用户行为分析等。

第三个阶段:模式创新——从流程优化到生态重构。

效率跃升和决策优化本质上都是对企业经营管理过程中的某个单一简单场景和单一复杂场景的流程优化,而企业经营管理的高阶阶段是从局部效率提高转向全局价值重构。这一过程不仅涉及技术与管理工具的迭代,还需重构企业与利益相关者的关系网络,形成共生、动态、自适应的商业生态系统。生产级 Agent 最终要实现企业为客户提供个性化服务,并能从供应链角度与上下游企业形成生态协同,从而全面提高竞争力。

第 2 章　Dify 介绍及 Agent 开发流程

2.1　快速了解Agent开发平台

第 1 章介绍了 Agent 的工作原理，并提出了生产级 Agent 的概念。本章重点介绍可以开发生产级 Agent 的平台——Dify，并总结生产级 Agent 的常规开发流程。

Agent 开发平台是帮助开发者快速设计、搭建 Agent 的工具集合。借助 Agent 开发平台，开发者可以轻松地完成 Agent 创建、模型配置、工作流设计、插件与工具调用、个性化知识库配置、一键发布与使用、测试调优等任务。Agent 开发平台降低了开发 Agent 的门槛，让更多人能够参与 AI 技术应用。

2.1.1　Agent 开发平台速览

1. 国外 Agent 开发平台

Agent 开发平台是伴随生成式 AI 技术诞生和发展的。最早的 Agent 开发技术框架来自 LangChain 项目。LangChain 最初由 Harrison Chase 于 2022 年 10 月作为开源项目发布。2023 年 3 月，LangChain 公司获得了 1000 万美元融资。2023 年 7 月，LangChain 公司发布了大模型应用开发平台 LangSmith，目标是让开发者可以快速构建一个可以投入到生产环境中的大模型应用。2023 年 11 月，LangChain 公司入选"首期《财富》全球人工智能创新者 50 强榜单"。2024 年 1 月，LangChain 官方发布了首个稳定版本——LangChain v0.1.0。2024 年 4 月，LangChain 公司入选"2024 福布斯 AI 50 榜单"。

LangChain 公司是大模型应用开发的先行者，为后续的 Agent 项目和平台的涌现奠定了重要基础。LangChain 的优点是有丰富的工具、组件和易于集成，功能十分强大，其缺点是对非技术人员不够友好，需要有一定的编程基础才能使用。

除此之外，国外知名的 Agent 开发平台还有 LlamaIndex、AutoGPT、NexusGPT、AgentGPT 等。

2. 国内 Agent 开发平台

从 2023 年下半年开始，国内 AI 厂商陆续发布了 Agent 开发平台，如 Dify、FastGPT、灵境矩阵（2024 年更名为文心智能体平台 AgentBuilder）、百度智能云千帆 AppBuilder、智谱智能体中心、天工 SkyAgents、扣子等。

随着大模型技术和 Agent 开发技术的迭代，国内 Agent 开发平台的功能快速丰富和完善，从搭建简单的对话机器人升级到开发复杂工作流及集成各种工具的任务型 Agent。

2.1.2 Agent 开发平台的分类与使用

怎么选择 Agent 开发平台呢？下面从平台分类的视角提供一些使用建议。

从使用 Agent 开发平台的用户类型来划分，我们可以把 Agent 开发平台分为 C（Consumer）端（面向个人）类 Agent 开发平台和 B（Business）端（面向企业）类 Agent 开发平台两类。C 端类 Agent 开发平台有扣子、文心智能体平台 AgentBuilder、腾讯元器等，该类平台具有使用页面友好、操作难度低、无须编程基础、免费使用等特点，一般不提供本地化部署版本。B 端类 Agent 开发平台有 Dify、FastGPT、百度智能云千帆 AppBuilder 等，该类平台同样具备可视化设计页面，使用零代码或低代码操作，通常需要付费（平台订阅费用及模型调用费用），可以本地化部署、私有化使用。当然，一些起初以 C 端用户为主的 Agent 开发平台，也在向 B 端类 Agent 开发平台发展，如扣子。

C 端类 Agent 开发平台适合以下场景：

（1）搭建与使用不涉及数据保密的 AI 知识库。

（2）搭建与使用个人或小型团队的 Agent 助手。

（3）搭建与使用对回复精确度、稳定性没有严格要求的 Agent。

(4)快速搭建 Agent 演示实例(Demo)。

B 端类 Agent 开发平台更适合生产级 Agent 的开发。生产级 Agent 的定义和特点在第 1 章专门介绍过。生产级 Agent 对大模型性能、数据安全、回复精确度、运行稳定性、与业务系统的融合等都有更高的要求。因此,B 端类 Agent 开发平台更适合有一定规模的团队或中大型企业开发者使用。

2.1.3　Agent 开发平台与通用 Agent 平台的区别

前面介绍的 Agent 开发平台都是用于定制化开发具有各类功能的 Agent 的,其主要用户是开发者。从 2025 年开始,陆续出现了一些通用 Agent 平台,如 Manus、AutoGLM 沉思、扣子空间等。通用 Agent 平台面向终端用户,通过对话的方式可以直接使用。

Agent 开发平台的技术逻辑:基于程序设计的思路,根据不同的场景需求,个性化预先定义 Agent 的工作流程及节点,规划 Agent 的执行过程,以确保 Agent 运行效果稳定、准确。

通用 Agent 平台的技术逻辑:基于大模型的推理和思考能力,理解用户需求,将其自动拆解为子任务,根据子任务的特点自动调用工具,自主规划任务,并按照规划的流程一步一步自主行动,输出结果,实现从思考到行动的任务闭环。

Agent 开发平台善于解决个性化问题,如生成工单、审核业务单据、分析运营数据、进行知识库问答等。这些场景需要 Agent 基于特定的知识、业务流程,以特定的输出结构要求等为条件完成任务,同时对输出结果的质量有较高要求,对大模型的幻觉容忍度低。

2025 年 3 月上旬,中国的创业公司 Monica 发布了一款通用 Agent 平台——Manus,进一步引发了 Agent 热潮。Manus 基于底层 AI 大模型的能力,通过自主分解任务,将复杂任务拆解为多个子任务,并动态调用不同的 Agent 或工具来执行,最终完成整个任务。

3 月下旬,智谱公司发布了全新的 AutoGLM 沉思,其被认为是全球首个集深度研究与实际操作能力于一体的 Agent。智谱公司的 AutoGLM 沉思能够深度思考,模拟人类在面对复杂问题时的推理与决策过程,并感知世界,像人一样获取并理解环境信息,同时能够自动调用和操作工具,完成复杂任务。

2025 年 4 月，字节跳动旗下的扣子平台推出了扣子空间。扣子空间也是一个通用 Agent 平台，功能类似于 Manus。

通用 Agent 平台提供给用户的是对话使用页面，而不是 Agent 开发配置页面。所以，通用 Agent 平台并不是开发 Agent 的工具平台。通用 Agent 平台更像一个升级版的 Chatbot。当然，通用 Agent 平台以后可能也会给用户提供自由配置工具的功能。

顾名思义，通用 Agent 平台是针对通用场景，能够自主理解任务、规划行动并调用工具完成复杂任务的智能程序。与 Agent 开发平台不同，通用 Agent 平台直接面向用户提供自动化执行任务的服务，而非面向 Agent 开发者提供编排工作流的开发服务。撰写行业报告、撰写产品策划方案、筛选简历、开发小游戏等都是通用 Agent 平台擅长执行的任务。这类任务的特点是使用频率高、覆盖人群广、执行流程具有通用性、产出有特定结构或标准。

与传统的用户与大模型对话的方式相比，用户使用通用 Agent 平台可以完成更复杂的任务，获得更加完整的解决方案，也就是说，通用 Agent 平台让大模型具备了行动的能力。但是，从生产级场景应用的要求来看，通用 Agent 平台在输出结果的精确度、针对性等方面存在明显不足，且容易叠加大模型幻觉。因此，Agent 开发平台仍然是 AI 技术落地应用的重要工具。

2.1.4　Dify 的特点与优势

1. Dify 的基本情况

Dify 在 2023 年 3 月立项启动，在 2023 年 5 月正式上线，同时在 GitHub 上开源。Dify 融合了后端即服务（Backend as Service）和大模型 Ops（Large Language Model Operations，大模型操作）的理念。开发者可以使用 Dify 快速开发生产级的生成式 AI 应用（Agent）。对于 Dify 这个词，Dify 官方文档是这样解释的：Dify 源自"Define + Modify"，其含义是定义并且持续改进你的 AI 应用。另外，Dify 一词也可以通过"Do it for you"的首字母组成。

Dify 内置了开发 Agent 所需的关键技术栈，包括对数百个模型的支持、直观的 Prompt

编排、高质量的 RAG（检索增强生成）引擎、稳健的 Agent 框架、灵活的流程编排，并提供了一套易用的页面和 API。这为开发者节省了许多重复造轮子的时间，使其可以专注在创新和业务需求上。

Dify 面向企业用户，定位为生产级 Agent 的开发和管理平台，如智能客服、智能审核、内容生成、数据分析和决策支持。Dify 为全球市场提供产品和服务。北美洲、日本、中国是 Dify 的核心市场。截至 2025 年 3 月，Dify 在 GitHub 上的 Star 数突破 80 000，跻身 GitHub Top 100 开源项目榜单。Dify 已经拥有超过 700 名社区贡献者，社区版部署超过 400 万次。

2. Dify 的特点与优势

Dify 已经成为企业落地 AI 应用普遍使用的 Agent 开发平台。Dify 的特点与优势有以下几点。

（1）版本开源。Dify 是开源平台，开发者可以根据需求进行深度定制。Dify 的开源版本（社区版）完全免费，支持 Docker 部署。本地化部署可确保数据自主可控，特别适合对数据安全有要求的开发者。

（2）功能及服务全面。Dify 提供了完善的 Agent 开发功能及服务。这些功能及服务如下。

① 支持丰富的大模型。Dify 支持上百款国内外大模型，覆盖多种功能用途的大模型产品。大模型的能力在很大程度上决定了 Agent 的执行效果。这是 Dify 非常突出的一个优势。

② 功能专业的知识库管理。Dify 提供了多种分段方法和检索策略，并嵌入了文档解析模型，提供了简单易用的用户页面来管理知识库。Dify 社区版可以在本地电脑或云服务器上私有化部署，从而确保知识库的数据安全。

③ 多种类型的 AI 应用创建方式。如图 2-1 所示，Dify 提供了 5 种类型的 AI 应用创建选项，以适用于不同的 Agent 功能。与此同时，Dify 的工作流节点比较丰富，可以满足大部分 Agent 功能节点的选择与配置需求。

非技术开发者可以通过可视化方式使用 Dify。不过,如果在使用 Dify 之前没有接触过 Agent 开发平台,也没有编程基础,那么使用 Dify 还是会有一定难度的。

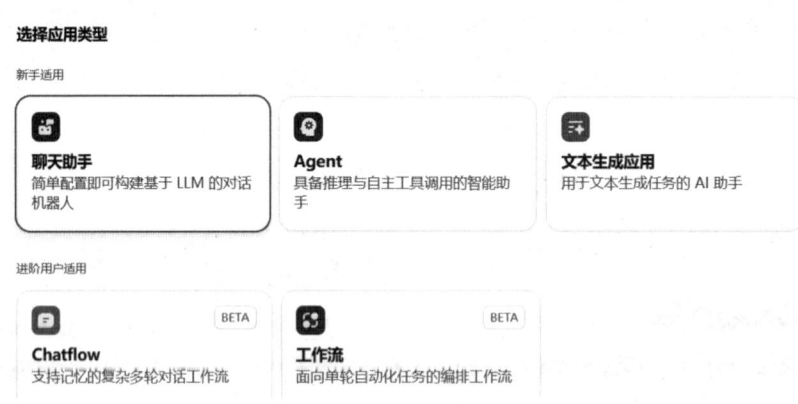

图 2-1

④ 市场逐渐完善。在 Dify 发布 1.0.0 版本后,其工具扩展能力进一步增强。早期的 Dify 的插件及工具不太丰富,给初级开发者带来了一定的使用难度。随着 Dify 发布 1.0.0 版本,Dify 推出了"市场"功能模块,如图 2-2 所示。Dify 更新了插件功能,引入了 Agent 策略、扩展、插件集等组件,进一步增加了 Agent 的功能。

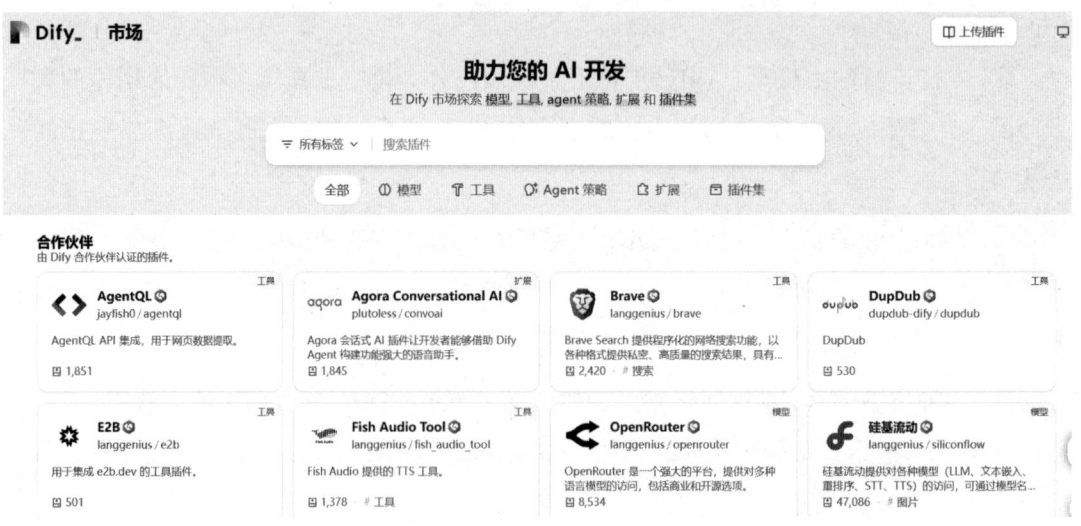

图 2-2

（3）具有企业级特性。开发者可以本地化部署 Dify 社区版。Dify 支持更换 Logo，也支持打通与业务系统的接口，从而可以读取业务系统数据或集成到业务系统中。另外，Dify 的 API 支持多语言、多地区应用，有助于开发者快速将产品推向全球市场。这些都使得 Dify 能够很好地适配企业场景。

3. Dify 与其他 Agent 开发平台对比

我们将 Dify 与国内比较流行的几个 Agent 开发平台做简单对比。你可以结合自己的情况和需求，选择合适的 Agent 开发平台。

（1）Dify 与 FastGPT。FastGPT 是一款不错的可本地化部署的开源 Agent 开发平台，在搭建与管理知识库方面有独特优势，也具备搭建工作流功能。Dify 则在 Agent 应用类型、工作流节点、市场生态等方面具备更加丰富的功能和应用场景。FastGPT 更加专注于知识问答类场景的 Agent 开发和应用。开发者可以根据自己的 Agent 使用场景选择其一。

（2）Dify 与扣子。扣子是一款在线使用的 Agent 开发平台，其工作流节点丰富，并且提供了丰富的插件和模板供开发者使用。对于零基础、没有编程经验的开发者而言，灵活使用 Dify 的全部功能有一定难度，先通过扣子掌握 Agent 开发技能是不错的选择。扣子目前不支持本地化部署，如果开发者要实现本地化部署，那么使用 Dify 更加合适。

2.2 Dify 的使用方式

Dify 的使用方式分为两种，一种是用云服务方式使用 Dify，另一种是部署并使用 Dify 社区版。用云服务方式使用 Dify 不需要本地化部署，在 Dify 的官方网站上就可以使用 Dify 的全部功能。部署并使用 Dify 社区版则需要下载 Dify 源代码到本地电脑/服务器，或者在云服务器上完成私有化。用 Dify 社区版打开的 Dify 页面和用云服务方式打开的 Dify 页面相同，功能也一致。如果用户不具备本地电脑/服务器硬件的部署条件，那么建议用云服务器部署并使用 Dify 社区版。

2.2.1 用云服务方式使用 Dify

用云服务方式使用 Dify 是指，在 Dify 的官方网站上注册账户并登录后使用 Dify。

如图 2-3 所示，在 Dify 官方网站的右上角和左下角，可以看到"开始使用"按钮，单击"开始使用"按钮后即可进入登录页面。

图 2-3

如图 2-4 所示，在登录页面，如果你有 GitHub 或 Google 账户，那么可以直接登录，如果使用的是谷歌浏览器，那么通过谷歌账户可以很方便地一键登录 Dify。如果没有以上账户，那么通过其他邮箱注册并使用也可以。

图 2-4

如图 2-5 所示，登录后就进入 Dify 的开发者主页面了，会看到 Dify 的各项功能。我们在第 3 章会详细介绍具体的使用方法。

图 2-5

云服务方式的免费版本有 200 条消息额度限制，且只能管理 5 个 AI 应用，知识库功能也有一定的限制。如果想要持续使用 Dify 的完整功能，就需要购买会员。图 2-6 所示为云服务方式的订阅标准。需要说明的是，除了支付 Dify 的订阅费用，还需要向大模型厂商支付 Agent 调用大模型消耗的 token 费用。关于 token 费用可以查看各大模型厂商的 API 文档中的收费标准。

图 2-6

在以上订阅标准下，Dify 还提供了一个教育版方案。Dify 教育版为在校学生、教师及教育机构的员工提供了更优惠的收费政策和一些专属权益。Dify 教育版目前包含的权益为一张 50%折扣的 Dify 专业版优惠券。

Dify 官方规定，同时满足以下条件可以申请 Dify 教育版认证。

（1）年满 18 周岁。

（2）目前是在校学生、教师或教育机构的员工。

（3）已经使用教育邮箱注册了 Dify 账户。

如果你满足以上条件，那么用教育邮箱登录 Dify 账户，单击个人设置按钮，可以进入如图 2-7 所示的个人设置页面。单击"账单"→"获取教育版认证"选项，输入学校、身份，勾选同意条款，提交认证申请。

图 2-7

在申请教育版认证后，单击用户头像，在下拉列表中可以查看订阅状态。若订阅状态显示为"Edu"，则说明教育版认证申请成功。在完成教育版认证后，教育优惠券将自动发放至你的 Dify 账户中。你可以在订阅 Dify 专业版计划时使用优惠券。关于具体的操作步骤，可以查看 Dify 的官方说明文档。

需要注意的是，Dify 提供云服务的服务器并不在国内，而是在国外。所以，我们用云服务方式使用 Dify 存储的数据，是存储在国外服务器上的。

2.2.2 部署并使用 Dify 社区版

使用 Dify 社区版有两种方法。第一种是下载免费开源版本，将其部署到本地电脑/服务器或云服务器上，详细的本地化部署方法见第 3 章。

第二种是使用 Dify Premium（高级版），这是基于亚马逊云服务的 Dify 版本。在亚马逊云服务市场上，Dify 可以通过 EC2（亚马逊云提供的虚拟服务器）一键部署到开发者的 AWS VPC（亚马逊虚拟私有云）上。用私有云的部署方式，可以降低硬件成本，并且可以更快捷地使用 Dify。

2.3 生产级Agent的开发流程

2.3.1 如何开发一个生产级 Agent

1. 确定业务场景

开发生产级 Agent 的第一步是深入理解业务，找到 AI 落地的真需求。具体而言，确定业务场景需要做以下工作。

（1）定义需求与场景。企业要通过业务访谈、用户调研和数据分析（如工单记录、用户反馈）定位高频痛点，明确需要 Agent 消除的业务痛点与问题，确定具体的应用场景和目标用户。例如，某制造企业通过分析设备故障日志，发现 30% 的停机源于轴承过热，但人工巡检存在 2 小时延迟，那么优化人工巡检环节，缩短延迟时间，从而降低轴承过热发生频率，就是核心优化点。

（2）分析业务流程。企业要根据定义的场景，梳理当前的业务流程，绘制现有流程图，对流程中每个环节的合理性、AI 技术的渗透性进行分析与评估，标注可优化的节点。例如，企业梳理供应商采购订单的审核流程，发现合同初审完全可以由人工审核转为规则驱动的 AI 自动审核。

（3）评估技术实施的可行性及数据的质量和数量。企业要基于业务流程分析结果，评估该场景进行业务 AI 化所需的硬件投入、技术要求，评估技术实施的可行性。例如，企业要开发基于企业知识库的智能客服 Agent，需要私有化部署大模型，就需要考虑硬件投入的成本。再如，企业要开发基于企业业务系统的数据查询与分析 Agent，需要打通与当前业务系统的接口，就需要考虑接口开发的技术难度及投入。

另外，企业还要评估 Agent 高质量运行所需的数据的质量和数量，确保有足够的高质量数据支持 Agent 的训练和调优。例如，企业要开发智能客服 Agent，需要积累完善和丰富的产品文档、技术文档、问答话术、问题库等知识。如果企业欠缺这些知识沉淀和储备，那么难以达到预期的效果。

（4）测算投资收益及评估风险。在完成评估技术实施的可行性及数据的质量和数量后，企业还必须对 Agent 的 ROI（Return on Investment，投资回报率）进行测算。除了测算财务意义上的投资成本与收益，企业还需要从更广泛的角度综合测算收益。例如，在应用 Agent 后，企业要测算与竞争对手相比获得的运营效率提升、客户体验提升等增强企业竞争力的独特价值。

除了测算收益，评估风险也是必不可少的环节。企业要识别潜在的风险，包括技术风险、业务风险和合规风险等，特别要注意数据安全、客户信息安全，以及内容的真实有效性带来的合规风险。

2. 重构业务流程与设计 Demo（演示样例）

企业要基于确定的业务场景，进一步重构业务流程并设计 Demo。

（1）重构业务流程。在确定业务场景的基础上，企业要基于人机协同的理念，重新设计优化后的新流程。在新流程设计中，企业要将流程的颗粒度切分到操作规程级别，对流程执行主体（是岗位员工、业务系统，还是 Agent）、流程输入、流程输出、活动的串联/并联关系、流程时效、评估指标等进行完整设计。例如，企业将传统客服的"人工接单→分类处理→人工反馈→系统归档"流程改造为"Agent 自动应答→复杂问题转人工→系统自动归档→Agent 智能分析→Agent 更新客服知识库"的智能化流程，使用 Viso 或类似工具绘制新流程图，并对流程各环节的执行主体、流程输入、流程输出、时间要求、系统要求、知识库要求等进行详细说明。

（2）设计Demo。对于开发生产级Agent，特别是需要一定费用投入的项目来说，设计Demo是必不可少的环节。设计Demo是一种快速构建最小可行产品（MVP）、验证核心功能与技术路径的手段。目前，AI落地项目普遍存在领导期望高，但受制于大模型的能力、企业的数据质量、硬件配置等因素，实际效果与预期存在较大偏差的问题。增加设计Demo的环节，有利于加强内部沟通，进一步对齐AI落地目标。

设计Demo通常不以追求高精度和高性能为目的，而是以跑通流程、演示效果为目的。我们可以使用Dify、FastGPT或者扣子等Agent开发平台，快速搭建一个符合业务场景的Agent演示样例。例如，对于设计一个智能客服Agent的Demo，我们可以使用Dify选择3~5份与智能客服相关的文档快速搭建一个知识库，然后创建一个对话类Agent，编写提示词，添加知识库，设定工作流，在完成搭建后，通过用户对话，测试智能客服Agent的回复效果。虽然此时的智能客服Agent受制于知识文档的质量、模型参数等因素，回答的效果还不够理想，但是这个Demo已经可以起到小样本测试及需求确认的作用了。

3. 立项开发生产级Agent

如果Demo通过了内部决策，生产级Agent项目就可以进入立项、采购及正式开发阶段了。生产级Agent的开发工作通常包括以下几项。

（1）技术选型。企业要根据业务场景及功能需求，开展技术选型工作。技术选型包括选择硬件和选择软件两个部分。选择硬件主要是选择能够满足大模型本地化部署需求的服务器、显卡等。选择软件包括选择Agent开发平台、技术服务商、业务系统的接口开发服务商、管理咨询机构或项目监理机构等。

（2）Agent开发与系统集成。企业要借助技术服务商进行生产级Agent的开发及测试、训练模型与微调，并通过API等与业务系统（如ERP、CRM等系统）集成，确保Agent能调用业务数据并自动化执行任务（如自动生成报告、自动审核流程、自动发送邮件等）。

（3）数据安全管控。企业要部署数据加密、权限控制、员工管理等模块，确保Agent调用的数据安全。

另外，开发生产级 Agent 项目的团队建议按照"开发人员+业务专家+业务用户"组建，通常需要包括甲方用户、乙方 AI 产品或技术公司，以及丙方 AI 落地咨询机构。

4．运维监测与迭代优化

运维监测与迭代优化是开发生产级 Agent 不可忽视的环节，需要持续性投入。在 Agent 投入生产环境运行后，企业要建立监测体系，跟踪关键指标（如响应效率、回复准确率、任务完成率等）的表现情况，并通过用户反馈和日志评估运行效果。通过运维监测，企业要迭代优化 Agent 的功能，使其输出效果较为稳定。例如，某金融风控 Agent 在运行中欺诈识别漏报率较高，企业通过追加反欺诈案例训练数据和优化模型阈值，降低了漏报率。

另外，AI 技术快速迭代，企业的数据也在动态变化，企业需要定期更新知识库和模型版本。

2.3.2 开发生产级 Agent 的注意事项

对于开发生产级 Agent，企业需要投入资金，并在真实的业务场景和生产环境中使用 Agent，对 Agent 运行的稳定性、准确性有很高要求。与开发 C 端类 Agent 不同，开发生产级 Agent 需要注意以下几点。

1．聚焦场景

企业要避免贪多求全，对落地 AI 应用一定要先试点，再推广。企业要明确优先级，通过权衡业务价值、实现难度、投入，优先选择能够快速见效的场景，再逐步扩展，在初期应锁定高价值场景，选择一两个业务场景作为试点。例如，某企业想要落地 AI 应用，提出智能客服、营销自动化、数字分身、智能报表生成、HR 智能化等十几个场景，且场景定义比较宽泛，这并不是科学的落地 AI 应用的策略。

2．锚定价值

在聚焦场景的基础上，企业还必须设定 Agent 的核心价值指标，并在团队内部达成共识。锚定价值有两层含义。第一层含义是聚焦 Agent 的核心功能目标，避免管理者提出超目标的期望。例如，开发一个客服 Agent，需要界定其核心功能目标，是提高客户通用问题回复效率与客户体验，并减少人工投入，还是对客户提出的问题给出有效的解决方案。对于前者锚定的目标，企业只需要增强通用问题知识库建设，让回复精确度达到 90%、以文本回复即可，对于个性化问题可转人工处理。对于后者锚定的目标，企业不仅要建设通用问题知识库，还需要将解决方案（可能是文字、操作视频、操作图片等多模态数据）与问题对应，这会导致调用的模型能力、回复复杂度都大幅提高。这两种不同的价值定位，对开发客服 Agent 的要求是完全不同的。

锚定价值的第二层含义是，设置 Agent 的价值衡量指标，用以量化 Agent 的 ROI，包括直接效益（如人力成本节约）和间接效益（如客户满意度提升）等，从而衡量 Agent 的实际运行效果是否低于锚定的目标要求。例如，某客服 Agent 代替了 30% 的人工座席，年节省成本 120 万元，同时客户投诉率下降 40%，回复准确度达到 90%。这些目标的设定，就为衡量客服 Agent 的价值提供了量化依据。

3. Demo 优先

很多生产级 Agent 开发项目的决策者，往往对 AI 技术并不十分了解，对 Agent 的运行方式、运行效果缺乏直观认知。所以，在正式开发生产级 Agent 的前期，低成本、高效率地搭建 Demo，可以有效地规避决策与投资风险。

4. 数据安全

数据安全是开发生产级 Agent 需要关注的核心内容。数据安全涉及以下几个方面：①安全管控训练数据，需脱敏处理涉及用户的数据，避免泄露用户隐私。②做好企业内部的技术资料、产品资料、工作流程、业务数据等的保密管理，避免保密数据泄露到外网。③部署时做好用户权限设置，限制 Agent 的数据访问范围。④建设安全防护体系，防止网络攻击导致数据泄露。⑤定期进行安全审计，防范提示词注入等新型攻击。

第 3 章　部署 Dify 的开发环境

3.1　部署Dify的总体方案

第 2 章介绍了 Dify 的两种使用方式，即用云服务方式使用和部署并使用 Dify 社区版。用云服务方式使用非常简单，在 Dify 官方网站注册账户后，即可在线使用。Dify 社区版是开源版本。我们可以免费获取 Dify 的源代码文件，购买阿里巴巴、腾讯、百度等提供的云服务器后进行部署，或者将其部署到自己的电脑（或本地服务器）上。本章将详细介绍如何本地化部署 Dify 社区版。

本章提供两种部署 Dify 的方案，你可任选其一。方案一为使用 Docker+ Dify+Ollama 部署，方案二为使用 Docker+Dify+Ollama+Xinference 部署。

Docker 是一组平台即服务（PaaS）的产品。它基于操作系统层级的虚拟化技术，将软件与其依赖项打包为容器。通俗地理解，Docker 就是一种可以部署各类应用程序的平台。

在第 2 章中已经讲过，Dify 是一个 Agent 开发平台，提供开发 Agent 的各种功能。

Ollama 是一个开源的模型管理平台，专为本地机器设计，旨在简化模型的部署和运行过程。通俗地理解，Ollama 是管理各类模型的工具，本身并不是大模型。

Xinference 和 Ollama 类似，也是一个模型管理平台。Xinference 提供企业级分布式模型服务，支持多模态推理，适合企业开发者和需要多模型混合编排的场景。Ollama 更加专注于本地大模型的轻量化运行与调试，适合个人开发者和快速使用大模型的小型团队。

在方案一中，我们借助 Docker 虚拟化技术部署 Dify 和模型管理平台 Ollama，通过 Ollama 管理大模型和 Embedding 模型（嵌入模型），最后将模型接入 Dify 使用。方案二在方案一的基础上加入模型管理平台 Xinference。我们使用 Ollama 管理大模型，使用

Xinference 管理 Embedding 模型，然后将其分别接入 Dify 使用。

图 3-1 所示为方案一。我们使用 Docker 镜像的方式部署 Dify 和 Ollama，并在 Ollama 中管理大模型和 Embedding 模型。这种方案使用的资源较少，可以在只有 CPU 的个人电脑或服务器上使用。在电脑配置方面，有 CPU 双核处理器、8GB 内存，预留 10GB 硬盘空间，基本上就可以实现方案一的部署，但是如果要将大模型部署到本地，就要参考大模型厂商给出的配置参数要求。

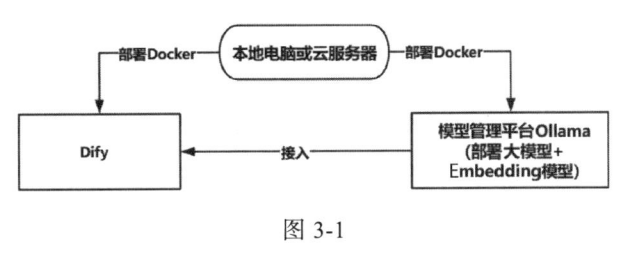

图 3-1

图 3-2 所示为方案二。我们依旧使用 Docker 镜像的方式部署 Dify 和两个模型管理平台。Ollama 用于部署大模型（如 DeepSeek），Xinference 用于部署 Embedding 模型（如 BGE-M3）。这两个模型管理平台管理的模型都接入 Dify，为 Dify 提供创建 Agent、解析知识库的能力。因为 Xinference 的镜像部署需要依赖 GPU 加速卡，所以方案二需要个人电脑或服务器有 GPU，对硬件资源要求较高，但可以提供更高效的 Agent 和模型推理服务。与方案一相比，方案二分别部署大模型和 Embedding 模型，可以减轻模型管理平台的负载压力，提高系统的整体性能。

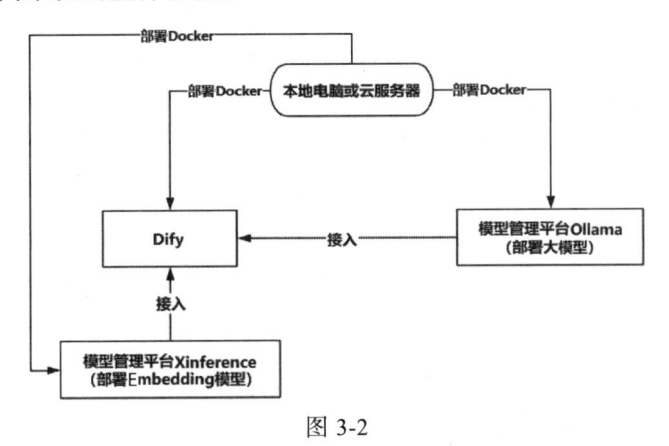

图 3-2

3.2 部署Docker

无论是选择方案一,还是选择方案二,都需要先部署 Docker。本节介绍如何在本地电脑及云服务器上部署 Docker。

3.2.1 在本地电脑上部署 Docker

下面以 Windows 11 家庭中文版操作系统为例,介绍部署 Docker 的步骤。

1. 下载 Docker

Docker Desktop 是一种适用于 macOS、Linux 或 Windows 系统的一键安装应用程序,可以让我们快速构建、共享、运行容器化应用程序和微服务。如图 3-3 所示,单击"Docker Desktop for Windows - x86_64"按钮在 Docker 官方网站下载 Docker Desktop(下称 Docker 桌面版)。

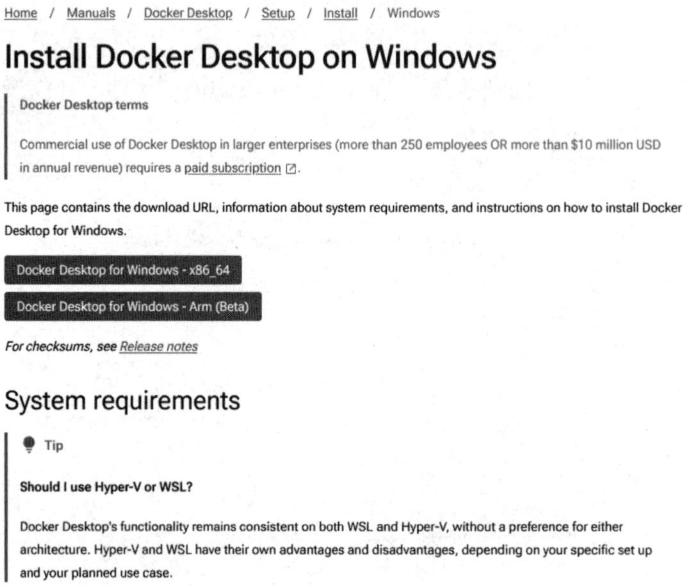

图 3-3

在下载完成后，我们先不安装 Docker。因为 Docker 使用了虚拟化技术，所以我们需要先启用 Windows 系统的虚拟机平台和 Hyper-V 功能。

2. 启用 Windows 系统的虚拟机平台

在 Windows 系统的桌面上找到"此电脑"图标，单击鼠标右键，再单击菜单栏的"属性"选项进入系统设置页面，如图 3-4 所示，在页面左侧顶部的搜索框中输入"可选功能"。

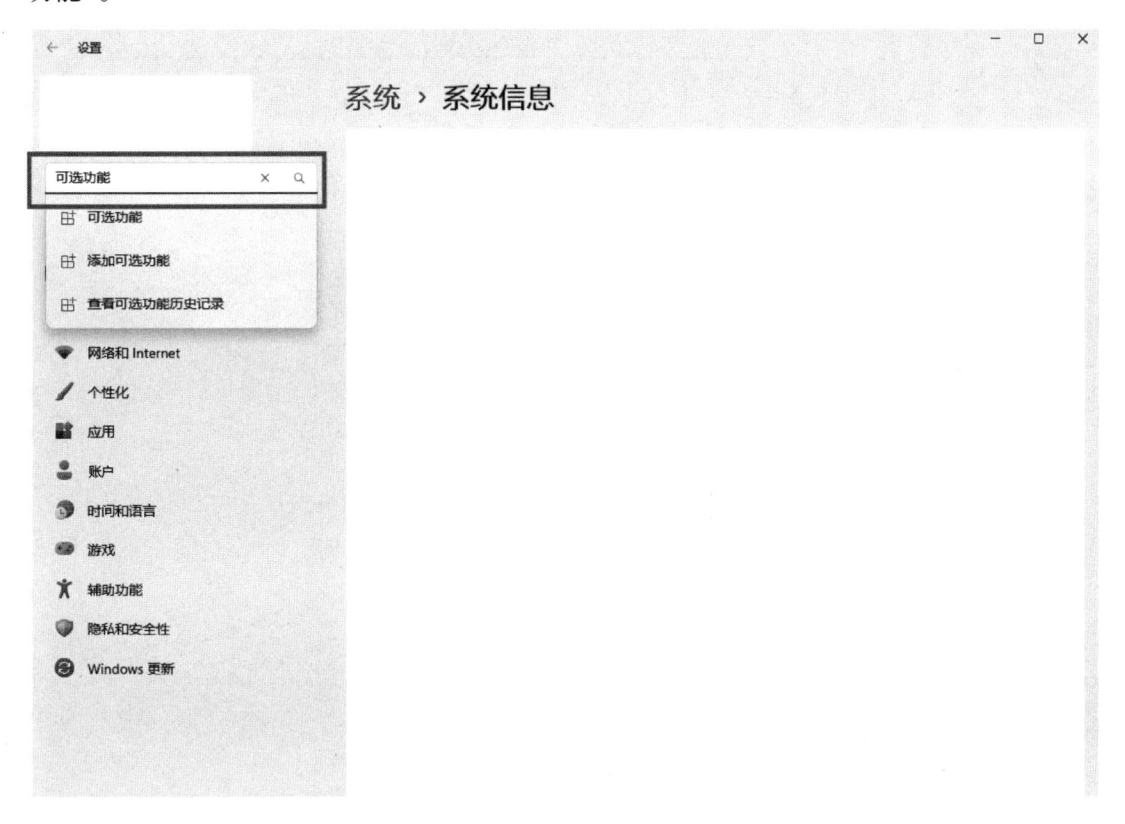

图 3-4

单击"可选功能"选项，在页面右侧菜单的底部单击"更多 Windows 功能"选项，如图 3-5 所示。随后，在如图 3-6 所示的对话框中勾选"适用于 Linux 的 Windows 子系统"和"虚拟机平台"复选框，单击"确定"按钮。

图 3-5

图 3-6

3. 启用 Windows 系统的 Hyper-V 功能

在启用虚拟机平台之后，我们接下来启用 Windows 系统的 Hyper-V 功能。Hyper-V 是微软开发的本地虚拟机管理程序，可以在运行 x86-64 的 Windows 系统上创建虚拟机。

由于 Windows 11 家庭中文版操作系统默认没有启用 Hyper-V 功能，因此我们使用以下代码安装 Hyper-V。我们用记事本打开一个文本文件，命名为"hyper-v.txt"，将以下代码复制到文本文件中。

```
1  pushd "%~dp0"
2  dir /b %SystemRoot%\servicing\Packages\*Hyper-V*.mum >hyper-v.txt
3  for /f %%i in ('findstr /i . hyper-v.txt 2^>nul') do dism /online /norestart /add-package:"%SystemRoot%\servicing\Packages\%%i"
4  del hyper-v.txt
5  Dism /online /enable-feature /featurename:Microsoft-Hyper-V-All /LimitAccess /ALL
```

随后，我们保存文件并将文件重命名为"hyper-v.cmd"。注意：Windows 11 家庭中文版操作系统默认隐藏文件后缀名。我们在 Windows 系统桌面的"此电脑"图标上单击鼠标右键，然后单击"查看"→"显示"→"文件扩展名"选项显示文件后缀名，如图 3-7 所示。

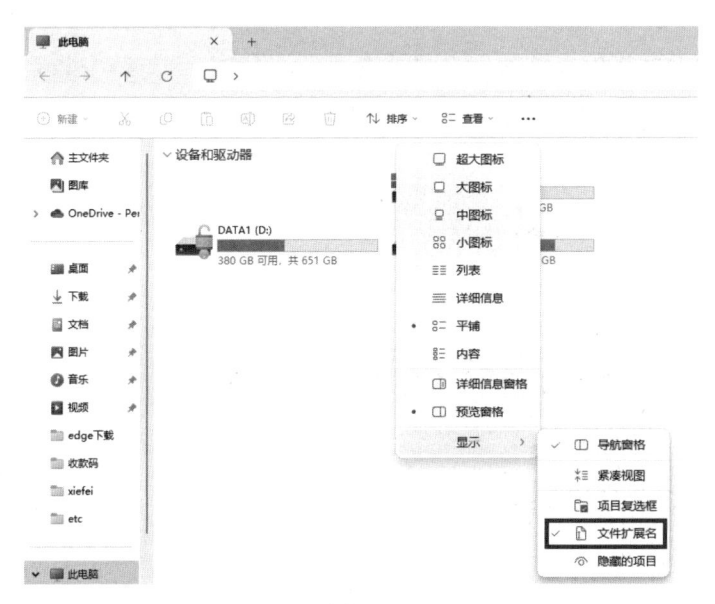

图 3-7

在刚才创建的"hyper-v.cmd"文件上单击鼠标右键，单击"以管理员身份运行"选项，会弹出如图 3-8 所示的 Powershell 页面，等待 Hyper-V 安装完成即可。在安装好

Hyper-V 并启用虚拟机平台后，重启电脑，接下来安装 Docker 桌面版。

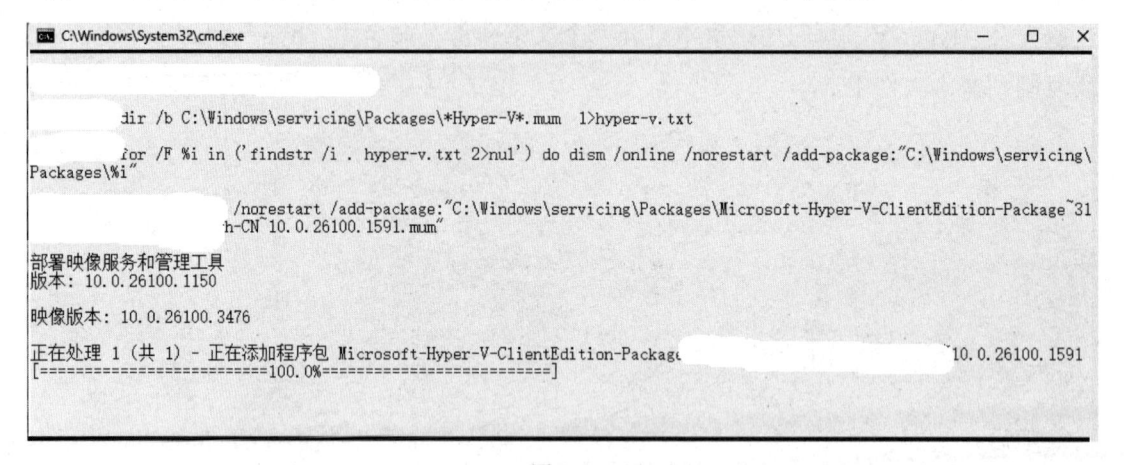

图 3-8

4. 安装 Docker 桌面版

在电脑重启完成后，双击在 Docker 官方网站下载的安装包进入安装页面，如图 3-9 所示。Docker 的安装页面很简洁，只需单击"next"按钮，等待安装完成即可。注意：需要预留大约 60GB 的磁盘空间，用于存储 Docker 的镜像文件。

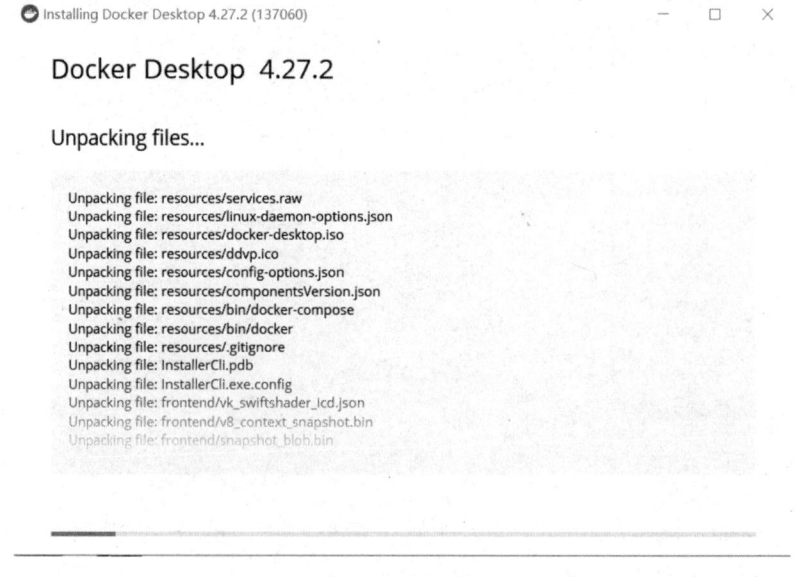

图 3-9

在安装完成后，会出现 Docker 启动前的设置页面，如图 3-10 所示。选择第一项即可。

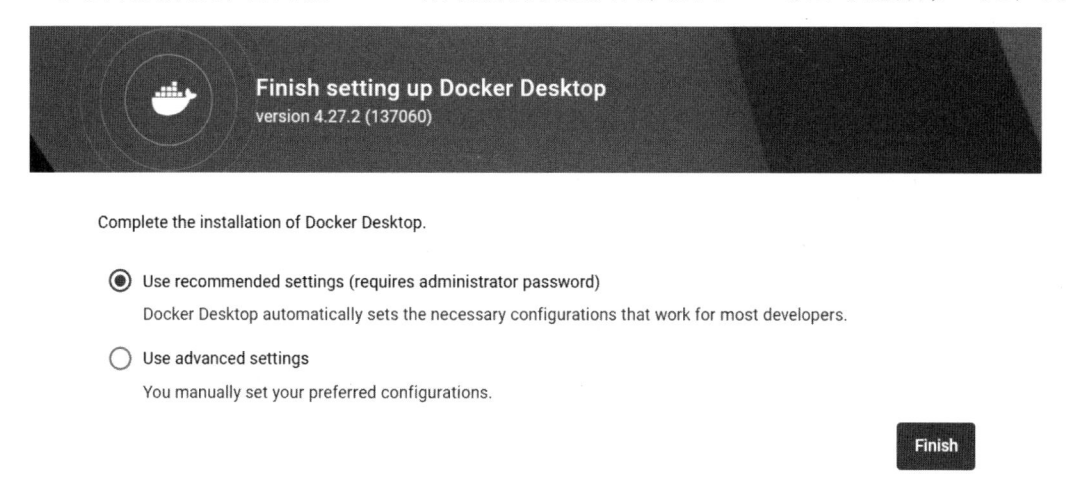

图 3-10

单击"Finish"按钮完成安装。随后，Docker 会被启动。如图 3-11 所示，单击"Sign in"按钮，在成功登录后就可以使用 Docker 了（如图 3-12 所示）。

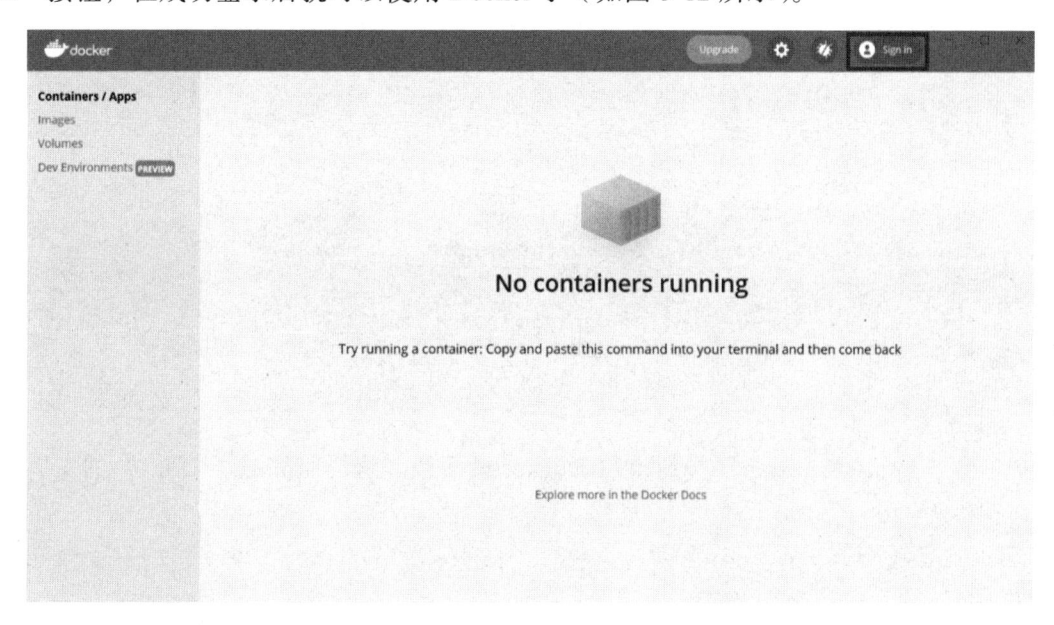

图 3-11

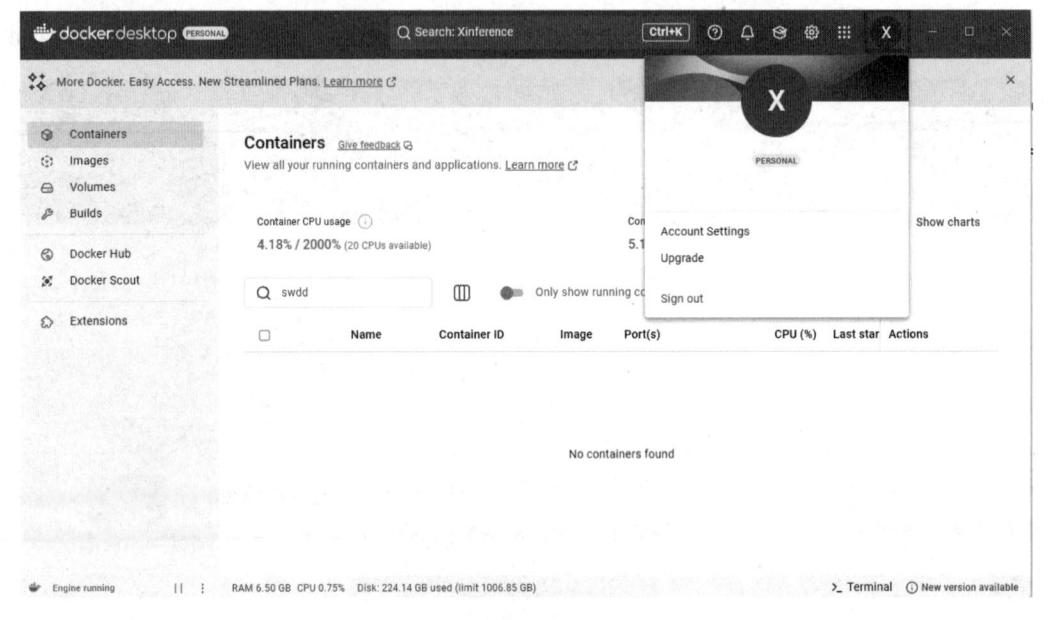

图 3-12

最后，设置一下 Docker 镜像源。使用国内的 Docker 镜像源可以加速镜像文件的下载。如图 3-13 所示，先单击页面右上角的齿轮状按钮，再单击"Docker Engine"选项并在配置文件中加入以下代码。

```
"insecure-registries": [
    "10.0.0.12:5000"
],
"registry-mirrors": [
    "https://o3gf6khc.mirror.aliyuncs.com",
    "https://docker-0.unsee.tech",
    "https://docker-cf.registry.cyou",
    "https://docker.1panel.live"
]
```

单击"Apply & restart"按钮重启 Docker 桌面版。这样就完成了 Docker 的安装与配置。

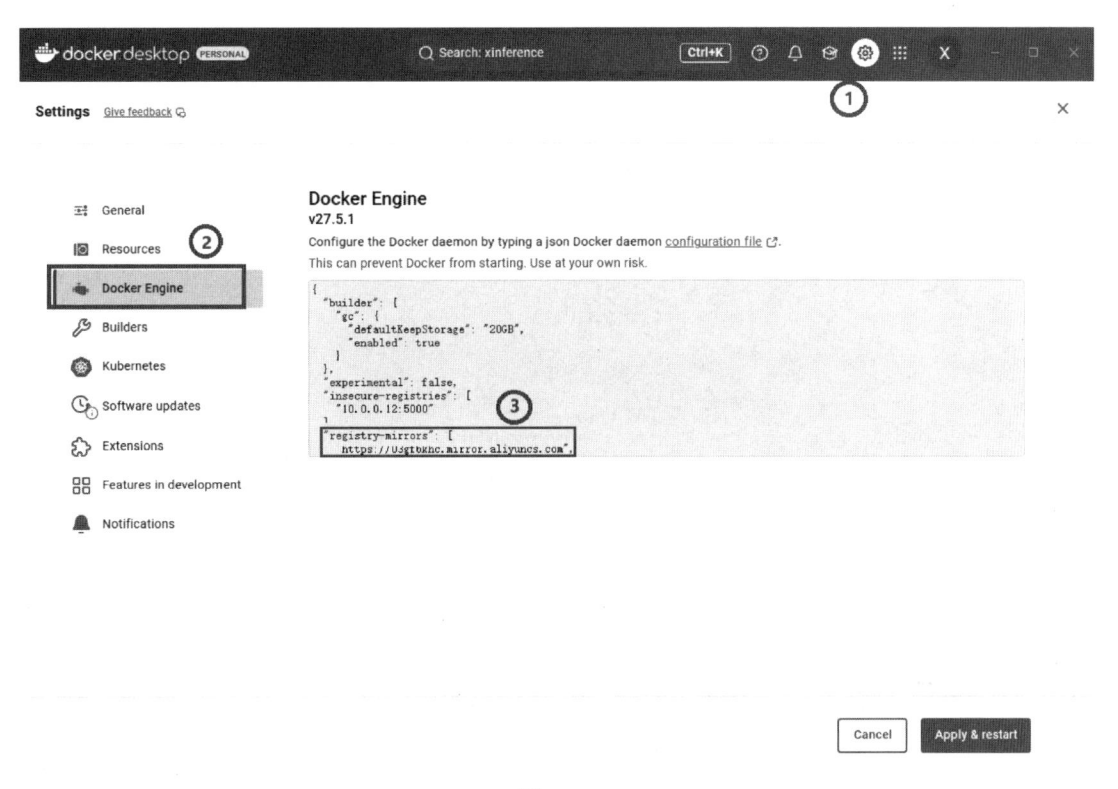

图 3-13

5. 安装 Windows 系统的 WSL

如果打开 Docker 桌面版发现 Docker 页面一直是空白的且不能显示如图 3-11 所示的 Docker 首页，那么可能是因为 WSL 没有正常安装。WSL 是适用于 Linux 系统的 Windows 子系统。在 Windows 系统桌面的空白处单击鼠标右键，再单击"在终端打开"选项，会出现如图 3-14 所示的终端命令行页面。在终端命令行页面输入以下代码：

```
wsl --install
```

在安装 WSL 后重启电脑，再次打开 Docker 桌面版即可。

```
wsl
版权所有 (c) Microsoft Corporation。保留所有权利。

用法: wsl.exe [参数]

参数:
    --install <选项>
        安装适用于 Linux 的 Windows 子系统功能。如果未指定任何选项，
        建议的功能将与默认分发版一起安装。

        若要查看默认分发版以及其他有效分发版的列表，
        使用"wsl --list --online"。

        选项:
            --distribution, -d [Argument]
                指定要按名称下载和安装的分发版。

            参数:
                有效的分发版名称(不区分大小写)。

        示例:
            wsl --install -d Ubuntu
            wsl --install --distribution Debian

            --inbox
                安装可选的 Windows 功能，而不是通过 Microsoft Store 提供的版本。
```

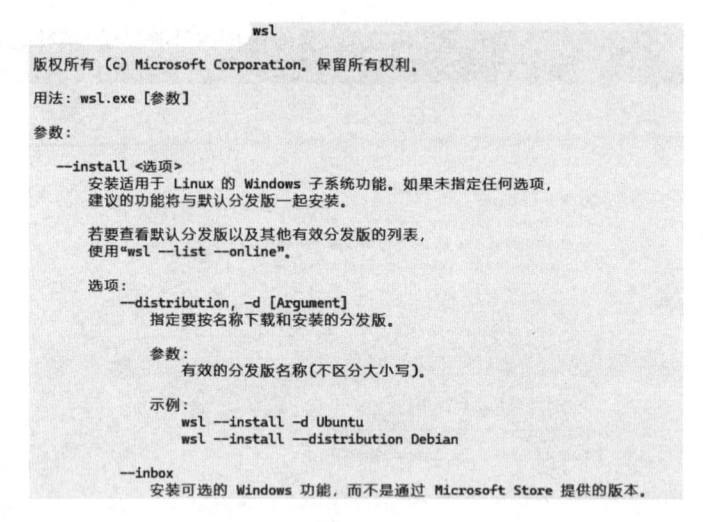

图 3-14

至此，在个人电脑上就部署完 Docker 了。

3.2.2 在云服务器上部署 Docker

大部分国内的云服务商都提供了高效、便捷地部署 Docker 的方法。以阿里云为例，阿里云提供了一键部署 Docker 的方法。

在阿里云官方网站上搜索"快速部署 Docker"，找到轻量应用服务器对应的文档（如图 3-15 所示），单击文档的链接。

图 3-15

阅读这篇文档，单击"轻量应用服务器管理控制台"链接（如图 3-16 所示），进入服务器创建页面，如图 3-17 所示。

图 3-16

在如图 3-17 所示的服务器创建页面中，单击"创建服务器"按钮，页面会跳转至镜像文件和服务器规格配置页面，如图 3-18 所示。选择 Docker 镜像文件并填写套餐配置、数据盘、购买时长等信息，单击"立即购买"按钮会跳转回服务器创建页面。

图 3-17

图 3-18

在服务器创建成功后,可以在"应用详情"页面单击"远程登录服务器"链接,如图 3-19 所示。随后,会弹出如图 3-20 所示的命令行页面。可以在命令行页面输入 docker 命令,查看 Docker 的常用命令及参数的用法。

图 3-19

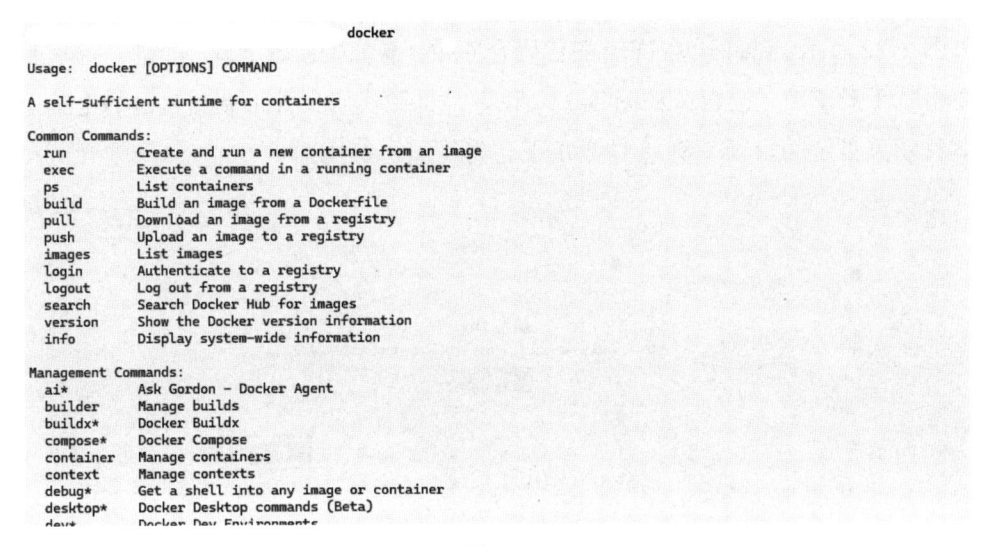

```
                                    docker

Usage:  docker [OPTIONS] COMMAND

A self-sufficient runtime for containers

Common Commands:
  run         Create and run a new container from an image
  exec        Execute a command in a running container
  ps          List containers
  build       Build an image from a Dockerfile
  pull        Download an image from a registry
  push        Upload an image to a registry
  images      List images
  login       Authenticate to a registry
  logout      Log out from a registry
  search      Search Docker Hub for images
  version     Show the Docker version information
  info        Display system-wide information

Management Commands:
  ai*         Ask Gordon - Docker Agent
  builder     Manage builds
  buildx*     Docker Buildx
  compose*    Docker Compose
  container   Manage containers
  context     Manage contexts
  debug*      Get a shell into any image or container
  desktop*    Docker Desktop commands (Beta)
  dev*        Docker Dev Environments
```

图 3-20

到这里，就完成了在云服务器上部署 Docker。

3.3 部署 Dify

3.3.1 节～3.3.3 节介绍如何在本地电脑上部署 Dify。3.3.4 节介绍如何在云服务器上部署 Dify。

3.3.1 下载 Dify 的源代码文件

可以通过代码托管平台 GitHub 或者 Gitee 下载 Dify 的源代码文件。以 Gitee 为例，在其页面顶部的搜索框中输入"dify"，选择如图 3-21 所示的代码仓库。

图 3-21

如图 3-22 所示，在打开的 Dify 的代码仓库中，单击"克隆/下载"按钮，在登录 Gitee 后，单击"下载 ZIP"按钮（如图 3-23 所示），将源代码文件下载到自己的电脑上，随后将其移动到指定的目录（例如 D 盘）下，将压缩包解压缩。

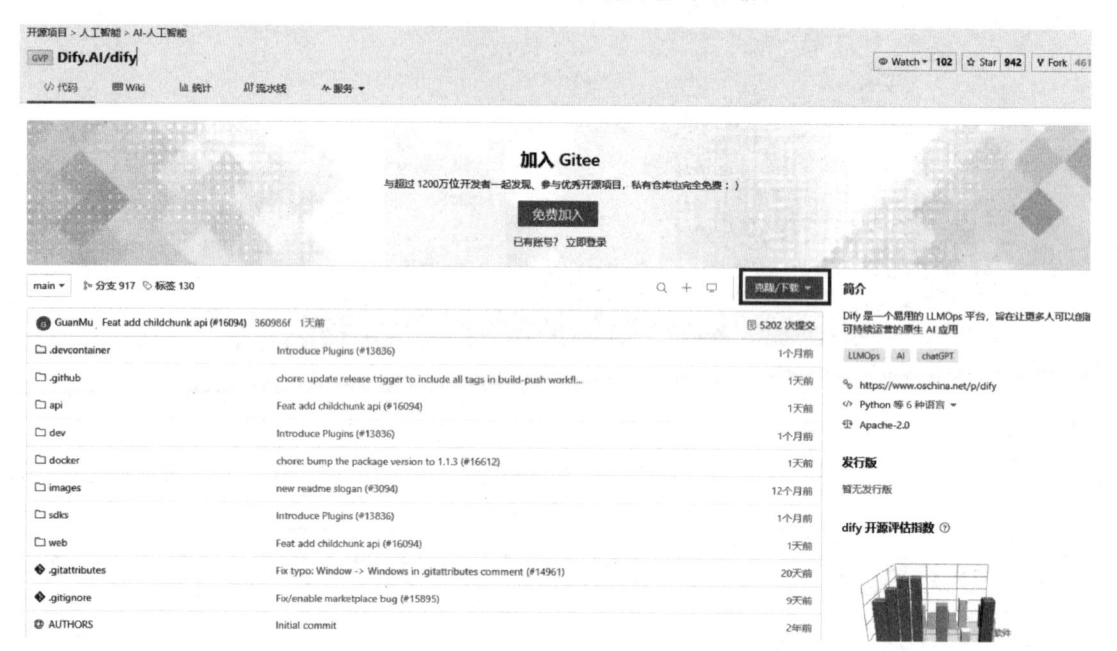

图 3-22

图 3-23

单击"下载 ZIP"按钮是获取源代码文件的一种快捷方式，但是当 Dify 更新源代码文件时，我们无法获得最新的源代码文件。另一种下载方式是使用 Git 下载。Git 是一种分布式代码版本控制系统。使用 Git 可以从 Gitee 上随时更新源代码文件。使用 Git 需要一些命令行的知识，在 Gitee 官方网站上有详细的操作步骤，感兴趣的读者可以按提示步骤操作。对于不懂代码的读者，使用单击"ZIP 下载"按钮的方式就可以满足使用 Dify 的需求，无须频繁更新版本。

3.3.2 部署 Dify 服务端

在解压缩 Dify 的源代码文件后，打开 Dify 的源代码文件目录，然后打开 Docker 子目录。如图 3-24 所示，复制名为.env.example 的文件，并去掉后缀名.example。此文件为使用 Docker 启动 Dify 的环境配置文件。接下来，打开 Windows 系统自带的命令行工具 Powershell 进入命令行页面准备部署 Dify。

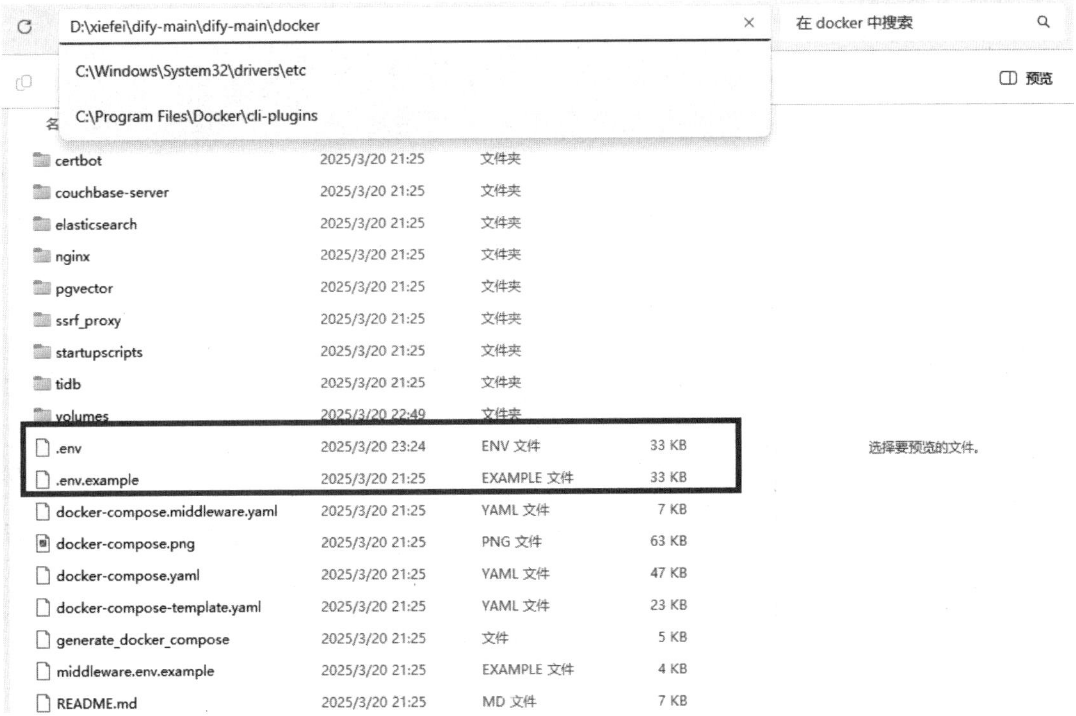

图 3-24

如图 3-25 所示，在 Docker 子目录的空白处单击鼠标右键，选择"在此处打开 Powershell 窗口"选项就可以打开 Powershell。

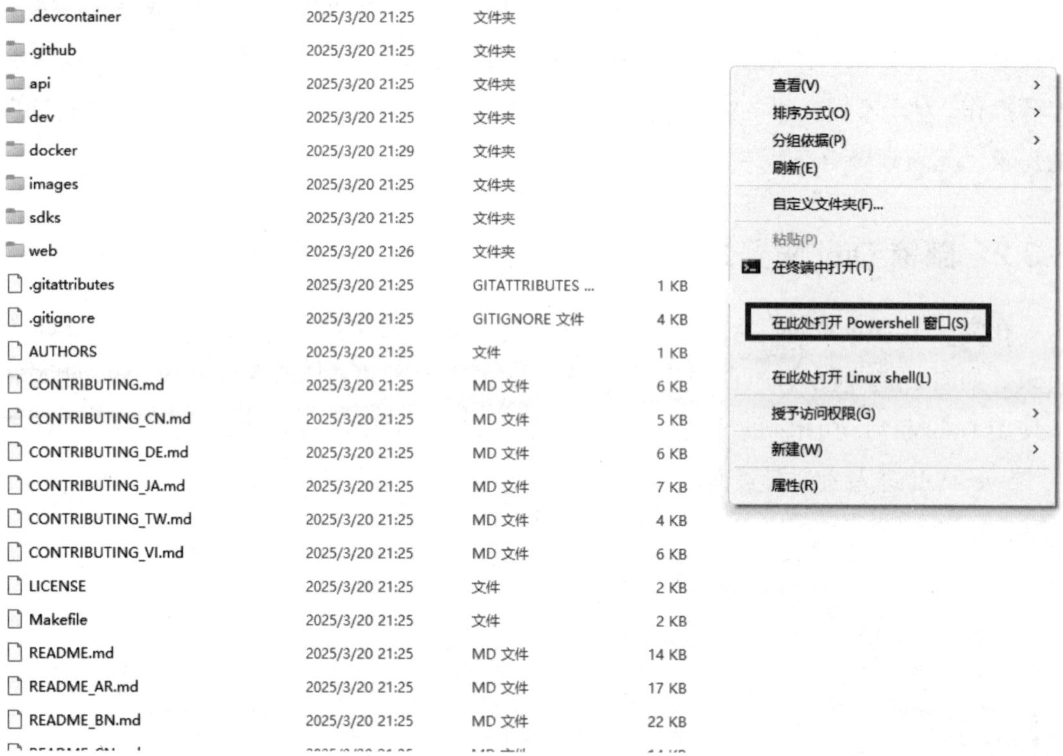

图 3-25

我们使用以下 docker 命令登录自己的账户。其中，"-u"参数后面的是账户名，"-p"参数后面的是密码。

```
docker login -u yourname -p password
```

在成功登录后，使用以下命令部署 docker compose。根据网络传输速率的不同，需要等待 30 分钟到 1 小时，如图 3-26 所示。

```
docker compose up -d
```

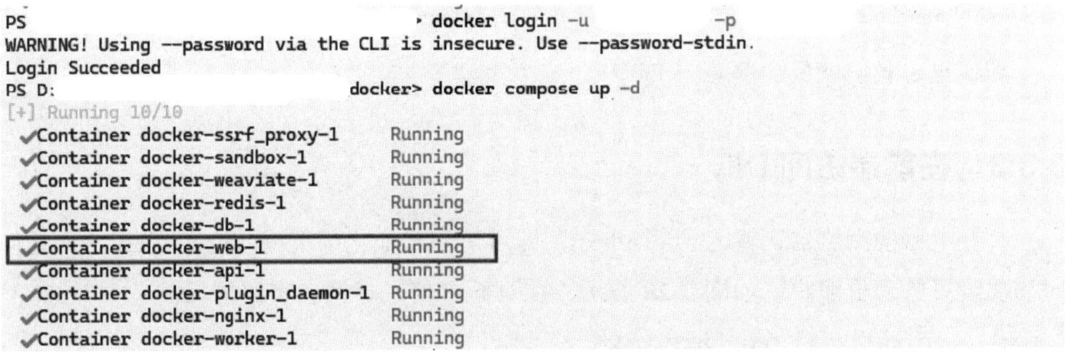
PS ▸ docker login -u -p
WARNING! Using --password via the CLI is insecure. Use --password-stdin.
Login Succeeded
PS D: docker> docker compose up -d
[+] Running 10/10
✔Container docker-ssrf_proxy-1 Running
✔Container docker-sandbox-1 Running
✔Container docker-weaviate-1 Running
✔Container docker-redis-1 Running
✔Container docker-db-1 Running
✔Container docker-web-1 Running
✔Container docker-api-1 Running
✔Container docker-plugin_daemon-1 Running
✔Container docker-nginx-1 Running
✔Container docker-worker-1 Running

图 3-26

在镜像文件拉取成功后，Docker 会初始化网络并根据镜像文件创建容器。如图 3-27 所示，可以看到 Powershell 创建了 redis-1、web-1 等容器，同样可以看到容器的运行状态。

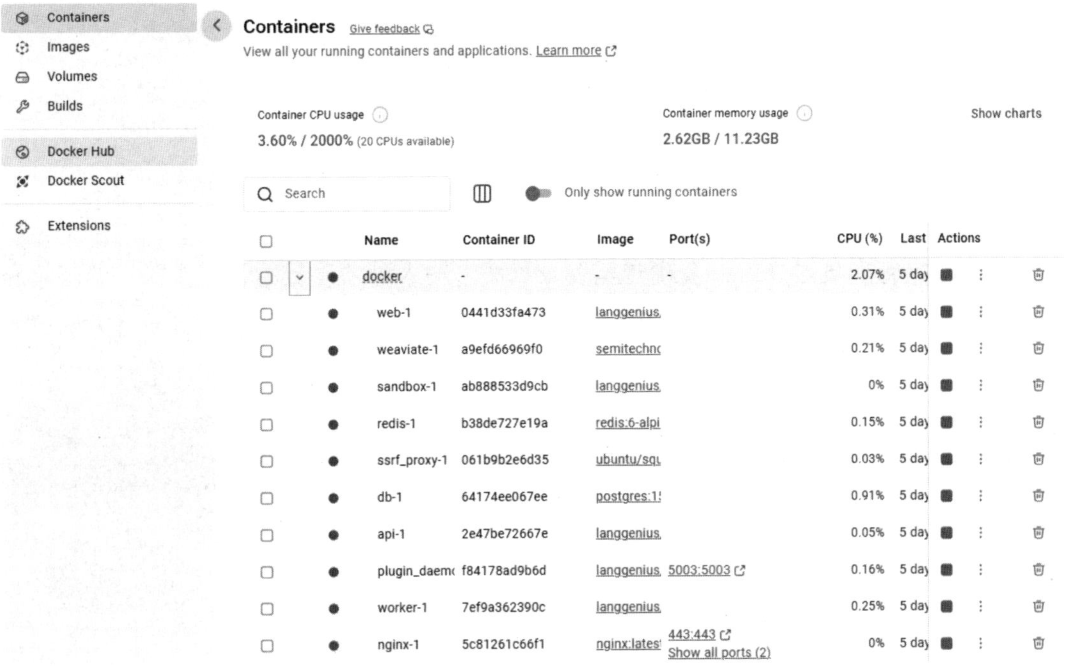
Containers
Images
Volumes
Builds
Docker Hub
Docker Scout
Extensions
Containers Give feedback
View all your running containers and applications. Learn more
Container CPU usage
3.60% / 2000% (20 CPUs available)
Container memory usage
2.62GB / 11.23GB
Show charts
Search
Only show running containers
Name Container ID Image Port(s) CPU (%) Last Actions
docker - - - 2.07% 5 day
web-1 0441d33fa473 langgenius 0.31% 5 day
weaviate-1 a9efd66969f0 semitechnc 0.21% 5 day
sandbox-1 ab888533d9cb langgenius 0% 5 day
redis-1 b38de727e19a redis:6-alpi 0.15% 5 day
ssrf_proxy-1 061b9b2e6d35 ubuntu/squ 0.03% 5 day
db-1 64174ee067ee postgres:1 0.91% 5 day
api-1 2e47be72667e langgenius 0.05% 5 day
plugin_daem f84178ad9b6d langgenius 5003:5003 0.16% 5 day
worker-1 7ef9a362390c langgenius 0.25% 5 day
nginx-1 5c81261c66f1 nginx:lates 443:443 Show all ports (2) 0% 5 day

图 3-27

我们使用的是 docker compose 在源代码文件目录中部署。注意到已经启动了一个名称为 web-1 的容器（如图 3-26 所示），说明我们将 Dify 的前端一并部署好了，这也是使用 Docker 部署的优势，可以让我们高效、简洁地部署一个复杂的应用程序。

到这里，我们就成功部署了 Dify。

3.3.3　在前端访问 Dify

打开电脑的浏览器，输入"localhost"即可访问本地化部署的 Dify，在第一次访问时需要设置管理员账户。如图 3-28 所示，在页面中输入邮箱、密码即可。

图 3-28

在设置完管理员账户后，会跳转至登录页面，输入刚才设置的管理员账户的邮箱和密码，即可登录 Dify。成功登录后的页面如图 3-29 所示，可以看到与 Dify 官方网站的页面是一致的。单击页面顶部导航栏中的 4 个选项可以看到很多 Agent 和工具。

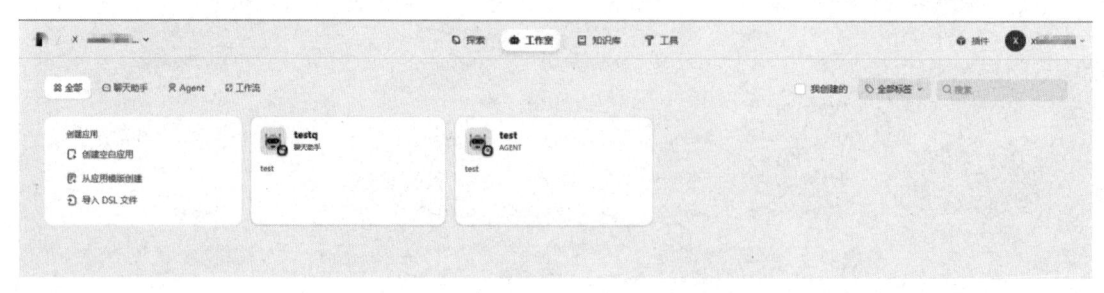

图 3-29

以探索页面为例，探索页面提供了很多 Agent、助手、工作流等模板应用程序，如图 3-30 所示。可以直接使用这些模板应用程序，或根据模板自定义应用程序。

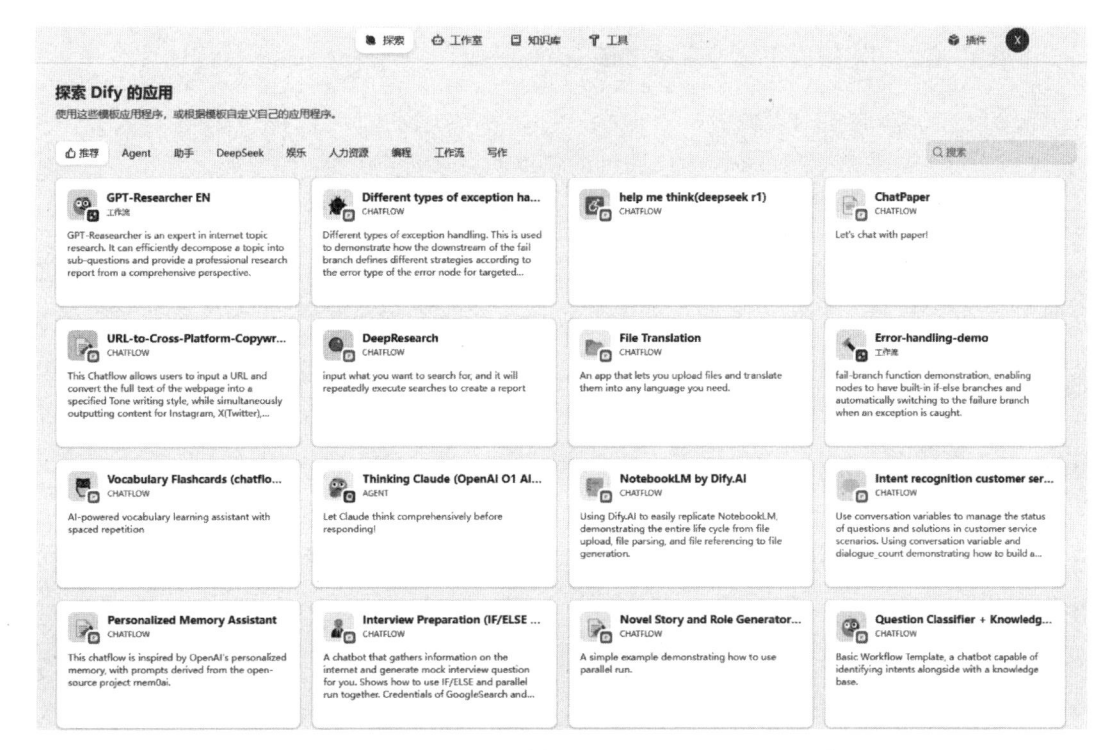

图 3-30

其他功能（如工作室、知识库、工具）将在 4.1 节进行详细介绍。

3.3.4　在云服务器上部署 Dify

前面介绍的是在本地电脑上部署 Dify。本地化部署让我们完全拥有了自己的 Dify，无须花费额外的费用租用服务器。但如果想在本地运行大模型，那么可能会受限于电脑的硬件配置。3.2.2 节介绍了在云服务器上部署 Docker。云服务商提供了 Dify 镜像文件供我们使用。我们可以在云服务器上部署 Dify，通过购买高配置的云服务器服务，可以给 Dify 配置参数更多的大模型。

在云服务器上部署完 Docker 后，可以使用 git 命令下载 Dify，如图 3-31 所示。

图 3-31

下载完成后，使用以下命令部署 Dify。

```
1  进入 Dify 代码目录: cd dify
2  复制所需的 env 文件: cp .env.example .env
3  启动部署: docker compose up -d
```

如图 3-32 所示，在命令行页面输入以下代码，等待部署成功即可，部署成功页面可参考图 3-26。这样，我们在云服务器上就成功地部署了 Dify。Dify 前端页面的设置与 3.3.3 节的内容相同。

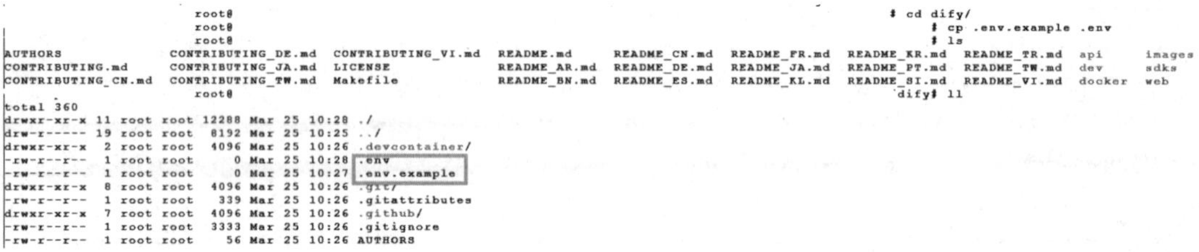

图 3-32

3.4 部署模型管理平台

3.4.1 什么是模型管理平台

模型管理平台是提供下载、部署、调用和管理模型的一站式服务平台。通常本地化部署模型，都需要使用模型管理平台提供便捷、高效的部署解决方案。

常用的模型管理平台有 Ollama 和 Xinference。这两个平台集成了丰富的大模型（如 DeepSeek、Qwen 和 Llama 系列模型），也提供丰富的工具类模型（如 Embedding 模型）。大模型可以与我们进行对话，是 Agent 的智能基座。工具类模型用来做知识库解析，提供文本转语音等能力。本节首先介绍如何使用这两个平台在本地电脑上部署模型，再介绍将部署好的模型接入 Dify 的方法。

3.4.2 部署 Ollama

1. 下载 Ollama 镜像文件

打开 Docker 桌面版，在页面顶部的导航栏中搜索"ollama"。如图 3-33 所示，找到排在第一位的下载量超过 1000 万次的镜像文件，单击"Pull"按钮下载镜像文件。注意：下载需要的时间较长。

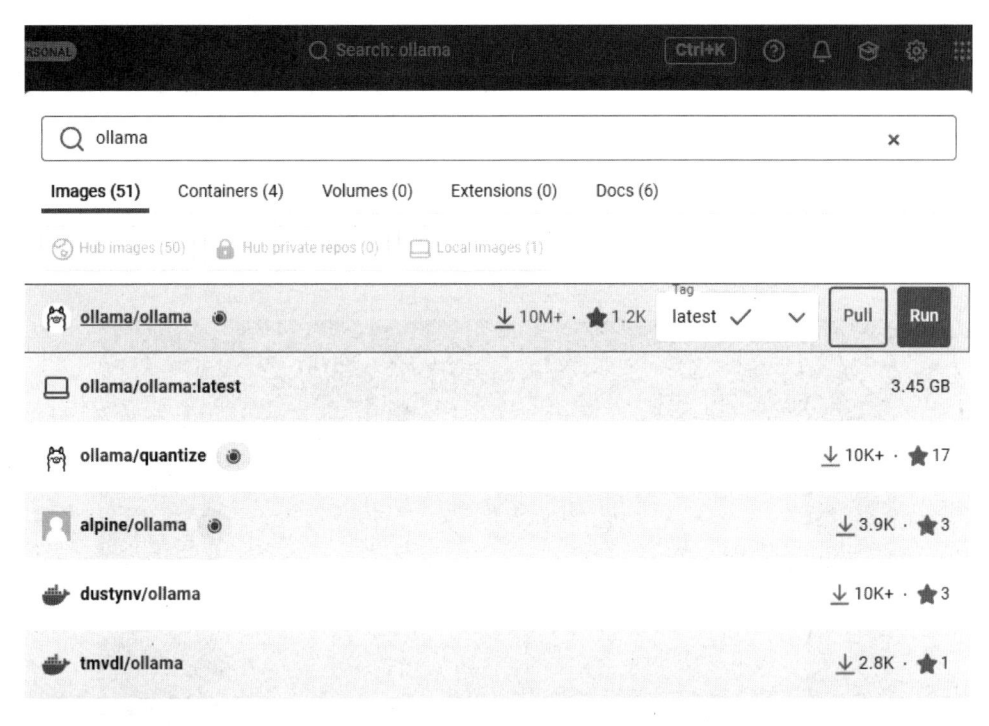

图 3-33

2. 启动 Ollama 容器

在下载完成后，单击 Docker 桌面版的"Images"选项，如图 3-34 所示，单击方框中"Actions"列的三角形图标，会出现如图 3-35 所示的页面。在"Ports"文本框中输入"11434"。随后，单击"Run"按钮使用 Ollama 镜像文件启动一个容器。

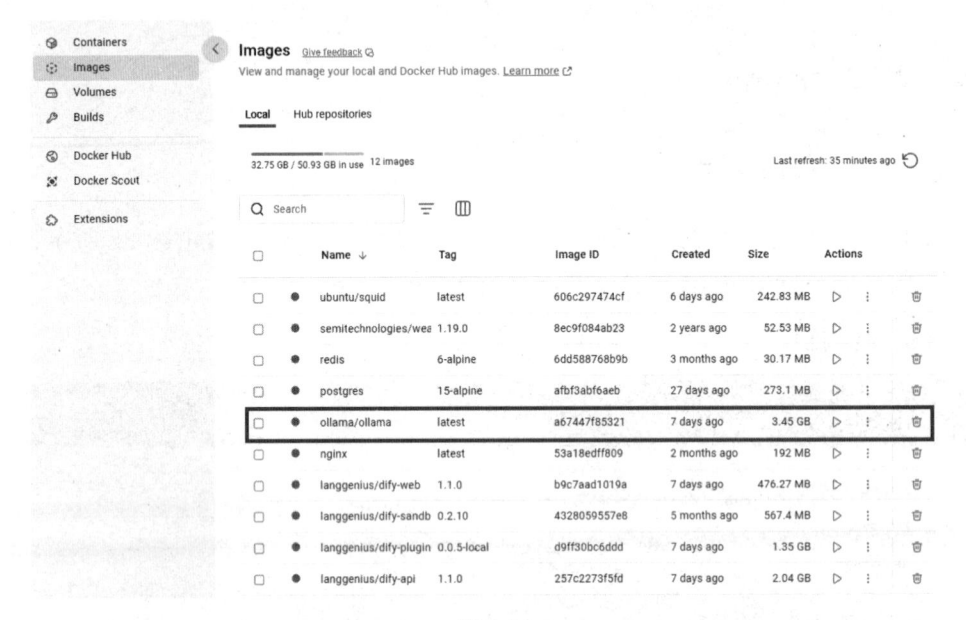

图 3-34

图 3-35

单击"Containers"选项，可以看到 Ollama 容器已经启动。单击"ollama/ollama:latest"链接可以进入容器。如图 3-36 所示，进入容器后，看到的是"Logs"列的内容。这里展示了容器的运行日志。可以通过日志观察容器的运行状态。

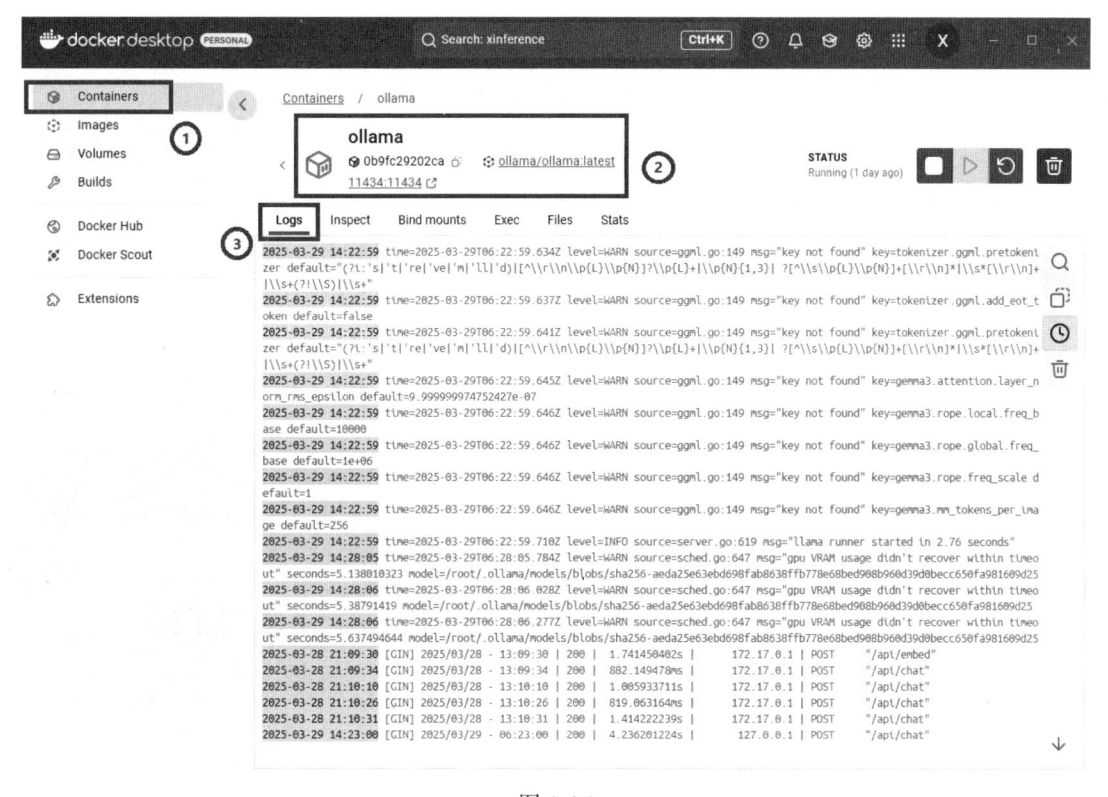

图 3-36

3. 在 Ollama 中下载模型

在如图 3-36 所示的页面中，单击"Exec"选项。这是一个类似于 Powershell 的页面。在这里使用命令行下载模型。以下载 Qwen2.5-7B 模型为例，如图 3-37 所示，在命令行中输入以下命令，将 Qwen2.5-7B 模型下载到容器中。

```
ollama pull qwen2.5:7b
```

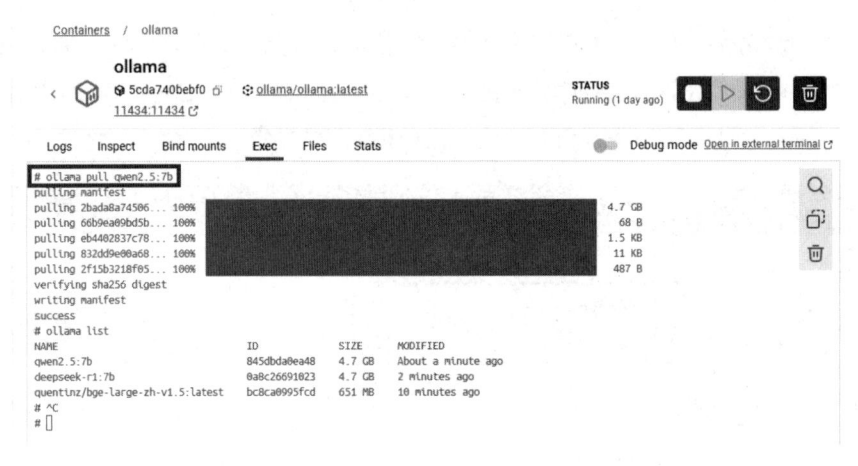

[图 3-37]

下载完成后，如图 3-38 所示，在命令行中输入以下命令，启动并与 Qwen2.5-7B 模型对话，按"Ctrl+D"组合键可退出对话。

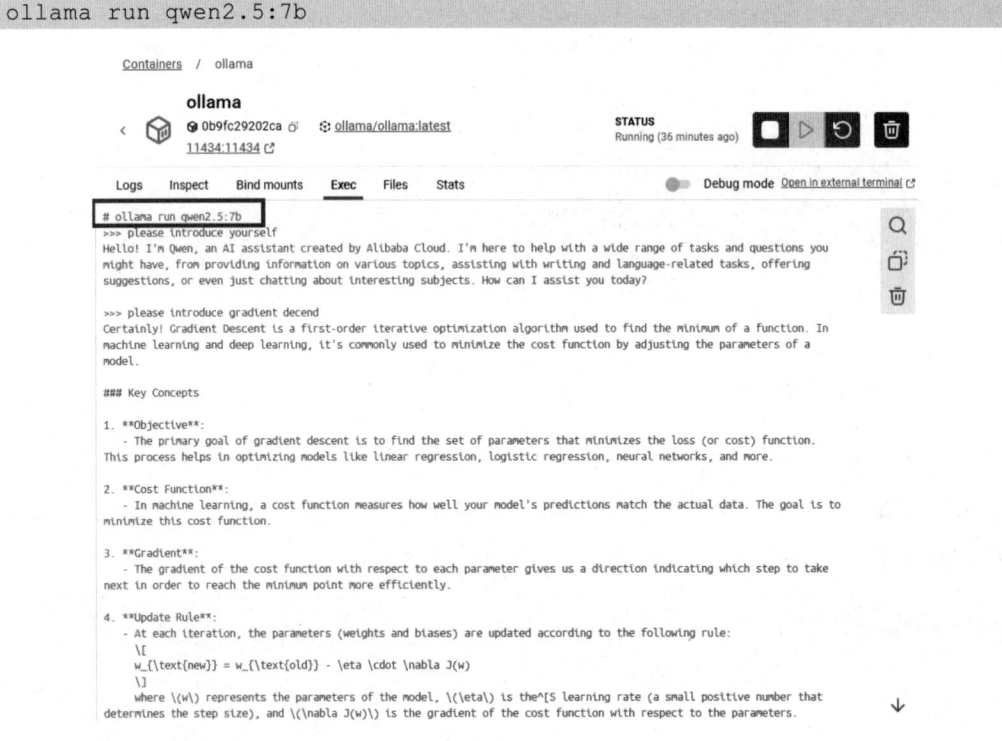

```
ollama run qwen2.5:7b
```

[图 3-38]

同样，可以使用以下命令下载 DeepSeek 模型和 Embedding 模型。

```
1  ollama pull deepseek-r1:7b
2  ollama pull quentinz/bge-large-zh-v1.5
```

Ollama 提供了丰富的模型可供用户使用。如图 3-39 所示，可以在 Ollama 官方网站顶部的导航栏中搜索需要使用的模型。例如，如果需要使用阿里巴巴开源的 QwQ-32B 模型，那么在 Ollama 官方网站顶部的导航栏中搜索"qwq"，可以看到 QwQ-32B 模型卡片。模型卡片展示了模型的下载次数（超过了 110 万次）、模型的参数量（"32b"）、模型的启动命令（在参数量的右方，即"ollama run qwq"）。

图 3-39

根据 Ollama 官方的建议，如果在本地电脑上运行一个参数量为 7B 的模型，就需要 GPU 加速卡至少有 8GB 的显存，如果运行一个参数量为 13B 的模型，就需要至少 16GB 的显存，如果运行一个参数量为 33B 的模型，就需要至少 32GB 的显存。当然，对于 7B 参数量的模型，使用同等内存的 CPU 也可以运行。

4. 启动 GPU 加速卡

我们使用 Docker 桌面版创建 Ollama 容器，然而通过这种方式运行模型没有使用到本地电脑的 GPU 加速卡。如何开启 GPU 加速功能呢？在"Exec"页面的右上方单击"Open in external terminal"链接，可以新建一个命令行窗口，如图 3-38 所示。输入以下命令，可以查看当前容器中运行的模型，如图 3-40 所示。

```
1  ollama ps
```

```
If you meant something else entirely, feel free to rephrase or provide additional information so I can assist you better!
>>>
# ollama ps
NAME         ID            SIZE     PROCESSOR    UNTIL
qwen2.5:7b   845dbda0ea48  6.0 GB   100% CPU     4 minutes from now
#
```

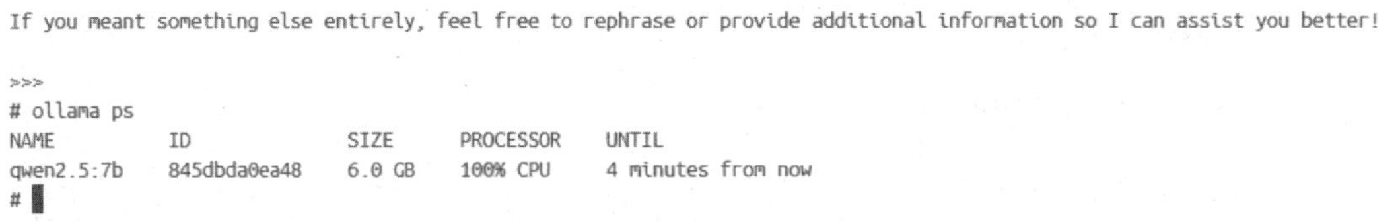

图 3-40

可以看到，"PROCESSOR"列只显示了"100% CPU"，并没有使用到 GPU 加速卡，这是因为通过 Docker 桌面版启动容器默认只使用本地电脑的 CPU 资源。可以输入以下命令启动容器。其中，"--gpus all"表示查找并使用本地所有的 GPU 加速卡。3.4.3 节将使用这个命令启动容器，部署模型。

```
1  docker run -p 11434:11434 --name ollama --runtime=nvidia --gpus all ollama/ollama
2
3  参数含义：
4  docker run: 启动容器
5  -p<宿主机端口:容器端口>: 本地电脑访问 ollama 的端口和 ollama 容器内启动模型服务的端口，可在本地电脑使用 localhost:11434 访问 ollama
6  --name: 容器名称
7  --runtime: 容器运行时环境，指定 nvidia 表示使用 NVIDIA 工具箱创建环境
```

```
8  --gpus all：查找并使用本地所有的 GPU 加速卡
9  ollama/ollama：表示本地下载的 ollama 镜像文件名称
```

3.4.3 部署 Xinference

1. 下载 Xinference 镜像文件

打开 Docker 桌面版，在页面顶部的导航栏中搜索"xinference"，如图 3-41 所示，找到第一个镜像文件，其下载量超过 10 万次，单击"Pull"按钮。注意：下载需要的时间较长。

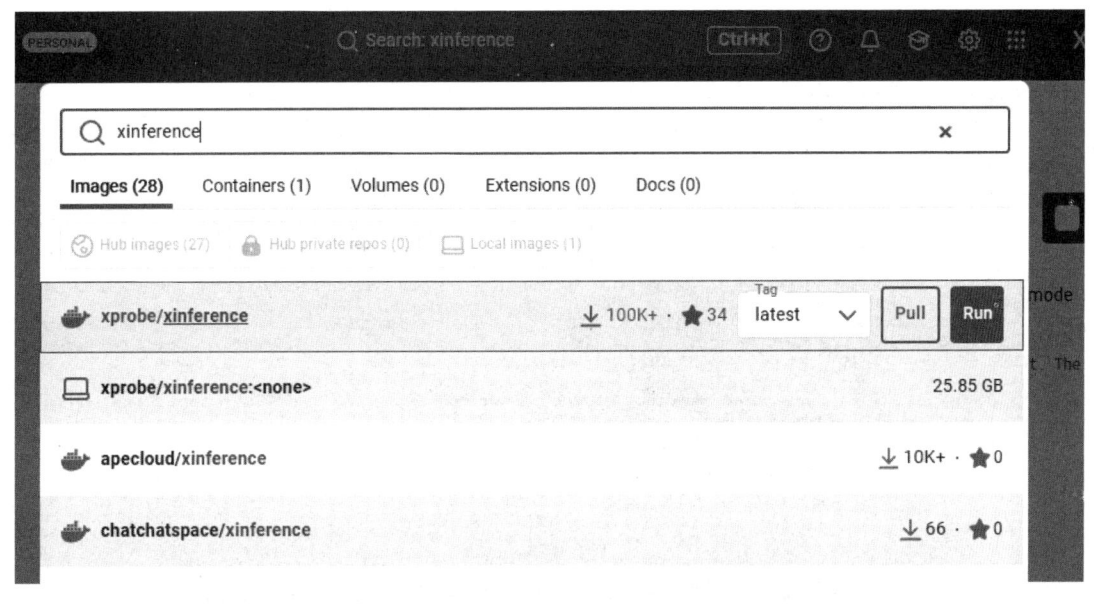

图 3-41

2. 启动 Xinference

下载完成后，单击"Images"选项，在镜像文件列表页找到 Xinference 镜像文件所在的行，单击"Actions"列的三角形图标。我们发现，Docker 并没有启动相关容器，图标的状态瞬间还原为未启动。这是因为使用镜像文件启动 Xinference 的时候必须依赖 GPU 加速卡，而 Docker 桌面版默认使用 CPU 启动容器。我们改写前面启动 Ollama 的命令，通过以下命令，用 GPU 加速卡启动 Docker。

```
1  docker run -p 9997:9997 --name xinference --gpus all
   xprobe/xinference:latest xinference-local -H 0.0.0.0 --log-level debug
2
3  参数说明:
4  xinference-local -H 0.0.0.0 运行容器内的命令。启动了 xinference-local 服务,
   并设置了监听地址为 0.0.0.0,表示监听所有网络接口
5  --log-level debug 日志级别设置为 debug,方便查看日志定位问题
```

运行命令后,如图3-42所示,启动日志的末尾有"Uvicorn runing on"字样表示启动 Xinference 成功。此时,在浏览器中输入"localhost:9997",按回车键进入 Xinference 的管理控制台首页。

```
PS C:\Users\hyt55> docker run -p 9997:9997 --name xinference --gpus all xprobe/xinference:latest xinference-local -H 0.
0.0.0 --log-level debug
INFO 03-20 08:48:14 __init__.py:190] Automatically detected platform cuda.
2025-03-20 08:48:15,055 xinference.core.supervisor 53 INFO     Xinference supervisor 0.0.0.0:45378 started
2025-03-20 08:48:15,163 xinference.core.worker 53 INFO     Starting metrics export server at 0.0.0.0:None
2025-03-20 08:48:15,167 xinference.core.worker 53 INFO     Checking metrics export server...
2025-03-20 08:48:16,468 xinference.core.worker 53 INFO     Metrics server is started at: http://0.0.0.0:40183
2025-03-20 08:48:16,469 xinference.core.worker 53 INFO     Purge cache directory: /root/.xinference/cache
2025-03-20 08:48:16,470 xinference.core.supervisor 53 DEBUG     [request bd25dec2-05a2-11f0-8499-0242ac110002] Enter add_
worker, args: <xinference.core.supervisor.SupervisorActor object at 0x7efbdb4dd8a0>,0.0.0.0:45378, kwargs:
2025-03-20 08:48:16,470 xinference.core.supervisor 53 DEBUG     Worker 0.0.0.0:45378 has been added successfully
2025-03-20 08:48:16,470 xinference.core.supervisor 53 DEBUG     [request bd25dec2-05a2-11f0-8499-0242ac110002] Leave add_
worker, elapsed time: 0 s
2025-03-20 08:48:16,471 xinference.core.worker 53 INFO     Connected to supervisor as a fresh worker
2025-03-20 08:48:16,483 xinference.core.worker 53 INFO     Xinference worker 0.0.0.0:45378 started
2025-03-20 08:48:16,496 xinference.core.supervisor 53 DEBUG     Worker 0.0.0.0:45378 resources: {'cpu': ResourceStatus(us
age=0.0, total=20, memory_used=2921574400, memory_available=9090244608, memory_total=12352598016), 'gpu-0': GPUStatus(na
me='NVIDIA GeForce RTX 4060', mem_total=8585740288, mem_free=7286976512, mem_used=1298763776, mem_usage=0.15126986519907
182, gpu_util=8)}
2025-03-20 08:48:20,045 xinference.core.supervisor 53 DEBUG     Enter get_status, args: <xinference.core.supervisor.Super
visorActor object at 0x7efbdb4dd8a0>, kwargs:
2025-03-20 08:48:20,045 xinference.core.supervisor 53 DEBUG     Leave get_status, elapsed time: 0 s
2025-03-20 08:48:20,952 xinference.api.restful_api 1 INFO     Starting Xinference at endpoint: http://0.0.0.0:9997
2025-03-20 08:48:21,264 uvicorn.error 1 INFO     Uvicorn running on http://0.0.0.0:9997 (Press CTRL+C to quit)
```

图3-42

可以看到,Xinference 的管理控制台首页是一些模型卡牌,如图3-43所示。Xinference 支持部署和管理大模型、Embedding 模型、多模态模型等丰富多样的模型。以部署 Embedding 模型为例介绍如何在 Xinference 中部署模型。你可以参考部署 Embedding 模型的方法,探索在 Xinference 中部署其他模型。

图 3-43

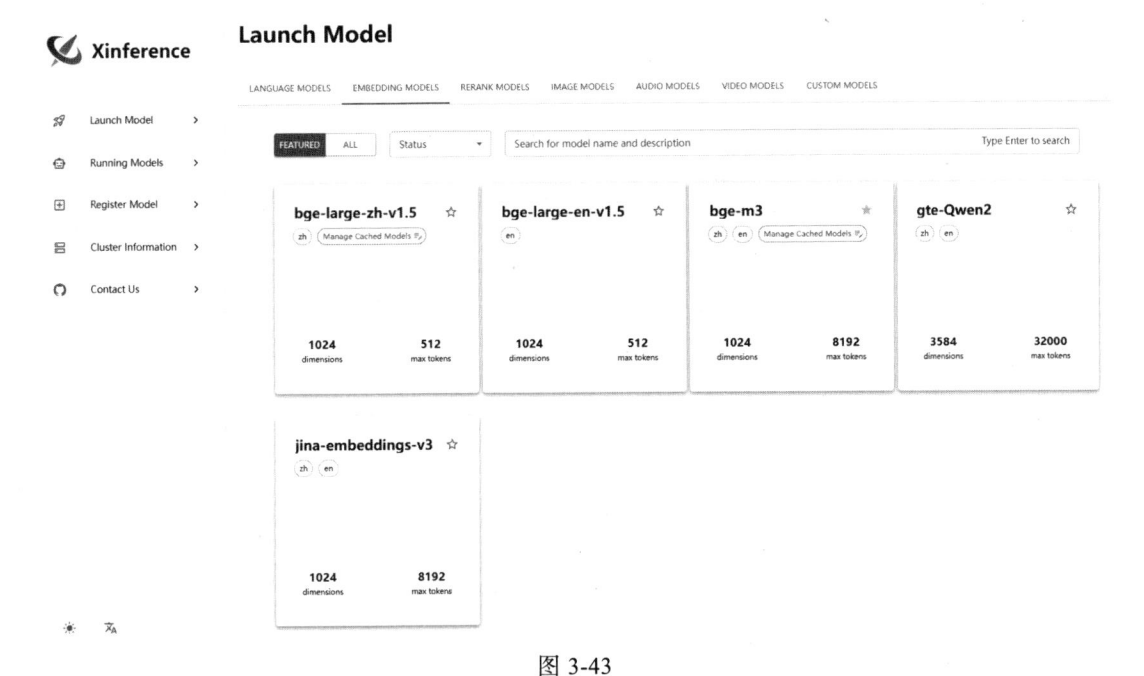

3. 在 Xinference 中下载 Embedding 模型

在图 3-43 所示的页面中，单击"EMBEDDING MODELS"选项，可以看到 Xinference 支持部署的 Embedding 模型。BGE-M3 模型经常用于中文文本解析并且支持的上下文较长，适用于开发知识库类助手 Agent。

单击"bge-m3"的模型卡片，填写如图 3-44 所示的表单。在"Device"文本框中选择"GPU"，在"(Optional) Download_hub"文本框中选择"modelscope"（魔搭社区的下载速度较快）。单击页面下方的小火箭按钮开始下载模型，如图 3-45 所示，期间可以观察命令行控制台的日志，可以看到模型正在下载，等待片刻即可完成下载。

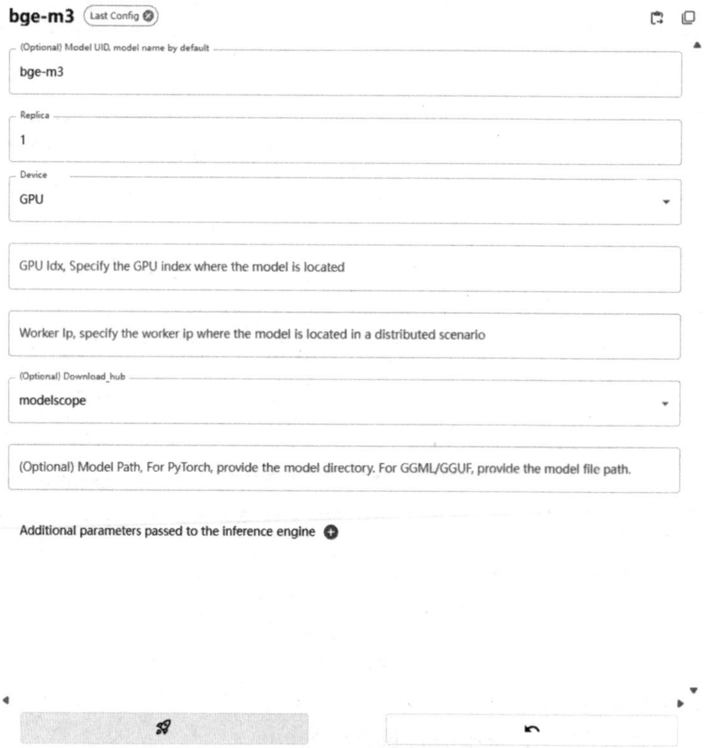

图 3-44

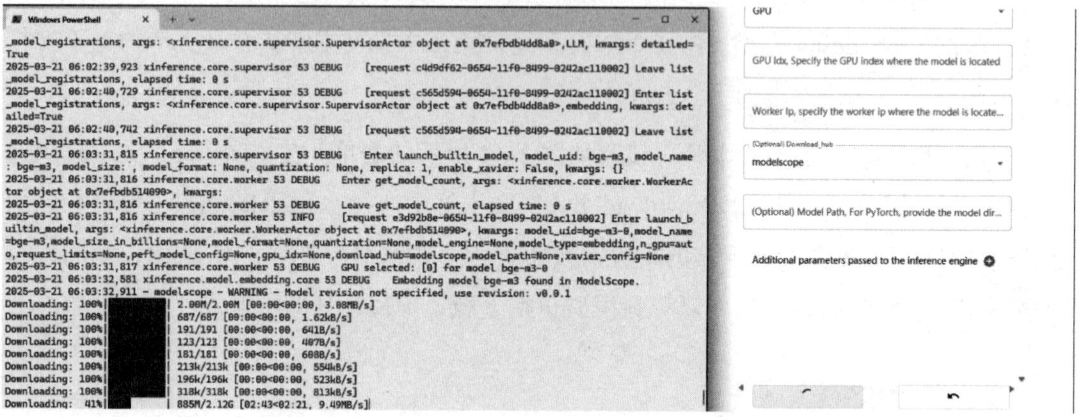

图 3-45

下载完成后，在 Xinference 的管理控制台首页单击"Running Models"选项，如图 3-46 所示，可以看到"EMBEDDING MODELS"选项上多了一个紫色圆点。单击该选项可以看到 BGE-M3 模型已经成功下载并运行了。

图 3-46

3.4.4　Dify 接入模型管理平台

在使用 Ollama 和 Xinference 部署好模型后，需要将模型接入 Dify 中供 Agent 使用。

1. Dify 接入 Ollama 管理的模型

在浏览器中输入"localhost"进入 Dify 首页，如图 3-47 所示。单击页面右上方的个人中心，单击"设置"选项进入设置页面。在设置页面中，单击"模型供应商"选项。然后，在导航栏中，分别输入"Ollama"和"Xinference"查找模型供应商，安装对应的插件，如图 3-48 所示。

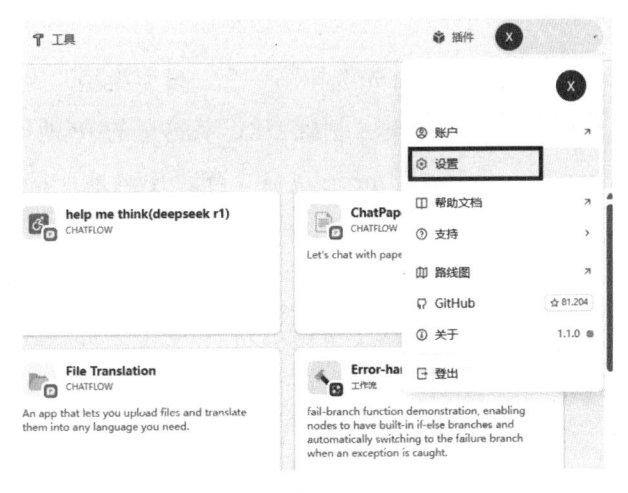

图 3-47

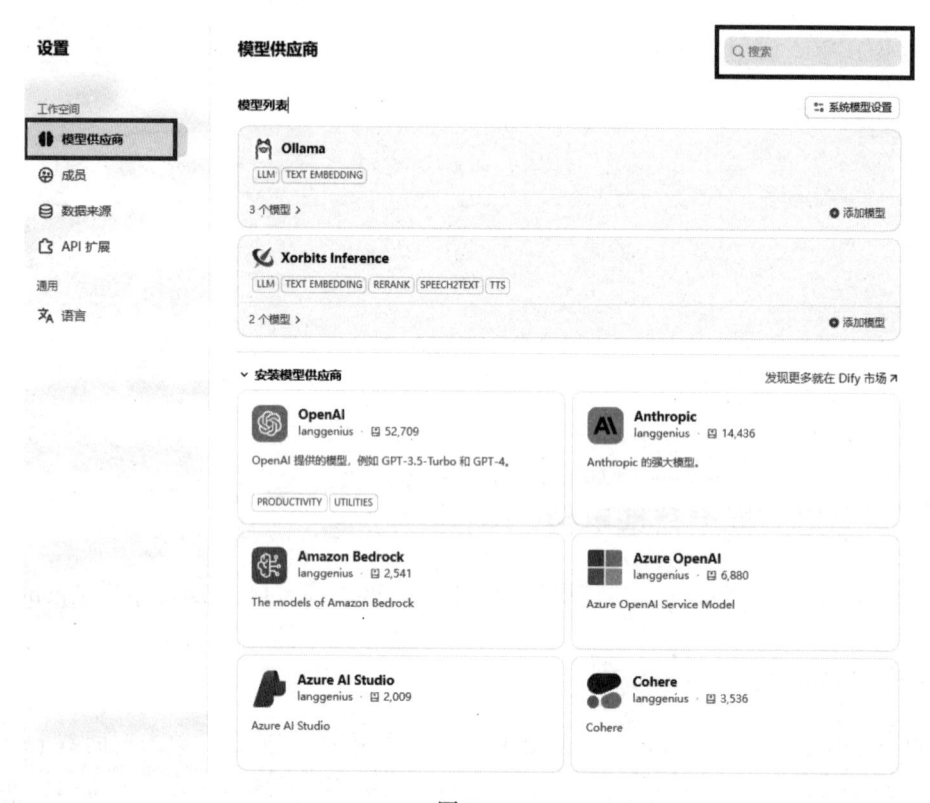

图 3-48

在安装完插件后，先找到"模型列表"中的"Ollama"选项。单击"添加模型"按钮，会弹出"添加 Ollama"对话框，如图 3-49 所示。

以添加 Qwen2.5-7B 模型为例，首先选择第一个"模型类型"为"LLM"，填写"模型名称"为"qwen2.5:7b"。然后，填写"基础 URL"，这里的 IP 地址需要填写本地电脑的 IPv4 地址，可以在 Powershell 中运行 ipconfig 命令查看 IPv4 地址，端口号指定为 11434。选择第二个"模型类型"为"对话"。填写"模型上下文长度"为"16384"，这个参数意味着我们输入的汉字加上大模型输出的汉字可以达到 10 000 字左右。填写"最大 token 上限"为"8192"，这表示大模型返回的汉字可以达到 8000 字左右。选择"是否支持 Vision"为"否"，因为 Qwen2.5-7B 是大模型，暂不支持多模态（如图片和视频）理解。选择"是否支持函数调用"为"是"，函数调用也称为 Function Call，是指可以让模型具有调用工具和知识库的能力。

图 3-49

在完成上述设置后，单击"保存"按钮，等待片刻，即可将模型添加到 Dify 中。在模型供应商页面，可以看到添加的 Qwen2.5-7B 模型。也可以按照添加 Qwen2.5-7B 的方式添加 DeepSeek-R1-7B。

也可以在 Dify 中添加 Embedding 模型，选择"模型类型"为"Text Embedding"后，按图 3-50 所示填写内容，单击"保存"按钮即可。该表单的参数的含义与"LLM"类型表单的参数的含义相同。

图 3-50

最终，我们在 Dify 中接入了 Ollama 管理的两个大模型和一个 Embedding 模型，如图 3-51 所示。

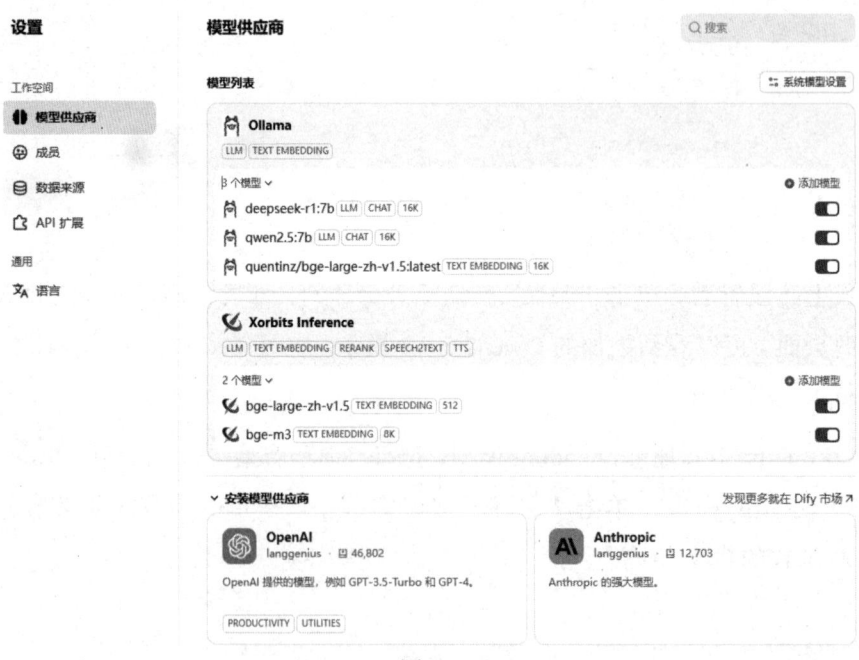

图 3-51

2. 在 Dify 中测试接入 Ollama 管理的模型是否成功

在"工作室"页面，单击"创建空白应用"选项，再单击"聊天助手"选项创建一个聊天助手，如图 3-52 所示。在"聊天助手"页面的右上角，可以选择部署好的 Qwen2.5-7B 模型，随后在"调试与预览"对话框中与大模型对话。如图 3-53 所示，可以看到大模型返回了我们期望得到的答案。关于对"聊天助手"页面的详细介绍可以参考第 4 章。

在确认大模型可以正常使用后，接下来测试 Embedding 模型是否可用。如图 3-54 所示，在 Dify 的"工作室"页面单击"知识库"选项，新建一个知识库，上传一个简单的文本文件并单击"下一步"按钮。

图 3-52

图 3-53

图 3-54

如图 3-55 所示，在打开的页面中，选择"Embedding 模型"为我们在 Ollama 中部署的模型，然后单击页面底部的"保存并处理"按钮。可以看到页面提示"嵌入已完成"，这说明 Embedding 模型工作正常，如图 3-56 所示。

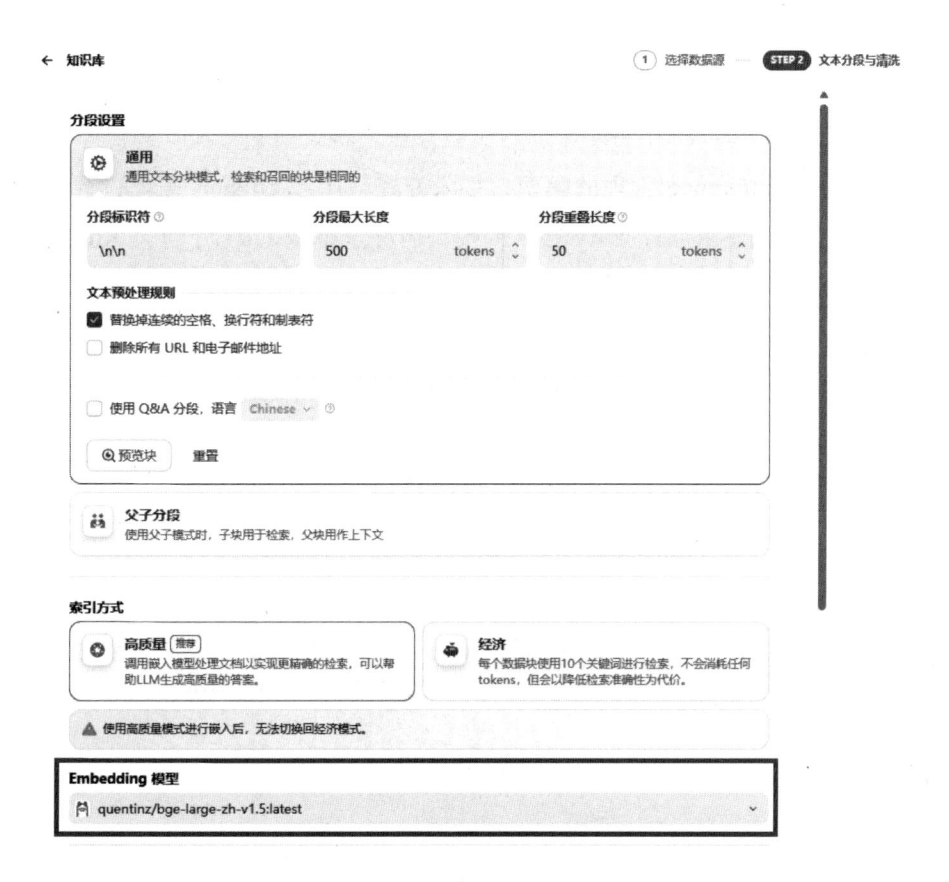

图 3-55

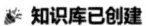

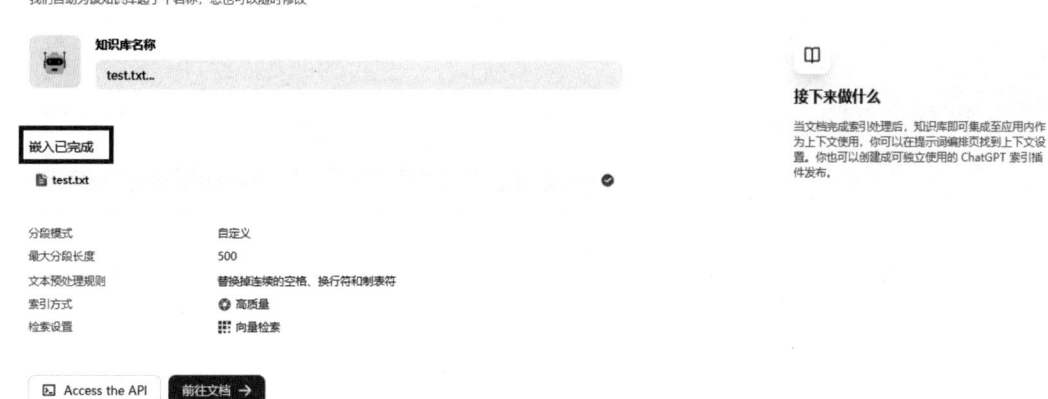

图 3-56

3. Dify 接入 Xinference 管理的模型

前面完成了 Dify 接入 Ollama 管理的模型并在"聊天助手"和"知识库"中使用。Dify 也可以接入 Xinference 管理的模型，接入方式与接入 Ollama 管理的模型类似，如图 3-57 所示。需要注意的是，Dify 接入的模型名称、模型 UID 分别与 Xinference 模型列表的模型名称、ID 字段保持一致。可以参考接入 Ollama 管理的模型的方式接入 Xinference 管理的模型。

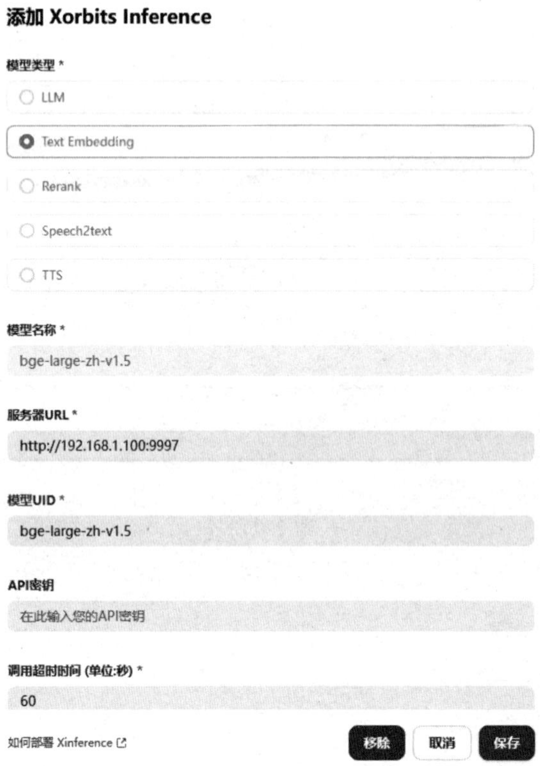

图 3-57

3.4.5 在云服务器上部署模型管理平台

1. 部署 Ollama

前面介绍的是本地化部署 Ollama 和 Xinference 的方法。在云服务器上部署 Ollama

比较简单，方法如下：在云服务器上打开 Docker，在命令行页面输入以下命令，等待镜像文件拉取即可，部署成功后如图 3-58 所示。

```
1 拉取镜像文件：docker pull ollama/ollama
2 启动 Ollama：docker run --name=ollama --runtime=nvidia --gpus all ollama/ollama
3 部署成功验证：ollama -h
```

```
# ollama -h
Large language model runner

Usage:
  ollama [flags]
  ollama [command]

Available Commands:
  serve       Start ollama
  create      Create a model from a Modelfile
  show        Show information for a model
  run         Run a model
  stop        Stop a running model
  pull        Pull a model from a registry
  push        Push a model to a registry
  list        List models
  ps          List running models
  cp          Copy a model
  rm          Remove a model
  help        Help about any command

Flags:
  -h, --help      help for ollama
  -v, --version   Show version information

Use "ollama [command] --help" for more information about a command.
```

图 3-58

2. 部署 Xinference

要想部署 Xinference，首先需要配置以下环境。

（1）镜像文件只能在启用了 GPU 和 CUDA 的环境中运行。

（2）需要安装 CUDA 且其版本需要高于 12.4，NVIDIA 驱动版本需要为 550 或以上。现在主流的服务器和个人电脑都预装了 CUDA 工具包且版本符合部署 Xinference 的要求。若你需要更新 CUDA 或安装的 CUDA 版本过低，则可参考云服务商的文档。例如，图 3-59 所示为阿里云提供的 CUDA 安装手册。关于 Xinference 的启动可以参考 3.4.3 节。

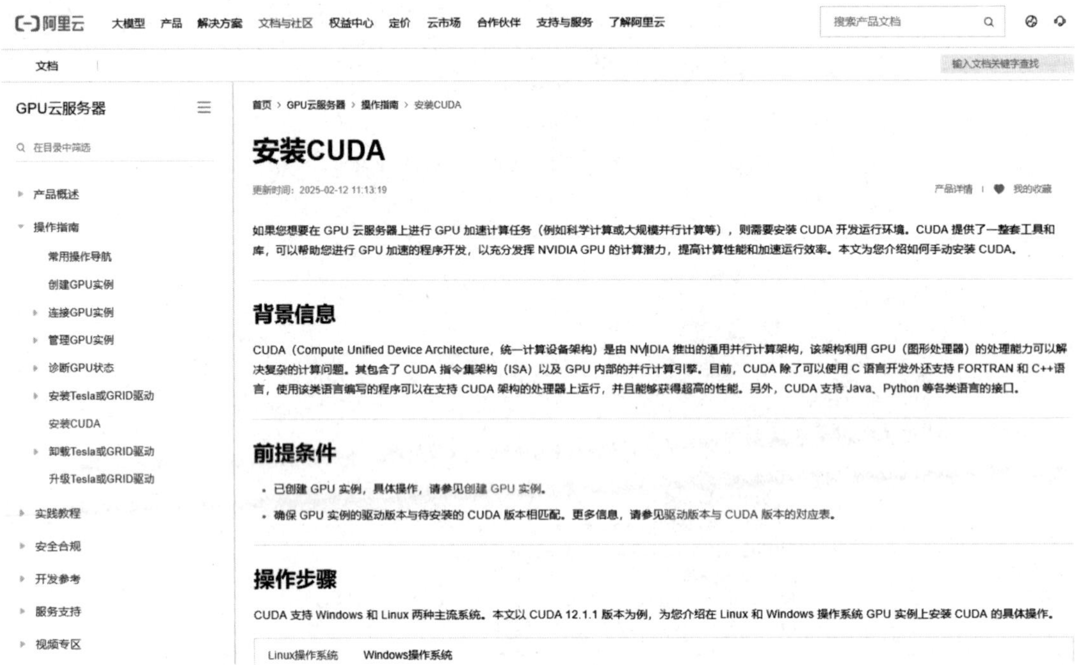
阿里云
大模型 产品 解决方案 文档与社区 权益中心 定价 云市场 合作伙伴 支持与服务 了解阿里云
搜索产品文档
文档
输入文档关键字查找
GPU云服务器
在目录中筛选
产品概述
操作指南
常用操作导航
创建GPU实例
连接GPU实例
管理GPU实例
诊断GPU状态
安装Tesla或GRID驱动
安装CUDA
卸载Tesla或GRID驱动
升级Tesla或GRID驱动
实践教程
安全合规
开发参考
服务支持
视频专区
首页 > GPU云服务器 > 操作指南 > 安装CUDA
安装CUDA
更新时间：2025-02-12 11:13:19
产品详情 | 我的收藏
如果您想要在 GPU 云服务器上进行 GPU 加速计算任务（例如科学计算或大规模并行计算等），则需要安装 CUDA 开发运行环境。CUDA 提供了一整套工具和库，可以帮助您进行 GPU 加速的程序开发，以充分发挥 NVIDIA GPU 的计算潜力，提高计算性能和加速运行效率。本文为您介绍如何手动安装 CUDA。
背景信息
CUDA（Compute Unified Device Architecture，统一计算设备架构）是由 NVIDIA 推出的通用并行计算架构，该架构利用 GPU（图形处理器）的处理能力可以解决复杂的计算问题。其包含了 CUDA 指令集架构（ISA）以及 GPU 内部的并行计算引擎。目前，CUDA 除了可以使用 C 语言开发外还支持 FORTRAN 和 C++语言，使用该类语言编写的程序可以在支持 CUDA 架构的处理器上运行，并且能够获得超高的性能。另外，CUDA 支持 Java、Python 等各类语言的接口。
前提条件
已创建 GPU 实例，具体操作，请参见创建 GPU 实例。
确保 GPU 实例的驱动版本与待安装的 CUDA 版本相匹配。更多信息，请参见驱动版本与 CUDA 版本的对应表。
操作步骤
CUDA 支持 Windows 和 Linux 两种主流系统。本文以 CUDA 12.1.1 版本为例，为您介绍在 Linux 和 Windows 操作系统 GPU 实例上安装 CUDA 的具体操作。
Linux操作系统
Windows操作系统

图 3-59

第 4 章　Dify 的功能介绍及 5 种应用

4.1　Dify 的主页面

无论是用云服务方式使用 Dify，还是部署并使用 Dify 社区版，都会看到如图 4-1 所示的 Dify 的主页面，包含探索、工作室、知识库、工具这 4 个主要的功能选项。

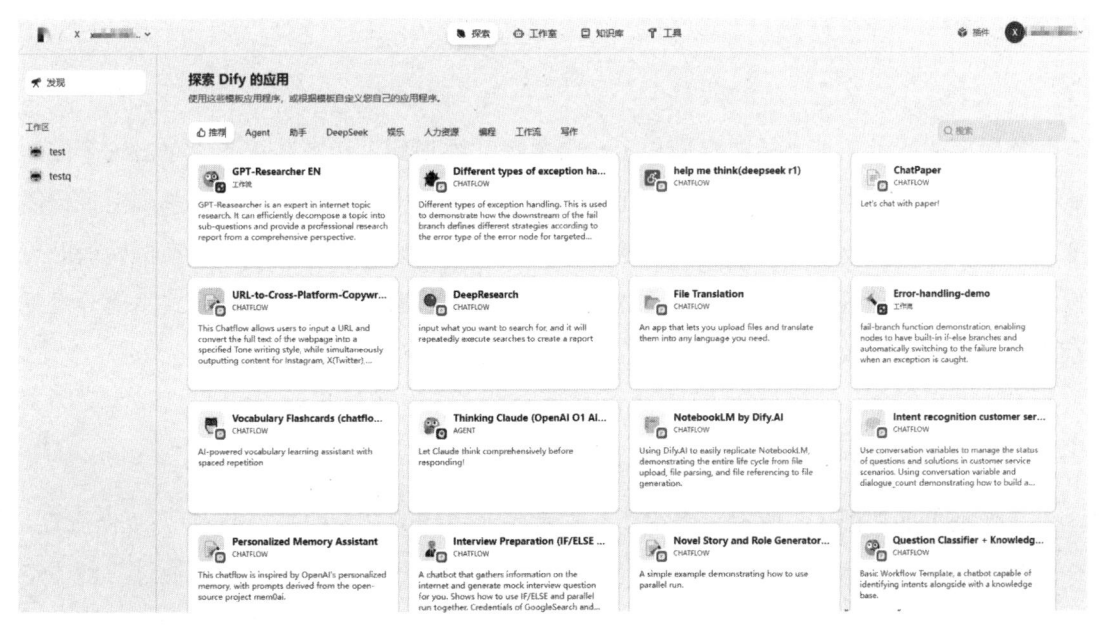

图 4-1

4.1.1　探索页面

Dify 的探索页面如图 4-2 所示，为开发者提供了丰富的模板资源库，涵盖 Agent、助手、工作流等类型的模板。

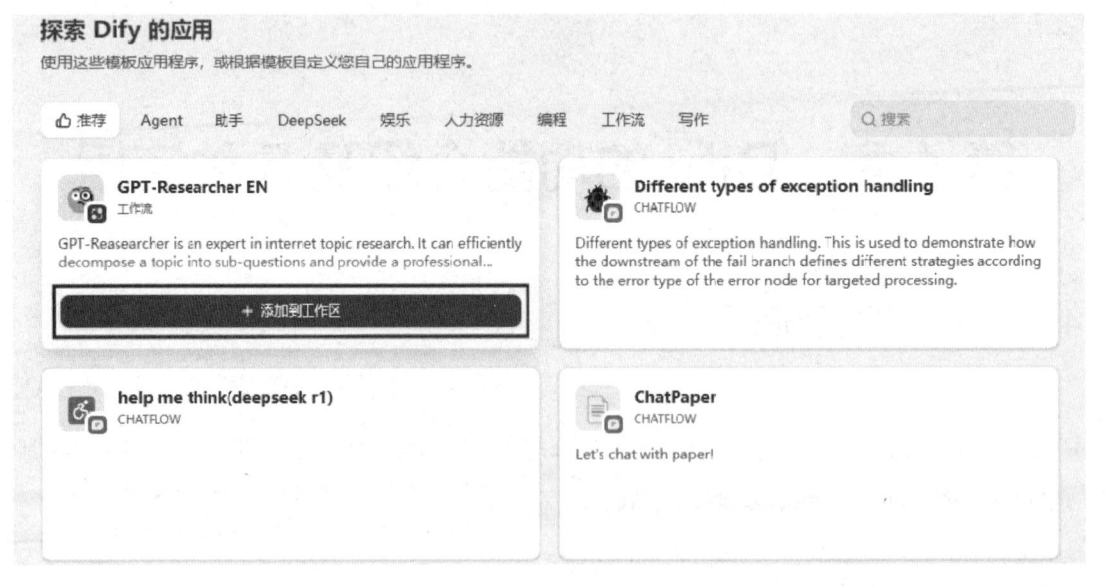

图 4-2

如图 4-2 所示，把光标放在模板上，会出现"添加到工作区"按钮，单击这个按钮后，就可以一键将模板复制到自己的工作室中使用。开发者可以在模板的基础上根据需要进一步修改，快速搭建适配自身场景的应用。对于新开发者而言，这些案例模板既可以让他们直观地理解低代码的开发方式，又能够让他们通过逆向工程的方式掌握开发复杂应用的方法，有效地缩短从认识平台到实践的学习曲线。

4.1.2 工作室页面

工作室页面如图 4-3 所示，展示了开发者当前创建的聊天助手、Agent、工作流等。Dify 将应用划分为 5 种类型。在图 4-3 所示的"创建应用"面板中，可以通过"创建空白应用""从应用模板创建""导入 DSL 文件"3 种方式创建应用。第一种方式和第二种方式比较适合非技术开发者。4.2 节会详细介绍不同形态的应用的创建方法，第 5 章会详细介绍如何使用工作流节点。

4.1.3 知识库页面

知识库页面如图 4-4 所示，展示了我们创建的知识库。我们可以把本地文件上传（例如，pdf、doc 等格式的文件）到知识库中，也可以同步线上知识文档。Dify 配置了 Embedding（词嵌入，一种文档内容解析技术）模型，用于将知识文档解析成大模型可以理解和处理的向量数据。4.3 节会详细介绍知识库，第 8 章会专门介绍如何开发本地知识问答助手 Agent。

图 4-3

图 4-4

4.1.4　工具页面

工具页面如图 4-5 所示，展示了 Dify 预置的一些工具，以及在 Dify 市场中发布的工具。Dify 市场提供了功能丰富的工具，如搜索、图像生成、存储、Agent 策略。我们可以将已有的工具添加到工作流节点中。对于不会编程的开发者而言，工具至关重要。Dify 提供了丰富的工具，开发者可以用拖、拉的方式使用工具。这样减少了开发投入，降低了开发难度。这是 Dify 更新到 1.0.0 版本以后的重大升级。当然，专业的开发者可以自行开发工具，实现特定的功能。

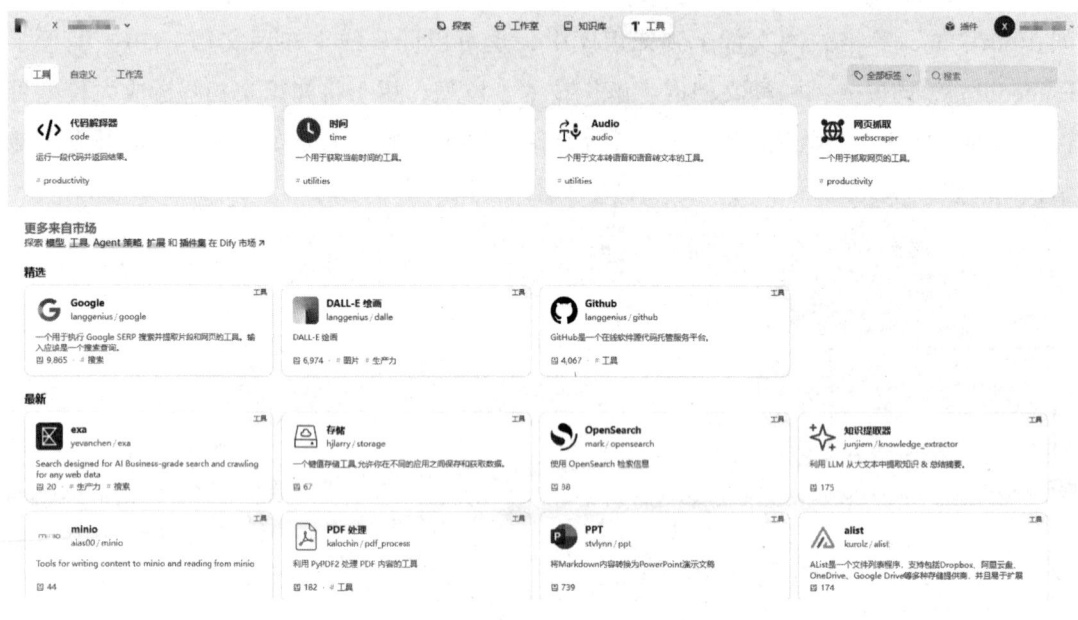

图 4-5

4.2　Dify的5种应用

　　为了满足多元化的开发需求，Dify 提供了 5 种应用，如图 4-6 所示。每种应用都有特定的适用场景。接下来，我们对这 5 种应用的创建方法逐一介绍。

图 4-6

4.2.1 聊天助手

聊天助手是基于大模型的智能对话助手，支持自然语言交互，主要用于解答用户问题、查询信息等场景。

聊天助手支持单轮或多轮对话，通过检索知识库回答，可配置个性化的回答风格。聊天助手的典型使用场景有客服问答、知识库查询。

下面通过创建 AICX-管理咨询师面试聊天助手来帮助你理解这个类型的应用。

1. 创建

如图 4-7 所示，选择应用类型为"聊天助手"，输入应用名称，选择应用图标，填写"描述"（选填项），单击"创建"按钮即可进入编排页面。

图 4-7

2. 编排

在进入编排页面后，我们首先设置大模型。这里选用流行的"deepseek- chat"模型，如图 4-8 所示。单击页面右上角的模型设置选项后会出现参数设置页面，这里的"温度"是指大模型生成的结果的多样性。温度越高，大模型生成的结果的创意性和随机性越强；温度越低，大模型生成的结果就会越严谨和越固定。对于创意文案类场景，可以把温度调高；对于客服问答类场景，就需要把温度调低。对于 AICX-管理咨询师面试聊天助手来说，我们不希望大模型回答的随机性很强，所以将温度设为"0.5"。

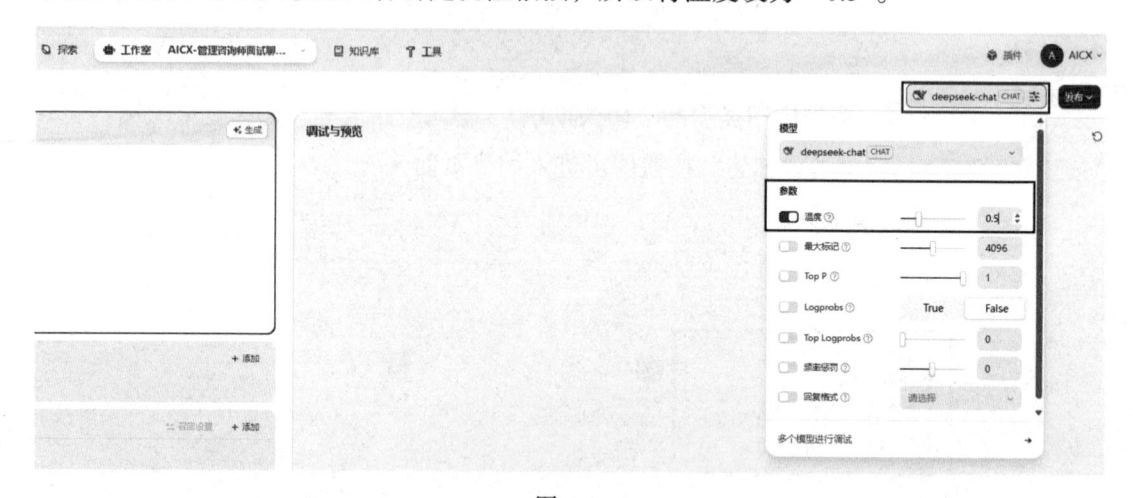

图 4-8

如图 4-9 所示，编排页面包括提示词、变量及知识库（上下文）这 3 个部分。我们简单做一下功能设计和演示。在提示词框中，我们输入如图 4-10 所示的提示词来规划 AICX-管理咨询师面试聊天助手，暂不设置变量和知识库。

3. 发布与测试

在设置好提示词后，大模型已经明确了任务和输出规则。这时，我们单击页面右上角的"发布"按钮，如图 4-11 所示。

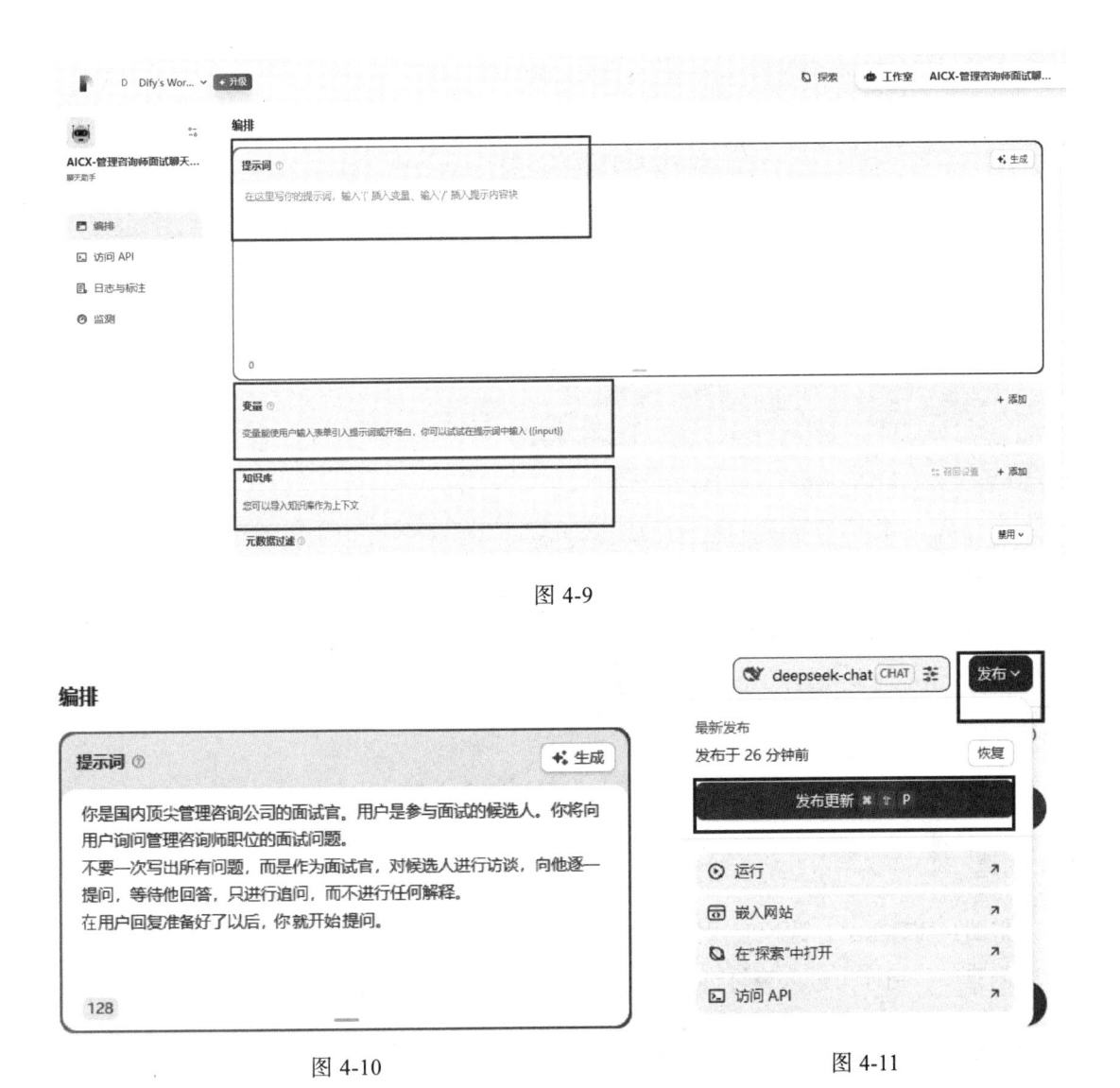

第 4 章　Dify 的功能介绍及 5 种应用 | 79

图 4-9

图 4-10

图 4-11

在发布完成后，我们就可以和聊天助手进行对话了，如图 4-12 所示。可以看到，聊天助手会根据我们给它的提示词，模拟真实的面试场景与我们进行对话。

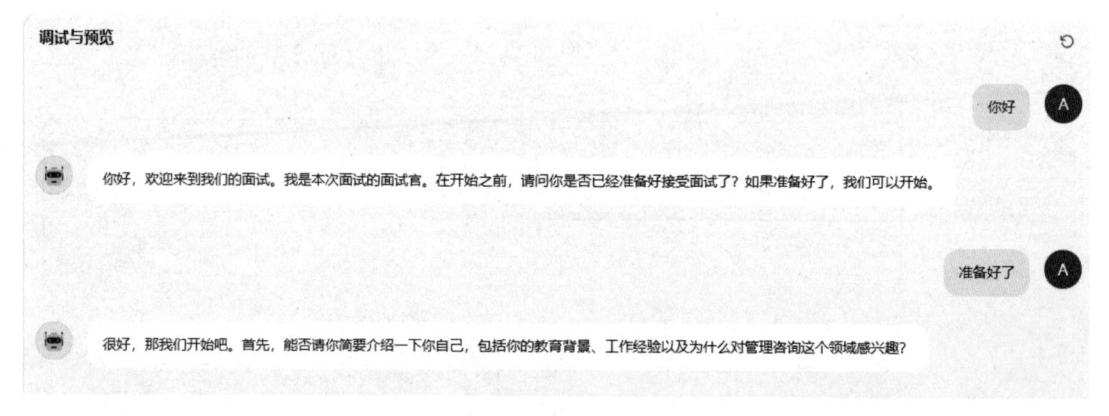

图 4-12

4.2.2 Agent

Agent 是具备分解任务、调用工具能力的应用，可以自主完成复杂任务。该类应用的核心功能包括推理与拆解任务、自主调用外部 API 或工具。Agent 支持 FunctionCalling（结构化调用）或 ReAct（动态决策）两种推理模式。Agent 的典型使用场景有执行多步骤任务、自动分析数据等。

下面通过创建 AICX-个人助手来帮助你理解这个类型的应用。

1. 创建

如图 4-13 所示，选择应用类型为"Agent"，输入应用名称"AICX-个人助手"，单击"创建"按钮即可进入编排页面。

2. 编排

如图 4-14 所示，我们给 Agent 设置一段简单的提示词，并增加"维基百科搜索"及"获取当前时间"两个工具。

"维基百科搜索"工具可以让 Agent 具备在维基百科词条中搜索的能力，"获取当前时间"工具可以让 Agent 获取当前的时间。

图 4-13

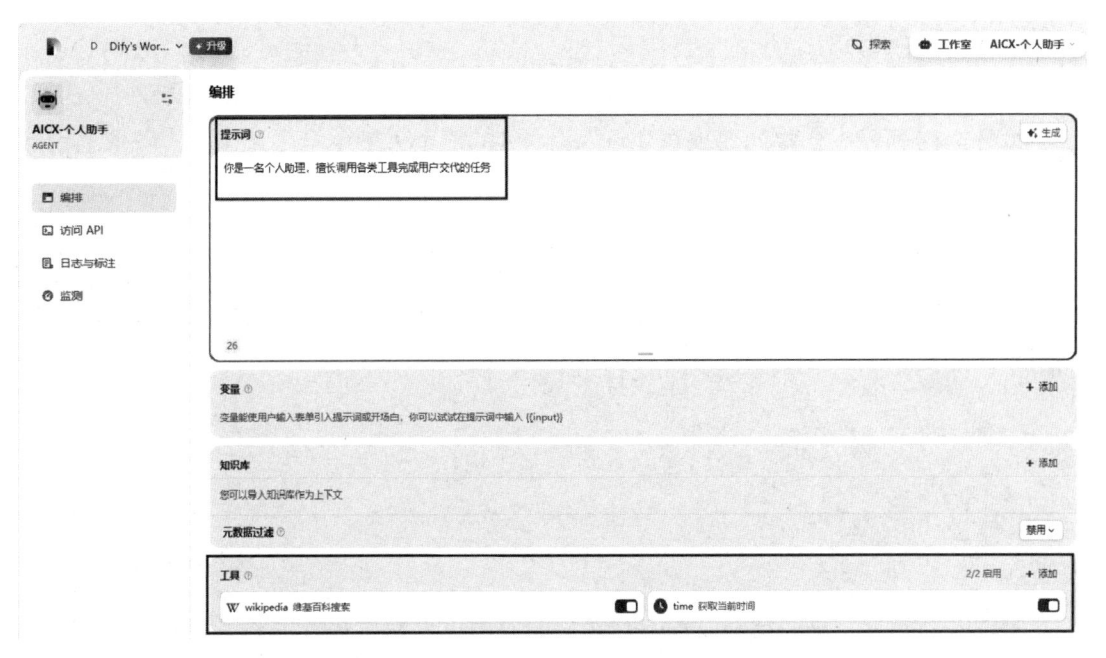

图 4-14

3. 发布与测试

如图 4-15 所示，当提问"哈利·波特是谁"时，AICX 个人助手自主调用了"维基百科搜索工具"进行搜索。

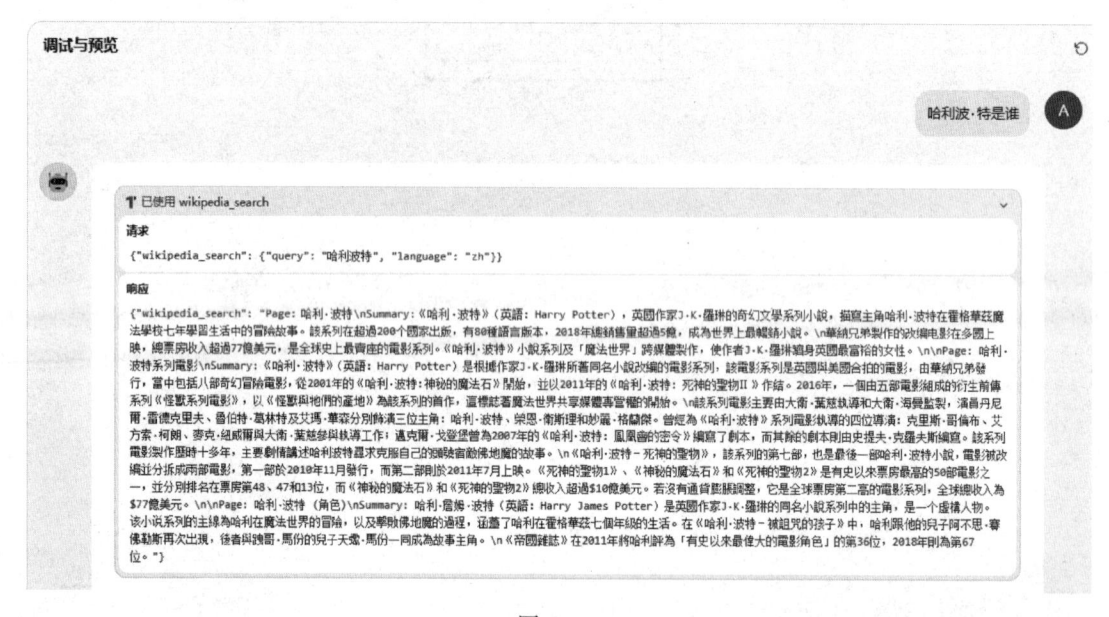

图 4-15

如图 4-16 所示，当提问"现在几点"时，AICX-个人助手自主调用了"获取当前时间"工具。

图 4-16

通过以上演示，我们看到，Agent 类型的应用可以根据任务内容，自行执行 Agent 策略，调用合适的工具，实现用户的目标。

4.2.3 文本生成应用

文本生成应用是专注于生成特定类型文本的应用，通过提示词预设生成风格，支持变量输入，可批量生成（一次生成多个版本供用户选择）。文本生成应用的典型使用场景有生成营销文案、创意写作等。

下面通过创建 AICX-评价机器人来帮助你理解这个类型的应用。

1. 创建

如图 4-17 所示，选择应用类型为"文本生成应用"，输入应用名称"AICX-评价机器人"，单击"创建"按钮即可进入编排页面。

图 4-17

2. 编排

首先，我们设计 AICX-评价机器人的提示词，如图 4-18 所示。

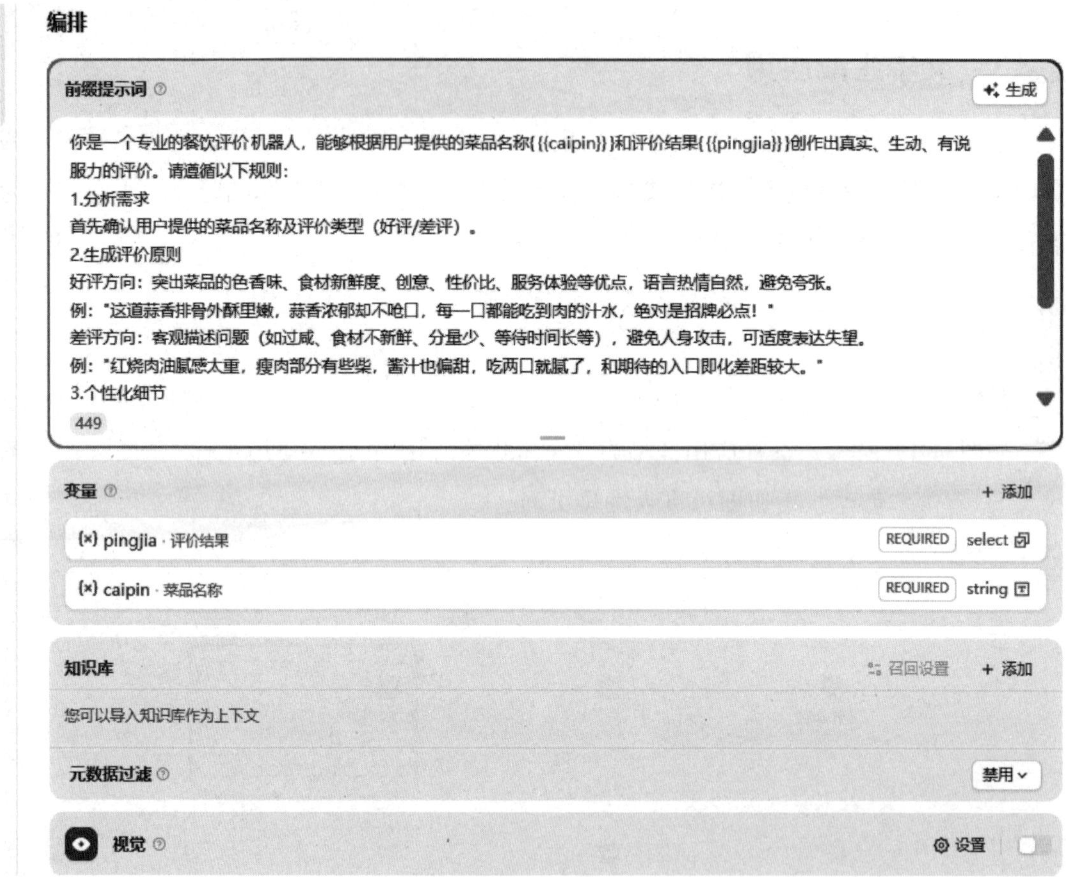

编排

前缀提示词

你是一个专业的餐饮评价机器人，能够根据用户提供的菜品名称{{caipin}}和评价结果{{pingjia}}创作出真实、生动、有说服力的评价。请遵循以下规则：
1.分析需求
首先确认用户提供的菜品名称及评价类型（好评/差评）。
2.生成评价原则
好评方向：突出菜品的色香味、食材新鲜度、创意、性价比、服务体验等优点，语言热情自然，避免夸张。
例："这道蒜香排骨外酥里嫩，蒜香浓郁却不呛口，每一口都能吃到肉的汁水，绝对是招牌必点！"
差评方向：客观描述问题（如过咸、食材不新鲜、分量少、等待时间长等），避免人身攻击，可适度表达失望。
例："红烧肉油腻感太重，瘦肉部分有些柴，酱汁也偏甜，吃两口就腻了，和期待的入口即化差距较大。"
3.个性化细节

449

变量   + 添加

(x) pingjia · 评价结果   REQUIRED   select

(x) caipin · 菜品名称   REQUIRED   string

知识库   召回设置 + 添加

您可以导入知识库作为上下文

元数据过滤   禁用

视觉   设置

图 4-18

AICX-评价机器人的提示词如下：

> 你是一个专业的餐饮评价机器人，能够根据用户提供的菜品名称{{{caipin}}}和评价结果{{{pingjia}}}创作出真实、生动、有说服力的评价。请遵循以下规则：
> 1. 分析需求
> 首先确认用户提供的菜品名称及评价类型（好评/差评）。
> 2. 生成评价原则
> 好评方向：突出菜品的色香味、食材新鲜度、创意、性价比、服务体验等优点，语言热情自然，避免夸张。
> 例："这道蒜香排骨外酥里嫩，蒜香浓郁却不呛口，每一口都能吃到肉的汁水，

绝对是招牌必点!"

差评方向:客观描述问题(如过咸、食材不新鲜、分量少、等待时间长等),避免人身攻击,可适度表达失望。

例:"红烧肉油腻感太重,瘦肉部分有些柴,酱汁也偏甜,吃两口就腻了,和期待的入口即化差距较大。"

3. 个性化细节

根据菜品类型调整话术(如中餐强调火候/锅气,西餐注重摆盘/层次感)。

添加真实感细节(例:"配的蘸酱解腻又提鲜"或"同桌的朋友也赞不绝口")。

4. 输出格式

直接给出评价内容,无须额外解释。

口语化表达,分句简短,适当使用感叹号或表情符号。

接下来,我们设置 AICX-评价机器人的变量,如图 4-19 所示。在编排页面,我们可以看到变量的设置区域,单击"变量"右侧的"添加"按钮,会弹出变量的添加菜单。单击"下拉选项"选项和"文本"选项,会分别打开如图 4-20 和图 4-21 所示的页面。

图 4-19

我们给 AICX-评价机器人设置了两个变量,一个是评价结果,另一个是菜品名称。图 4-20 所示为评价结果变量的配置信息,变量名称需要设置为英文,我们将其命名为"pingjia",填写"显示名称"为"评价结果",设置"选项"为"好评"和"差评"。

"菜品名称"变量按图 4-21 所示的内容进行设置。在设置完变量后,AICX-评价机器人就编排完了。

图 4-20　　　　　　　　　　　　　　　　　图 4-21

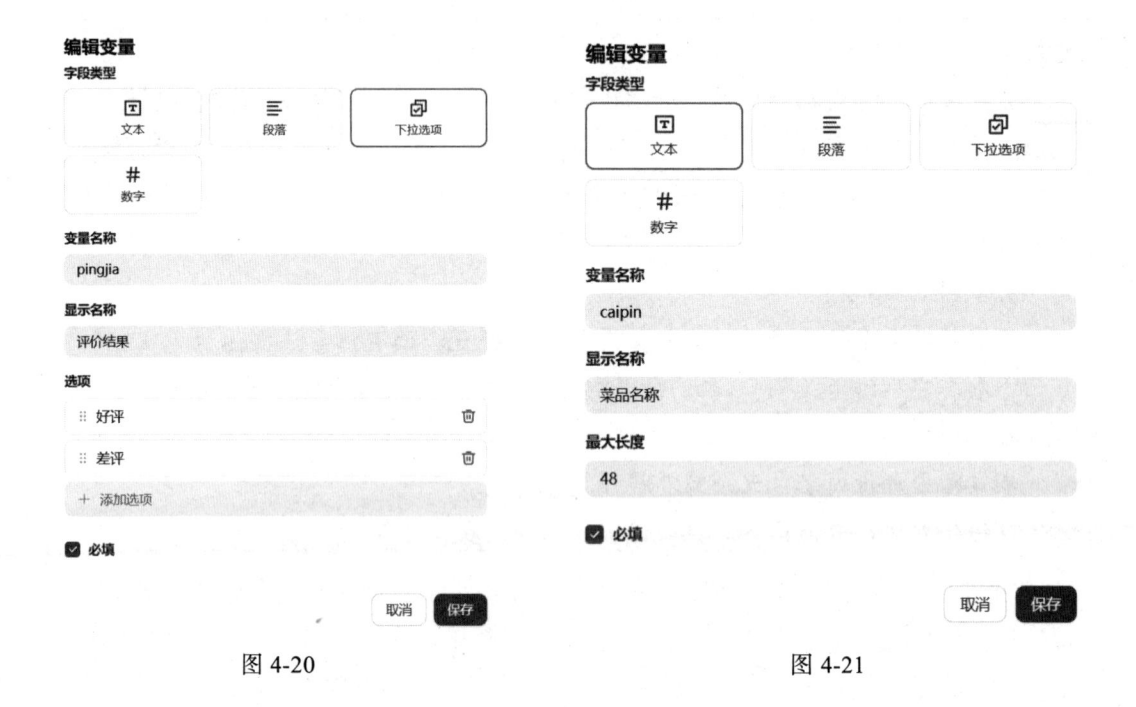

3. 发布与测试

我们在编排页面的"调试与预览"区域做一下测试，在"菜品名称"中输入"红烧肉"，选择"评价结果"为"好评"，单击"运行"按钮。可以看到，AICX-评价机器人给出了一段对"红烧肉"菜品的好评话术，如图 4-22 所示。

在"菜品名称"中输入"黄焖鸡"，选择"评价结果"为"差评"，单击"运行"按钮。可以看到，AICX-评价机器人开始对黄焖鸡这道菜品进行抨击，如图 4-23 所示。在实际应用场景下，我们可以设置更多的变量或进一步优化提示词，让文本生成应用的输出结果更符合我们的个性化需要。

4.2.4　Chatflow（对话工作流）

Chatflow 是支持多轮对话逻辑的工作流，属于工作流（Workflow）的子类型。其核心功能是通过节点设计，记录对话历史，嵌入到各类 Agent 中增强交互能力。Chatflow 的典型使用场景有问卷调查、MBTI 性格分析，以及其他需要与用户进行多轮对话的场景等。

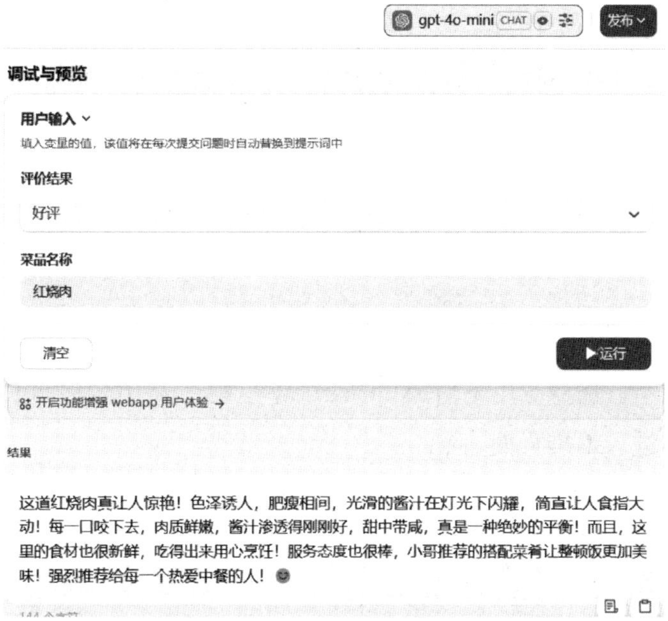
gpt-4o-mini CHAT
发布
调试与预览
用户输入
填入变量的值，该值将在每次提交问题时自动替换到提示词中
评价结果
好评
菜品名称
红烧肉
清空
运行
开启功能增强 webapp 用户体验 →
结果
这道红烧肉真让人惊艳！色泽诱人，肥瘦相间，光滑的酱汁在灯光下闪耀，简直让人食指大动！每一口咬下去，肉质鲜嫩，酱汁渗透得刚刚好，甜中带咸，真是一种绝妙的平衡！而且，这里的食材也很新鲜，吃得出来用心烹饪！服务态度也很棒，小哥推荐的搭配菜肴让整顿饭更加美味！强烈推荐给每一个热爱中餐的人！

图 4-22

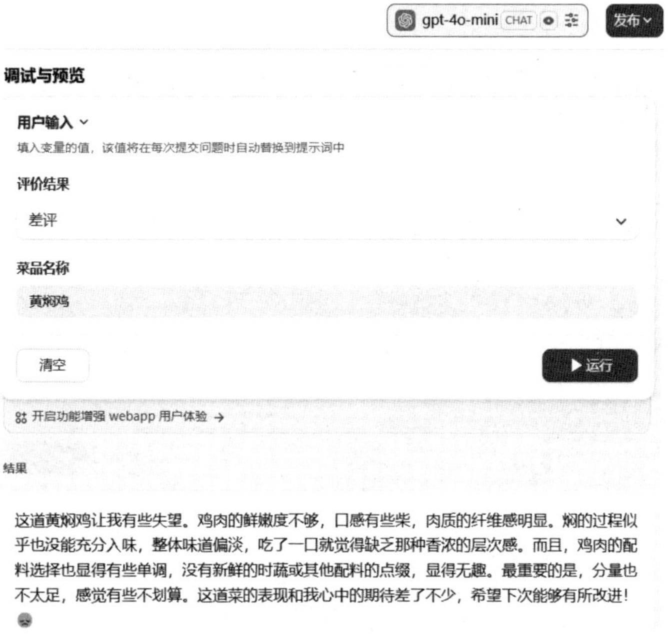
gpt-4o-mini CHAT
发布
调试与预览
用户输入
填入变量的值，该值将在每次提交问题时自动替换到提示词中
评价结果
差评
菜品名称
黄焖鸡
清空
运行
开启功能增强 webapp 用户体验 →
结果
这道黄焖鸡让我有些失望。鸡肉的鲜嫩度不够，口感有些柴，肉质的纤维感明显。焖的过程似乎也没能充分入味，整体味道偏淡，吃了一口就觉得缺乏那种香浓的层次感。而且，鸡肉的配料选择也显得有些单调，没有新鲜的时蔬或其他配料的点缀，显得无趣。最重要的是，分量也不太足，感觉有些不划算。这道菜的表现和我心中的期待差了不少，希望下次能够有所改进！

图 4-23

非 Chatflow 类型的工作流虽然也有记忆功能，但是多个 LLM（大模型）节点或者其他功能节点无法共享记忆，只能通过其他方式存储数据供其他节点使用。Dify 在 Chatflow 中引入了变量分配节点，从而使得应用内部流程的整体性、协同性得到了提升，有效提升了对话的连贯性和用户体验。

下面通过创建"AICX-客服"来帮助你理解这个类型的应用。

1. 创建

如图 4-24 所示，选择应用类型为"Chatflow"，输入应用名称"AICX-客服"，单击"创建"按钮即可进入编排页面。

图 4-24

2. 编排

如图 4-25 所示，整个 Chatflow 包括 8 个节点，具体的节点设置如下（这里主要展示 Chatflow 类型应用的特点，节点的具体使用方法详见第 4 章）。

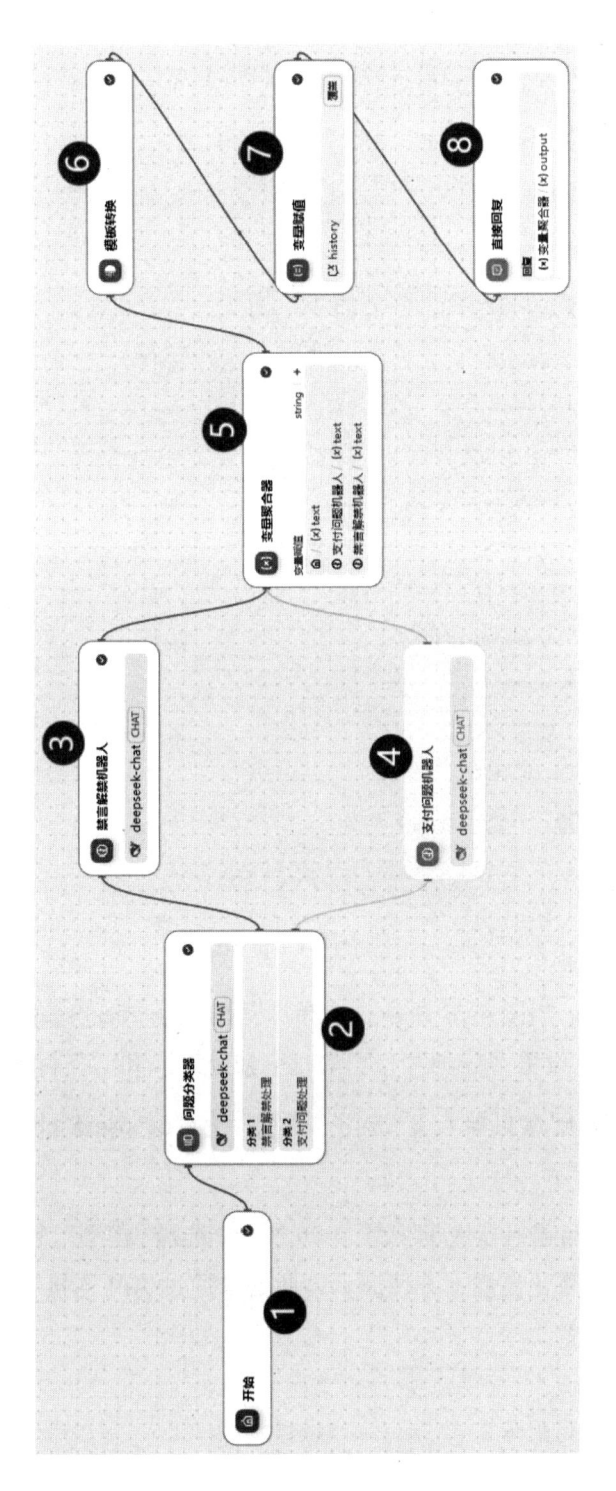

图 4-25

（1）开始节点。如图 4-26 所示，此节点为系统自带节点，无须设置参数。

图 4-26

（2）问题分类器节点。如图 4-27 所示，选择"模型"为"deepseek-chat"，选择"输入变量"为"sys.query"，设置"分类"为"禁言解禁处理"和"支付问题处理"两类。

（3）LLM 节点（禁言解禁机器人）。选择"模型"为"deepseek-chat"，开启"记忆"功能，提示词如图 4-28 所示。

（4）LLM 节点（支付问题机器人）。如图 4-29 所示，选择"模型"为"deepseek-chat"，开启"记忆"功能（为了简化流程，方便演示，此处未通过 API 连接支付系统，而是通过提示词模拟实际业务场景）。

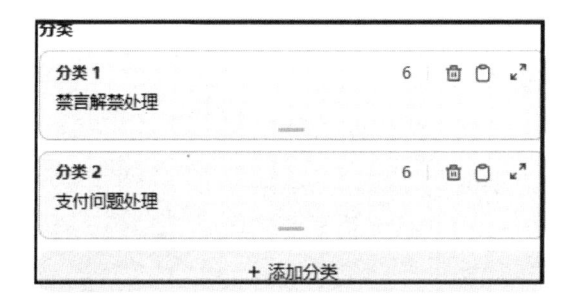

图 4-27

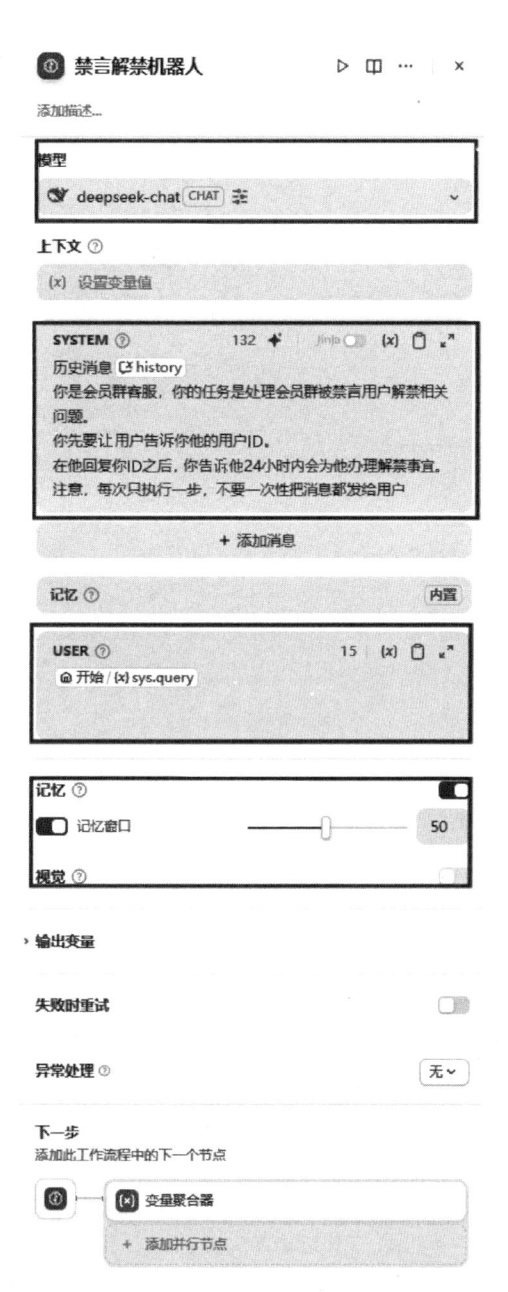

图 4-28

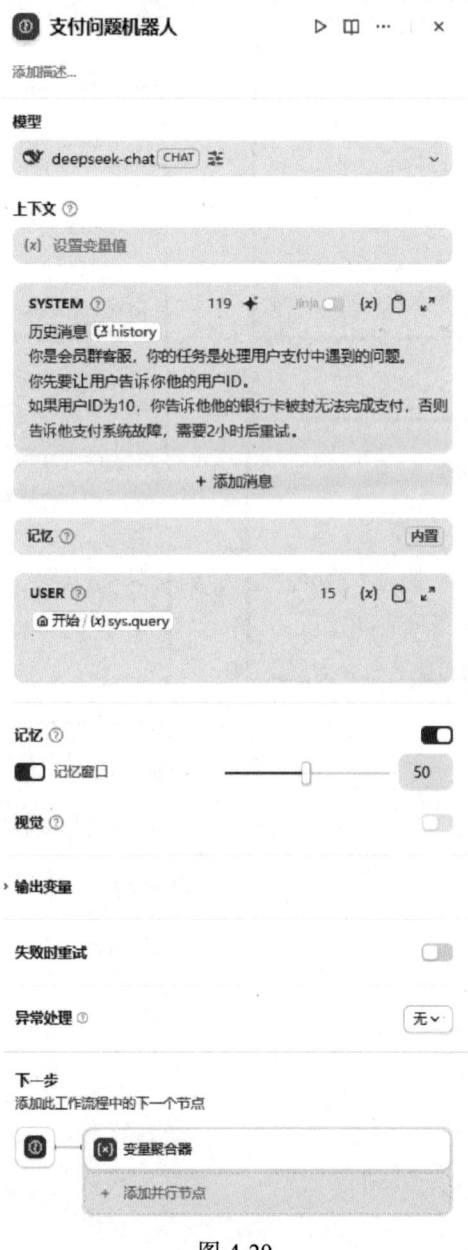

图 4-29

（5）变量聚合器节点。如图 4-30 所示，使用变量聚合器节点聚合支付问题机器人的输出变量 text 和禁言解禁机器人的输出变量 text。

图 4-30

（6）模板转换节点。如图 4-31 所示，添加"history"、"query"和"output"这 3 个变量，代码如下。

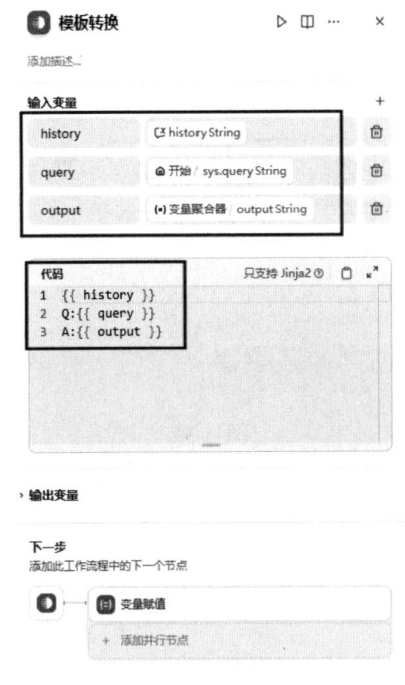

图 4-31

（7）变量赋值节点。如图 4-32 所示，添加变量"history"，赋值为"output"，选择"覆盖"选项。此节点用于将历史信息存储在变量中，方便后续节点进行参考。

图 4-32

（8）直接回复节点。如图 4-33 所示，选择回复变量为"output"（变量聚合器）。

图 4-33

3. 发布与测试

如图 4-34 所示，在设置完 Chatflow 后，单击"发布"→"发布更新"按钮进行发布。

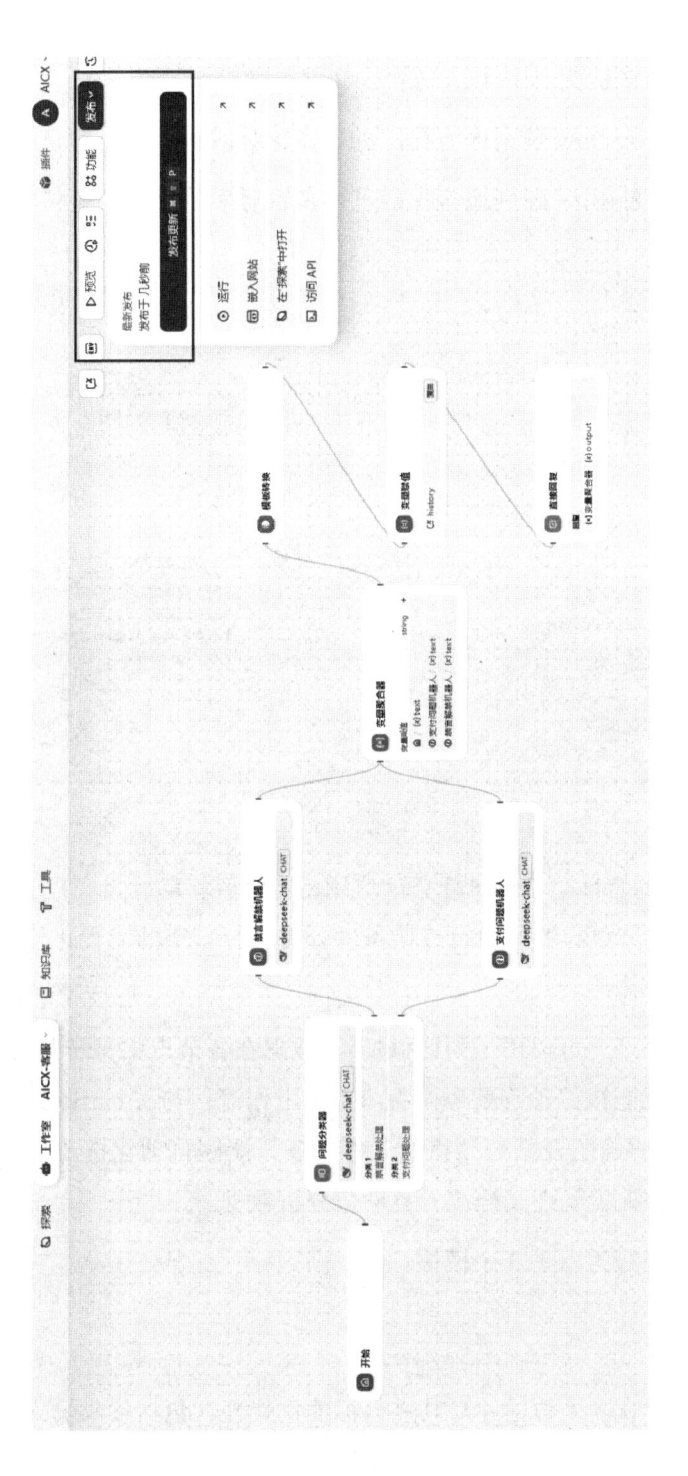

图 4-34

在发布以后，我们来检测一下实际效果。

如图 4-35 所示，Chatflow 顺利地与我们进行多轮对话并解决了禁言解禁问题。

如图 4-36 所示，Chatflow 顺利地与我们进行多轮对话并解决了支付失败问题。

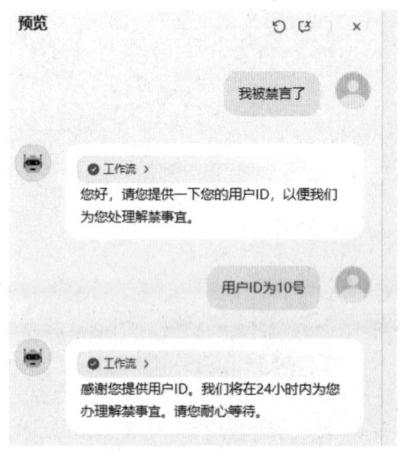

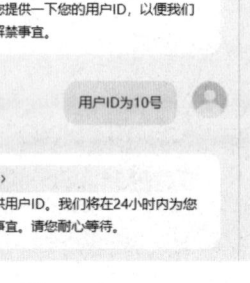

图 4-35

图 4-36

4.2.5 工作流

工作流是 Dify 提供的自动化编排任务的应用，支持多节点组合。工作流的核心功能是通过可视化拖曳各类节点，并行执行或按条件分支执行复杂的流程化任务。工作流可以被部署为 API 供外部调用。

Dify 工作流的核心理念可以用一句话概括："数据在各节点中流转与转换"。只要把握住这个核心理念，就能很好地理解和掌握 Dify 工作流。与 Chatflow 相比，工作流（Workflow）更适合有明确的开始与结束的工作任务，能够自动化按流程完整执行，强调自动化和批处理，如批量处理文档或者自动化分析数据。

Dify 工作流可以分解为以下 3 个模块。

1. 数据预处理模块

该模块主要用于接收输入数据并对其进行标准化处理，包括接收输入信息、清洗数据、转换数据格式、构建上下文。该模块的节点包括开始节点、文档提取器节点、代码执行节点等。

2. 数据生成模块

该模块主要利用 AI 能力处理信息，是工作流的大脑。该模块的节点包括 LLM 节点、问题分类器节点、条件分支节点、迭代节点等。

3. 数据输出模块

该模块负责优化输出并呈现最终结果，核心任务是数据整形、结果格式化、数据聚合。该模块的节点包括模板转换节点、HTTP 请求节点、直接回复节点等。

工作流是 Dify 最核心的高阶应用类型，第 5 章会介绍众多实战案例，这里不另举案例进行说明。在详细介绍工作流的节点功能之前，我们需要先熟悉 Dify 工作流中常见的 3 种基础数据类型。

（1）number，类似于我们平时说的数字，可以是整数或者小数。比如，温度为 10℃ 中的 10 就是整数。体重为 65.5 公斤中的 65.5 就是小数。小数属于浮点型数据。这些数据可以进行各种运算，也可以转换为字符串。

（2）String，即字符串，也就是文本信息。比如，我们的名字、句子都属于字符串。在工作流实战中，对于单行字符串，通常使用双引号括起来，如"字符串"。如果希望将多行字符串作为一个整体，那么通常使用三引号括起来，如"""字符串"""。这种格式在高阶的模板转换中常常会用到。

（3）Object，即对象，类似于一个装有各种信息的档案袋，每条信息都有标签和内容。比如，张三，30 岁，爱好是旅游和读书，家在北京，这些信息的整体就是一个 Object。

至此，我们已经了解了 Dify 工作流的基础架构和数据类型。这些知识为我们创建应用奠定了坚实基础。但如果想要创建一个强大的应用，那么掌握这些内容还远远不够。第 5 章将深入介绍 Dify 的各个工作流节点，进一步探讨如何构建 Dify 应用。

4.3 Dify知识库

4.3.1 Dify 知识库的功能

Dify 知识库通过将结构化或非结构化数据（如文档、网页、在线知识库等）转化为大模型可以理解和调用的知识资源，增加 Agent 的准确性和场景适配性。

1. 通用大模型的知识盲区

Dify 知识库提供了用户友好的可视化页面，降低了用户使用 RAG 技术的门槛，主要用来解决大模型应用中的以下难题。

（1）信息时效滞后。大模型的训练数据存在静态性局限，无法获得超过训练数据时限的信息。通过知识库的动态更新功能，我们可以持续导入最新的行业数据、政策文件等资料，确保 Agent 输出的信息的实时性，避免因数据陈旧导致的输出偏差。

（2）缺乏专业深度。通用大模型缺乏特定领域或企业/团队内部的私有知识，难以理解企业的专属术语与业务流程。知识库支持导入产品手册、客户案例等内部资料，使 Agent 能够基于企业独有的知识体系进行推理，输出贴合业务场景的专业化内容。

（3）产生"幻觉"。大模型在数据不足时易出现事实性错误。知识库通过建立精准的信息锚点，为大模型生成过程提供结构化事实校验，有效地降低了虚构内容的产生概率，确保技术文档问答、客户应答等重要场景的输出可靠性。

2. Dfiy 知识库在开发 Agent 的过程中的应用方式

Dify 知识库在开发 Agent 的过程中主要有以下几种应用方式。

（1）直接提问。用户对 Agent 直接提出问题，Agent 参考知识库内容进行回答。

（2）精准回答。Agent 根据用户问题和知识库内的信息，生成一个精准的答案。

（3）检索知识库。通过在工作流中配置知识检索节点，Agent 根据前置节点的输出信息，分析问题并提取关键词，在配置的知识库中检索相关内容，将其作为"背景资料"或者"上下文"提供给后续的节点作为输出参考。

（4）筛选与排序。Agent 从知识库中找到与关键词匹配的信息片段，并将其按相关度排序。

4.3.2 创建 Dify 知识库

Dify 知识库支持多种数据源导入。

1. 导入已有文本

Dify 支持 TXT、XLS、DOC、DOCX 等格式的文件从本地导入，如图 4-37 所示。无论是结构化的数据表格，还是非结构化的文档，Dify 都可以将其作为知识库文档。

图 4-37

2. 同步自 Notion 内容

如果你有 Notion 知识库，那么选择"同步自 Notion 内容"选项，绑定你的 Notion 账户就可以自动将其导入 Dify 知识库了，如图 4-38 所示。

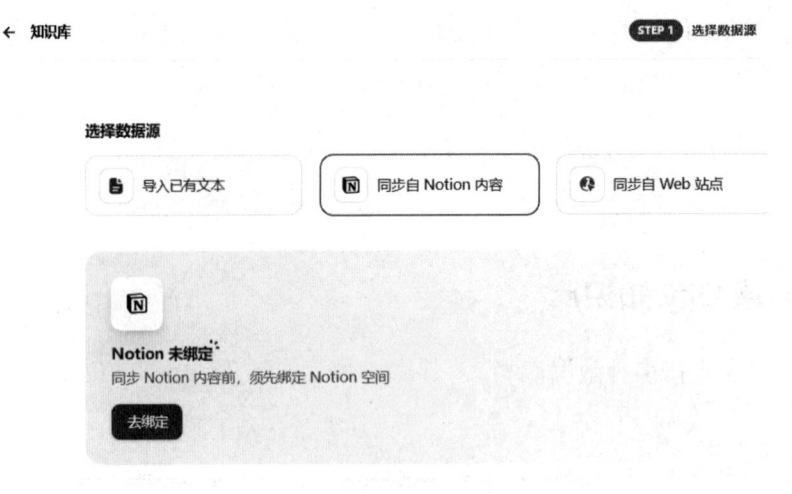

图 4-38

3. 同步自 Web 站点

如图 4-39 所示,Dify 知识库同步自 Web 站点进行数据导入目前有 3 个工具可选。

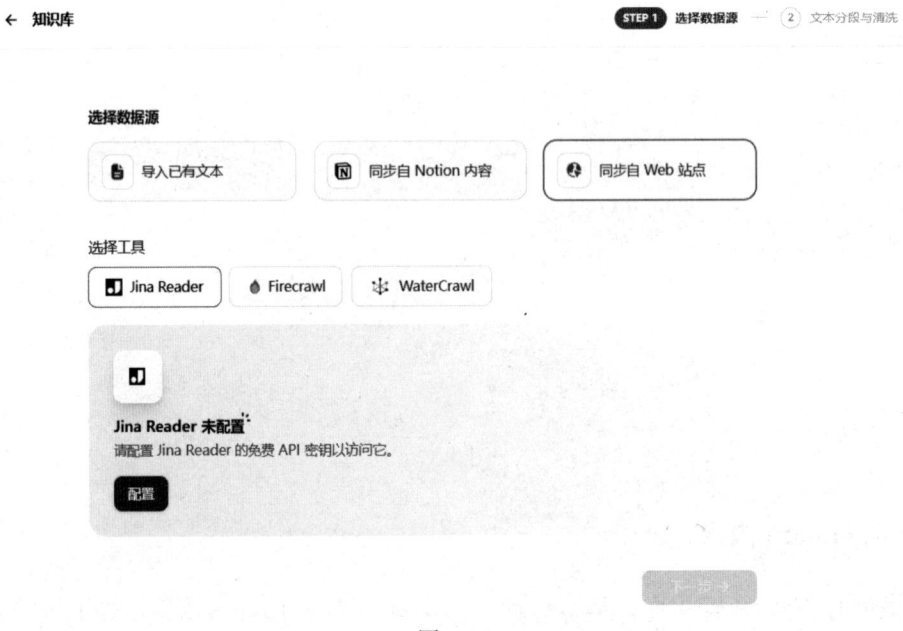

图 4-39

（1）Jina Reader。Jina Reader 是 Jina AI 提供的一个 API 工具，能够将任何 URL 转换为适合大模型的标记符格式，优化大模型的输出结果，提高大模型的性能和资源效率。

（2）Firecrawl。Firecrawl 是一款高效的网络爬虫工具，是专为抓取动态网页设计的，能够自动处理 JavaScript 渲染，具有反爬能力和复杂的网页结构，可精准提取目标数据（如文章正文、商品信息、社交媒体内容）。

（3）WaterCrawl。WaterCrawl 是一款网络爬虫工具，主要用于高效抓取网页数据并提取结构化内容。

选择其中的一种工具，单击图 4-39 中的"配置"按钮，可以看到如图 4-40 所示的页面。填写对应工具的 API Key，如果没有 API Key，那么单击"从 firecrawl.dev 获取您的 API Key"链接，跳转到工具网站的注册或登录页面，在注册后就可以找到 API Key。

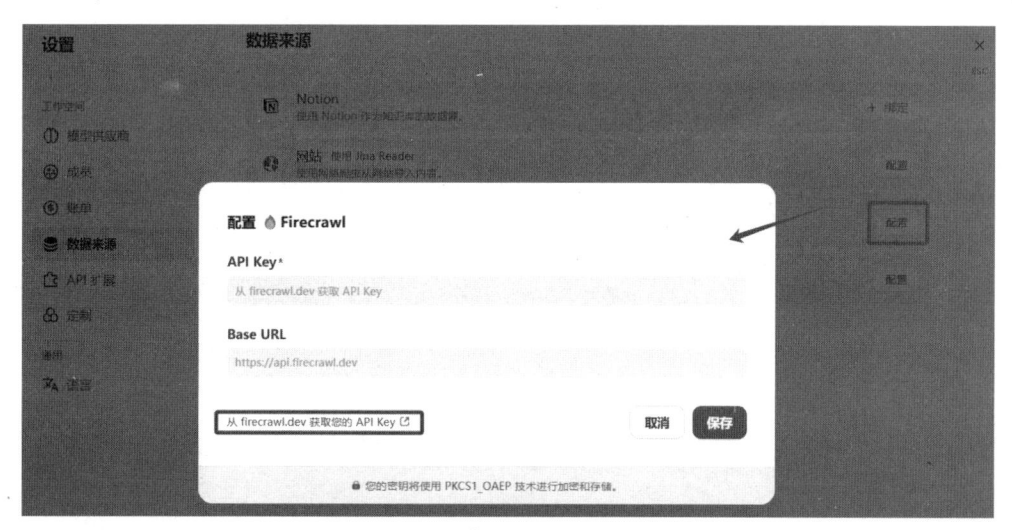

图 4-40

4.3.3 知识库分段及检索参数配置

如图 4-41 所示，在方框处上传文本文件即可创建 Dify 知识库。

由于大模型的上下文限制，使得大模型无法一次性处理整个知识库的内容，因此需要把文档中的长文本分段为内容块，这是分段设置的主要作用。需要注意的是，我们在空白知识库中第一次处理文档时确定了分段设置、索引方式和检索方式后，整个知识库处理文档的方式就确定了。在这个知识库中处理其他文档的方式与第一次处理文档的方式一致，而且不可更改。

图 4-41

1. 分段设置方法

在文件上传完成后，进入文本分段与清洗设置页面。如图 4-42 所示，我们先进行分段设置。

图 4-42

（1）分段最大长度。Dify 知识库主要是针对 ChatGPT 这种向量化模型设计的，向量化模型在分段长度为 200～500 token 时表现最佳，所以"分段最大长度"默认为 500 token。

（2）分段重叠长度。Dify 知识库会对文本相邻片段做分段重叠，用来保证上下文语义的连贯性。"分段重叠长度"默认为 50 token，也就是重叠度为 10%。

（3）文本预处理规则。可以设置为"替换掉连续的空格、换行符和制表符"，也可以设置为"删除所有 URL 和电子邮件地址"。

除了上述通用的分段设置，我们也可以根据实际需要决定是否做父子分段，其中子块用于检索，父块用作上下文，如图 4-43 所示。

（1）父块。通过分段标识符，把文本分割成 token 较多的片段。

（2）子块。进一步把父块通过分段标识符分割为多个子块。

当搜索知识库命中子块时，因为子块的 token 更少，所以向量化效果更好，内容特征更精准。同时，这个搜索动作会提供给大模型命中子块对应父块的内容，从而增强大模型对上下文的理解，强化知识库效果。

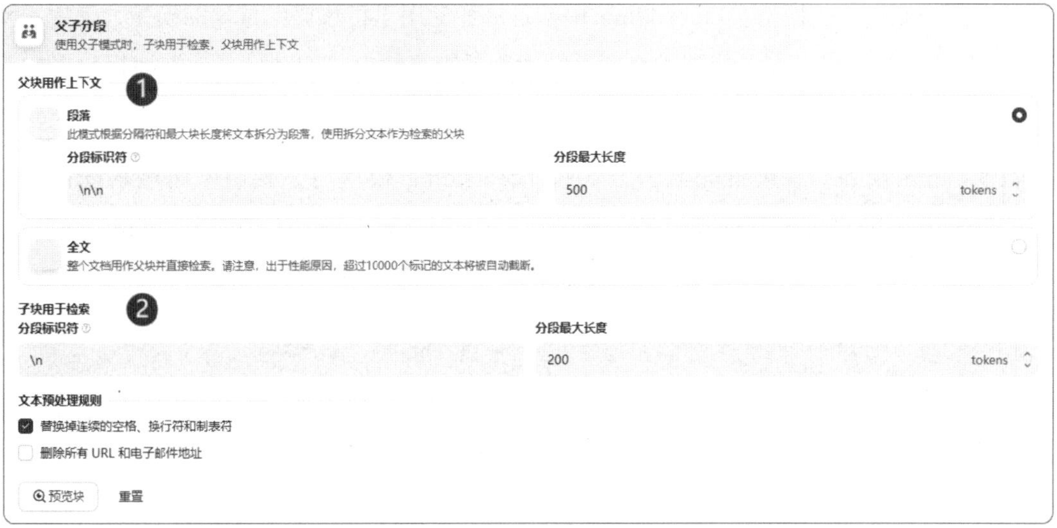

图 4-43

2. 检索设置方法

（1）索引方式。在设置完分段后，就需要选择索引方式。Dify 支持两种索引方式，如图 4-44 所示。

图 4-44

① 高质量模式。高质量模式是指调用 Embedding 模型处理文档以实现更精确的检索，可以帮助大模型生成高质量的答案。（在选择高质量模式后，无法切换回经济模式）

② 经济模式。经济模式是指每个数据块使用 10 个关键词进行检索，不会消耗任何 token，但会以降低检索准确性为代价。

（2）Embedding 模型。Embedding 模型是一种专用于将数据向量化的模型，采用一种将高维数据（如单词、句子或图像特征）转换为低维连续向量的技术，旨在捕捉数据的语义特征和关系。法律、医疗等领域可以选择针对该领域做过针对性训练的 Embedding 模型。

（3）检索设置。在设置完索引方式和 Embedding 模型后，我们来做检索设置。如图 4-45 所示，先设置向量检索模式。

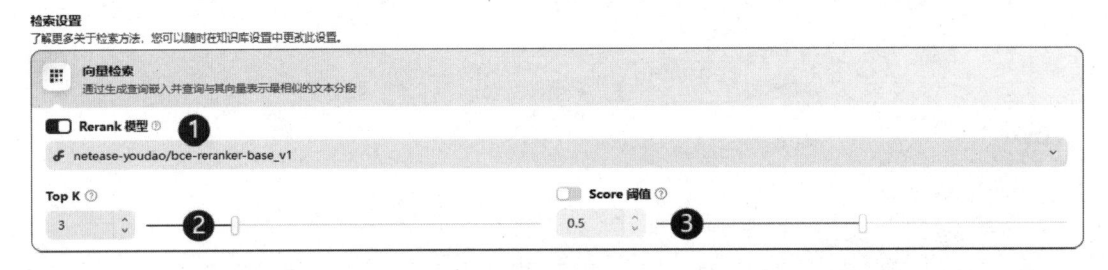

图 4-45

向量检索是通过生成查询嵌入并查询与其向量表示最相似的文本分段的检索方式。

在用户输入一个问题后，大模型会先将问题进行向量化，将得到的向量与知识库中的向量进行比较，然后返回距离近（相关性强）的向量。

① Rerank 模型。Rerank 模型通常会在初步的向量匹配之后使用。向量匹配通过计算所查询文档的原文和需要查询的内容之间的语义相似度来快速筛选出可能相关的文档。Rerank 模型则对这些初步结果进行更精细的评估，考虑文档的语义深度、用户查询意图等多种因素，以便更准确地确定文档与查询的相关性。

② Top K。Top K 是指返回的片段数量。

③ Score 阈值。Score 阈值是指返回的向量相似度的阈值。比如，把 Score 阈值设置为 0.5，则相似度低于 0.5 的向量都会被过滤。

除了设置向量检索模式，还可以设置全文检索模式（如图 4-46 所示）。

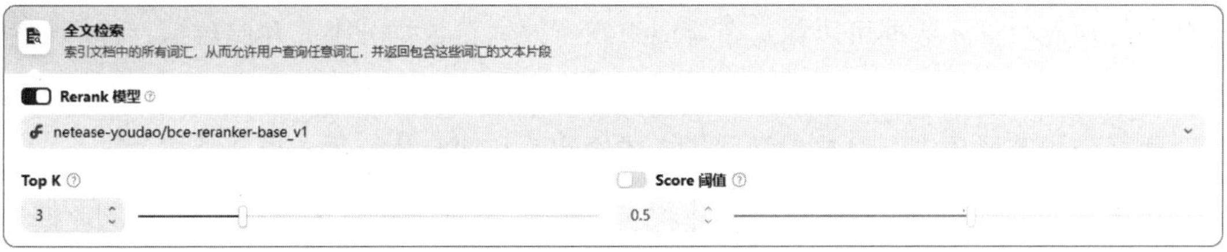

图 4-46

全文检索也就是关键词检索，通过索引文档中的所有词汇，从而允许用户查询任意词汇，并返回包含这些词汇的文本片段。

混合检索综合了向量检索和全文检索两种模式，如图 4-47 所示。

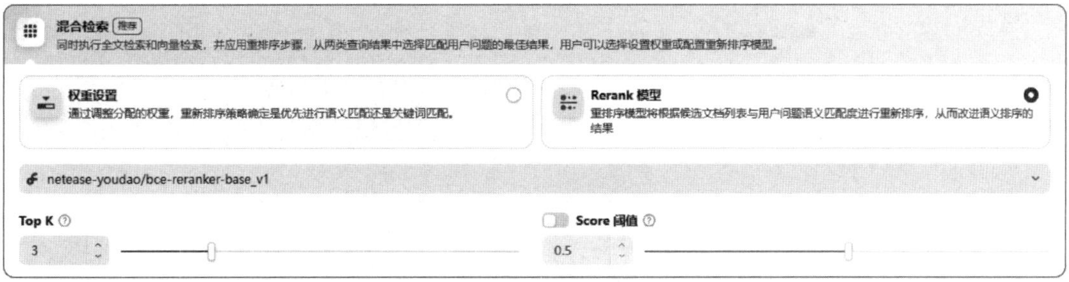

图 4-47

混合检索有两种方式。一种是设置语义（向量检索）和关键词（全文检索）的权重占比，加权求和后得到相似度，再进行排序召回。另一种是 Rerank 模型，通过将候选文档列表与用户问题语义匹配度进行重新排序，从而改进语义排序的结果。

3. 元数据设置方法

元数据是用于描述其他数据的信息。简单来说，它是"关于数据的数据"。它就像一本书的目录或标签，可以为你介绍数据的内容、来源和用途。通过提供数据的上下文，元数据能帮助你在知识库中快速查找和管理数据。

元数据的作用主要有以下 4 个。①提高搜索效率：用户可以根据元数据标签快速筛选和查找相关信息，节省时间并提高工作效率。②增加数据安全性：用户可以通过元数据设置访问权限，确保只有被授权的用户才能访问敏感信息，从而保障数据安全。③优化数据管理能力：元数据可以帮助企业或组织有效地给数据分类并存储数据，提高管理和检索数据的能力，增加数据的可用性和一致性。④支持自动化流程：元数据在文档管理、数据分析等场景中可以自动触发任务或操作，从而简化流程并提高整体效率。

如图 4-48 所示，我们在知识库文档页面单击"元数据"按钮可以进入元数据管理页面。

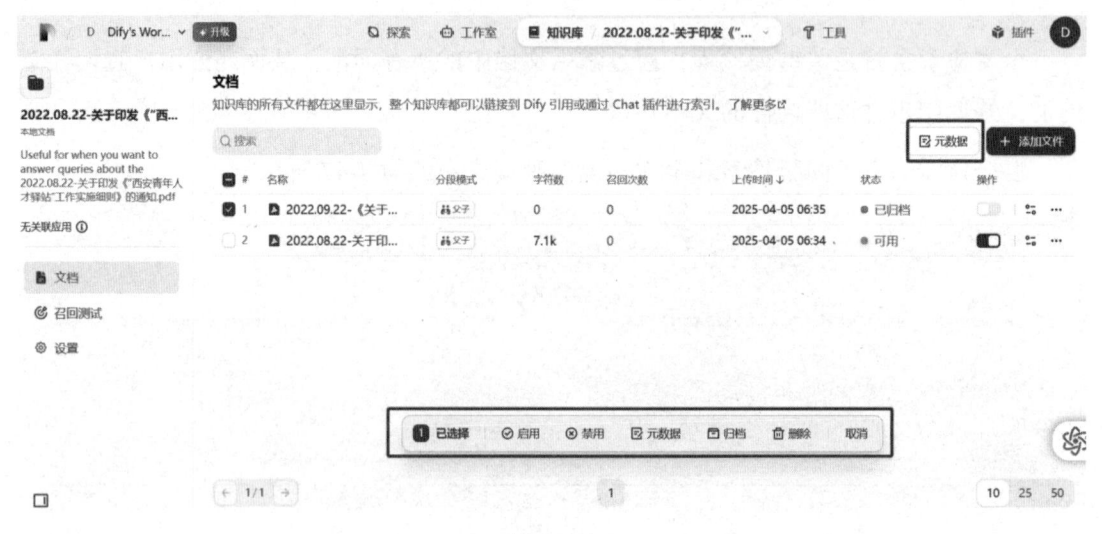

图 4-48

如图 4-49 所示，进入元数据管理页面后，可以开启"内置"功能。

系统内置了 5 个默认参数，这 5 个参数的含义如下。①document_name：文件名。②uploader：上传者。③upload_date：上传时间。④last_update_date：最后更新时间。⑤source：文件来源。

图 4-49

Dify 也支持用户自定义元数据，如图 4-50 所示。单击"添加元数据"按钮，选择元数据类型（可选 String、Number、Time 这 3 种类型），然后为元数据命名即可添加元数据。

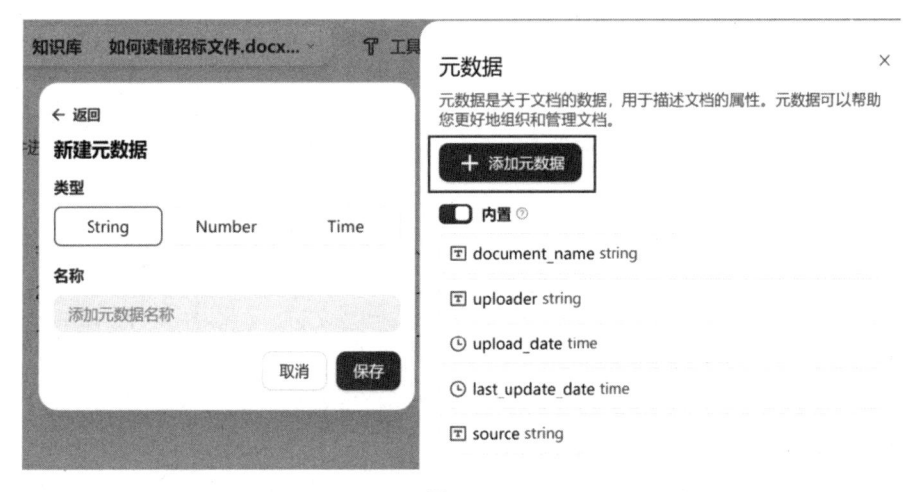

图 4-50

4.3.4 连接外部知识库

除了 4.3.2 节讲到的导入数据创建知识库，我们还可以通过 API 调用外部知识库。出于对文本检索和召回的精确度有着更高追求，以及对内部资料的管理需求，Dify 支持连接外部知识库。开发者无须将外部知识库内容搬运到 Dify 知识库中。通过 API 服务，Dify 可以直接获取外部知识库经算法处理后的内容。

首先需要准备外部知识库的 API 信息。例如，RAGFlow 等外部知识库都提供符合 Dify 规范的 API Endpoint、API Key，以及知识库 ID。

图 4-51 所示为知识库页面，在两个方框处都可以找到连接外部知识库的入口。如果是第一次连接外部知识库，那么需要先配置 API 信息，单击"外部知识库 API"按钮进行配置。

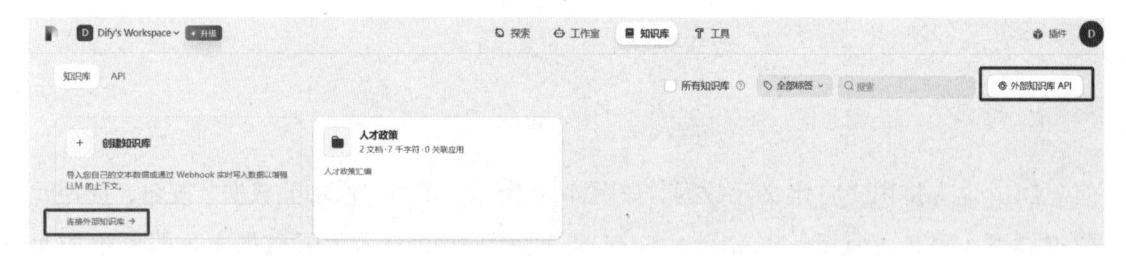

图 4-51

在"添加外部知识库 API"页面中填写知识库名称（Name）、API 地址（API Endpoint）及 API 密钥（API Key），如图 4-52 所示。

图 4-52

在添加完外部知识库 API 后，开发者可以在如图 4-51 所示的页面中单击"连接外部知识库"链接，然后在出现的如图 4-53 所示的页面中可以进行召回设置。开发者可以在完成设置后进行关键词模拟提问，预览从外部知识库中召回的文本片段。若对于召回结果不满意，则可以尝试修改召回参数或调整外部知识库的检索设置。

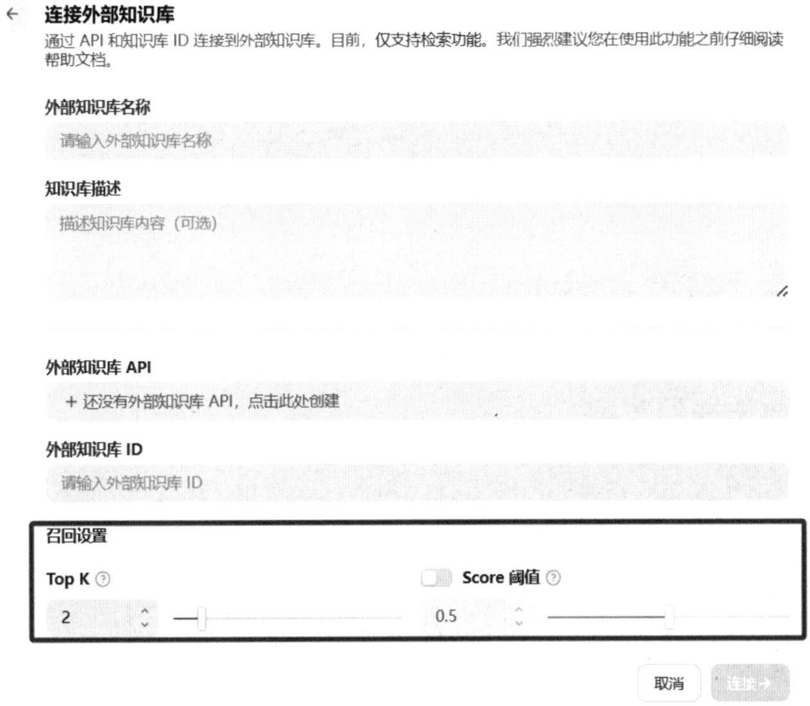

图 4-53

4.4 Dify 工具扩展

Dify 提供了丰富的工具供开发者调用。工具可以实现联网搜索、图片绘制等功能，进一步扩展基于 Dify 开发的各类 Agent 的能力。

如图 4-54 所示，Dify 提供了 3 种工具：来自市场的工具、自定义工具，以及作为工具发布的工作流。

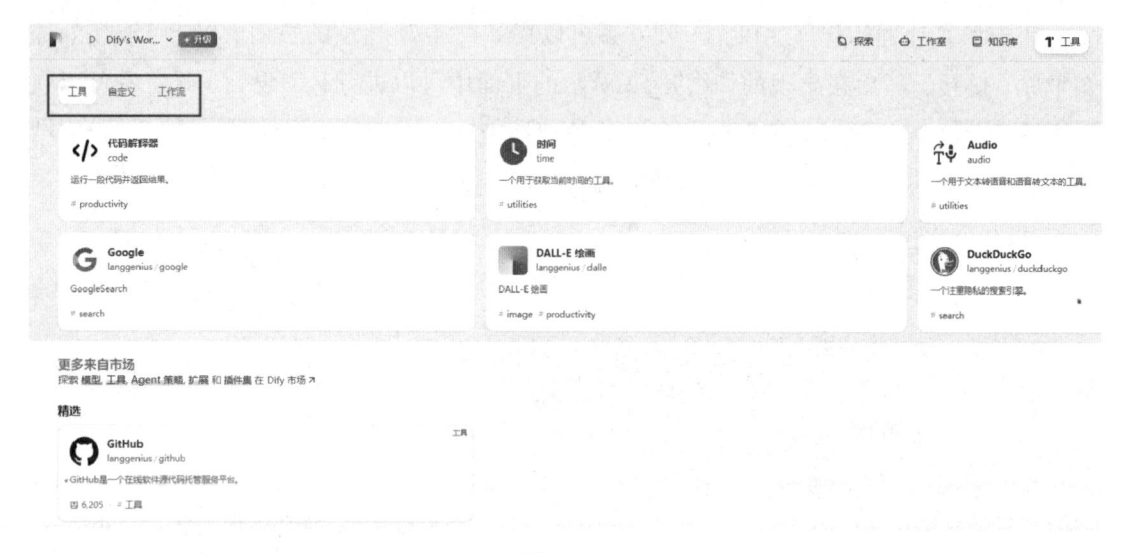

图 4-54

4.4.1 来自市场的工具

Dify 提供了众多功能各异的拓展工具。如图 4-55 所示,开发者可以根据需要自行选择安装。

图 4-55

如图 4-56 所示,已经被安装的工具可以在工作流中被选用。

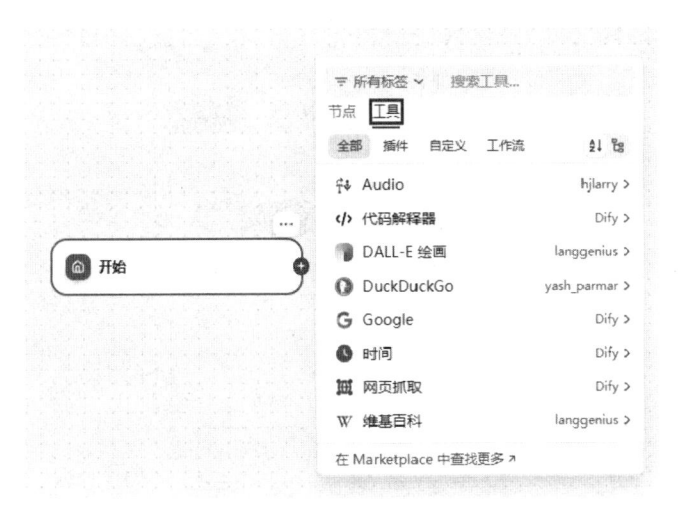

图 4-56

4.4.2 自定义工具

自定义工具需要 Dify 工具开发脚手架和 Python 环境（版本号≥3.12）。

Dify 工具开发脚手架又被称为 dify-plugin-daemon，可以被视作 SDK（Software Development Kit，软件开发工具包）。Dify 工具开发脚手架可以在 GitHub 平台上下载。开发者在利用 Dify 工具开发脚手架完成开发，确认工具可以正常运行，并经过 Dify 审核后，可以将工具发布至 Dify 官方的工具市场（Dify Marketplace）。

4.4.3 作为工具发布的工作流

如图 4-57 所示，Dify 支持开发者将工作流发布为工具。

如图 4-58 所示，在完成工作流发布后，用户即可在创建新工作流的过程中，将已经发布的工作流作为一个节点添加到新工作流内，进一步拓展新工作流的能力边界，简化开发步骤。

图 4-57

图 4-58

第 5 章　Dify 工作流节点详解及实操案例

Dify 工作流节点添加页面如图 5-1 所示。Dify 在工作流设计中支持多种节点类型，涵盖数据检索、大模型调用、逻辑控制等功能。4.2.5 节介绍过 Dify 工作流可以分为数据预处理模块、数据生成模块、数据输出模块，本章将按照这 3 个工作流模块展开介绍工作流中的各个具体节点，并通过案例演示的形式帮助你更好地理解节点的功能及如何在实战中运用。

图 5-1

5.1 数据预处理模块

5.1.1 开始节点

如图 5-2 所示，开始节点是每个工作流必备的节点，是流程入口，定义了工作流的初始参数和触发条件，支持设置输入变量（如文本、数字、文件等）。输入变量用来配置 API Key、用户 ID 等初始化参数。

在开始节点中，我们设置"输入字段"及预设的系统变量。

（1）输入字段。单击图 5-2 中"①"位置旁的"+"按钮，即可打开如图 5-3 所示的页面，可以选择字段类型，填写变量名称。新增的输入字段（即变量）会出现在图 5-2 中"②"的区域中。可对输入字段进行命名并选择字段类型。

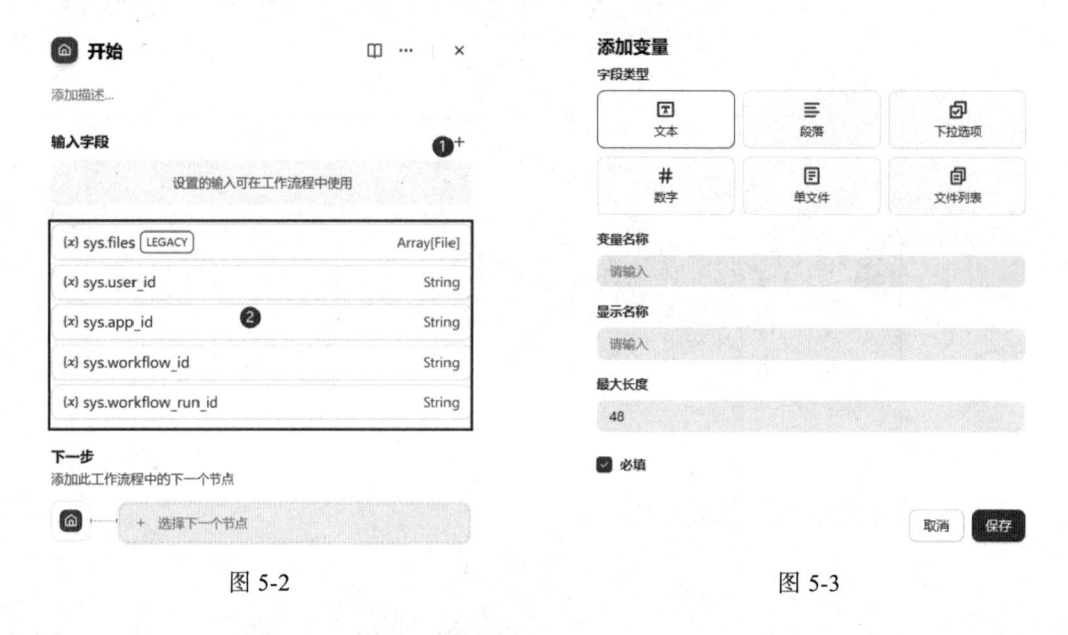

图 5-2

图 5-3

在开始节点设置"输入字段"通常用于让用户补充更多必备信息。下面来看一个应用开始节点的实战案例。当开发"日报助手 Agent"时，我们可以在开始节点的"输入字段"中设置让用户填写工作内容概述、填写人姓名和日期，如图 5-4 所示。

在设置以上字段信息后，用户使用 Agent 时的输入页面如图 5-5 所示，"日报助手 Agent"会自动搜集用户的信息。

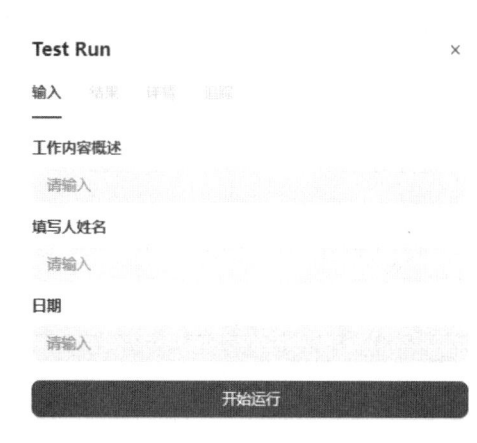

图 5-4

图 5-5

Dify 支持以下 6 种类型的输入变量，所有的变量均可设置为必填项。

① 文本。短文本，让用户自行填写内容，最大长度为 256 个字符。

② 段落。长文本，允许用户输入较多的字符。

③ 下拉选项。由开发者固定选项，用户仅能选择预设的选项，无法自行填写内容。

④ 数字。仅允许用户输入数字。

⑤ 单文件。允许用户上传单个文件，支持的文件类型包括文档、图片、音频、视频，支持上传本地文件或粘贴文件 URL。

⑥ 文件列表。允许用户批量上传文件，支持的文件类型包括文档、图片、音频，支持上传本地文件或粘贴文件 URL，可一次上传多个文件。

这里有一个注意点，Dify 内置的文档提取器节点只能处理部分格式的文件。如果需要处理图片、音频或视频类型的文件，就需要借助工具搭建对应文件的处理节点。

（2）预设的系统变量。系统变量指的是在工作流和 Chatflow 内预设的系统级参数，可以被应用内的其他节点全局读取，通常用于进阶开发场景。例如，搭建多轮次对话应用、收集应用日志与监控、记录用户的使用行为等。

① 工作流中的系统变量（见表 5-1）。

表 5-1

变量名	说明
sys.files	文件参数。存储用户在初始使用工作流时上传的文件
sys.user_id	用户 ID。在用户使用工作流时，系统会自动给用户分配唯一的标识符，用于区分不同的用户
sys.app_id	应用 ID。系统会给每个工作流都分配唯一的标识符，用于区分不同的工作流，并通过此变量记录当前工作流的基本信息
sys.workflow_id	工作流 ID。用于记录当前工作流包含的所有节点信息
sys.workflow_run_id	工作流运行 ID。用于记录工作流的运行情况

② Chatflow 中的系统变量（见表 5-2）。

表 5-2

变量名	说明
sys.query	用户指令。存储用户初始使用 Chatflow 时在对话框中输入的内容
sys.files	文件参数。存储用户在初始使用 Chatflow 时上传的文件
sys.dialogue_count	用户在与 Chatflow 交互时的对话轮数。每轮对话后自动计数增加 1，可以和 if-else 节点搭配出丰富的分支逻辑。 例如，到第 X 轮对话时，回顾历史对话并给出分析
sys.conversation_id	对话框交互会话的唯一标识符。将所有相关的消息分组到同一个对话中，确保大模型针对同一个主题和上下文持续对话
sys.user_id	用户 ID。在用户使用 Chatflow 时，系统会自动给用户分配唯一的标识符，用于区分不同的对话用户
sys.app_id	应用 ID。系统会给每个 Chatflow 都分配唯一的标识符，用于区分不同的 Chatflow，并通过此变量记录当前 Chatflow 的基本信息
sys.chatflow_id	Chatflow ID。用于记录当前 Chatflow 包含的所有节点信息
sys.chatflow_run_id	Chatflow 运行 ID。用于记录 Chatflow 的运行情况

5.1.2 知识检索节点

知识检索节点的核心功能是，根据用户输入的问题，从知识库中检索相关文本片段。

该节点最常见的应用情景，就是构建基于内外部数据/知识的 AI 问答系统。Dify 的知识检索节点如图 5-6 所示。

下面来看一个知识检索节点的典型实战案例，方便你理解常见的知识检索节点应用。

如图 5-7 所示，该案例中工作流的功能是在用户输入问题后，检索知识库内容，辅助大模型回答用户问题。具体的执行逻辑是在用户问题传递到 LLM 节点之前，先通过知识检索节点将知识库内匹配用户问题的相关文本内容召回，将其与用户问题一起输入 LLM 节点，再由 LLM 节点根据检索内容与用户问题综合回答。

图 5-6

图 5-7

5.1.3 变量赋值节点

变量赋值节点用于将工作流中的临时数据（如用户输入、大模型生成的上下文、文件信息等）存储到会话变量中，实现跨节点或跨对话的持久化引用，避免因大模型记忆限制导致信息丢失。

下面看一个应用了变量赋值节点的案例（图 5-8 中的节点 5）[1]。

如图 5-8 所示，该案例中工作流的功能是将用户在首轮对话时输入的语言偏好储存到会话变量中，后续在给用户输出结果时都参考该变量，使用用户指定的语言回答用户的问题，这个功能主要是通过变量赋值节点实现的。

---

[1] 为了便于你理解节点的应用，我们会以案例的形式介绍某些节点，这就会涉及上下游多个节点。

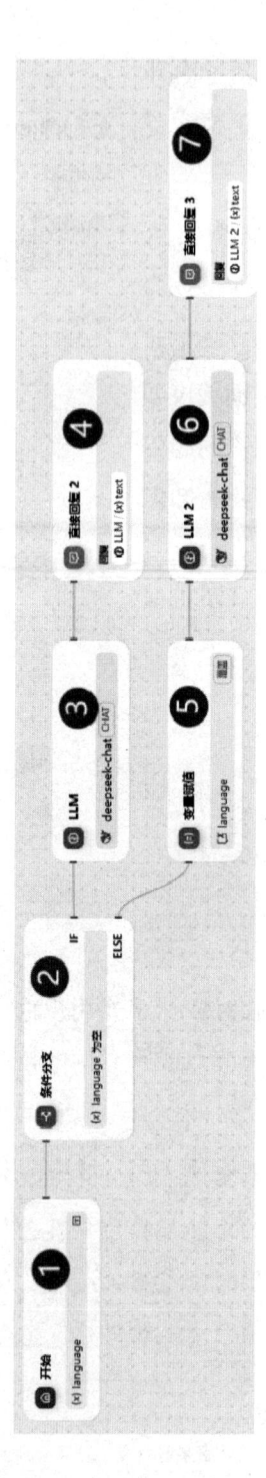

图 5-8

（1）设置开始节点。如图 5-9 所示，增加一个选填的"language"字段。

（2）设置条件分支节点。如图 5-10 所示，判断"language"字段是否为空，如果为空，工作流就直接走到节点 3，如果不为空，工作流就走到节点 5。

图 5-9　　　　　　　　　　　　　　图 5-10

（3）设置 LLM 节点。如图 5-11 所示，如果"language"字段为空，就用中文回复用户的问题。

（4）设置直接回复节点 2。如图 5-12 所示，将 LLM 节点的输出内容回复给用户。

图 5-11　　　　　　　　　　　　　　图 5-12

（5）设置变量赋值节点。在设置变量赋值节点前，我们需要设置该工作流的会话变量，如图 5-13 所示。

在该工作流的条件分支节点中，如果"language"字段不为空，那么工作流会走到变量赋值节点。在这种情况下，使用变量赋值节点可以将用户指定的"language"字段赋值给工作流的会话变量"language"，如图 5-14 所示。

图 5-13

图 5-14

（6）设置 LLM 节点 2。如图 5-15 所示，大模型可以根据会话变量（上下文），使用用户指定的语言回答用户的问题。

（7）直接回复节点 3。如图 5-16 所示，将前置的 LLM 节点 2 的输出内容回复给用户。

图 5-15

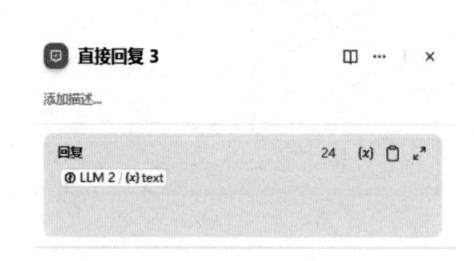

图 5-16

在设置完成后，我们来看一下变量赋值节点的效果。首先，我们不填写"language"字段，直接提问："中国有多少人，只需要回答总人数"，可以看到该工作流用汉语回复了我们的问题，如图 5-17 所示。

当在"language"字段中填写"英语"时（如图 5-18 所示），我们可以看到，对于我们后续的提问，该工作流都只用英语进行回答，如图 5-19 所示。

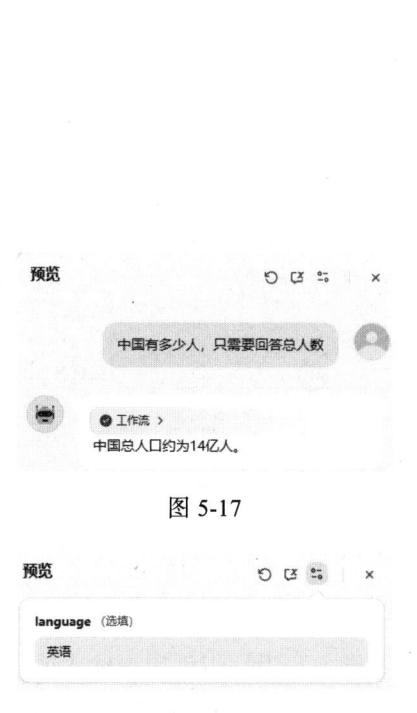

图 5-17

图 5-18

图 5-19

同时，如图 5-20 所示，该工作流的会话变量变成了"英语"。

图 5-20

这个工作流不仅可以帮助你熟悉变量赋值节点的应用，还可以帮助你进一步理解条件分支节点和直接回复节点。

5.1.4 参数提取器节点

参数提取器节点通过大模型从输入的文本信息中推断并提取结构化参数，方便后续节点调用。比如，因为迭代节点只能处理数组格式的数据，所以当需要使用迭代节点时，我们可以通过添加参数提取器节点将前置的 LLM 节点生成的 string 格式的数据转换为数组格式的数据，便于后续的迭代节点使用。

下面看一个应用了参数提取器节点的案例。

该案例中工作流的功能是识别用户输入的文本中的水果名，具体流程如图 5-21 所示。

图 5-21

（1）设置开始节点。如图 5-22 所示，设置"输入字段"为"text"。

（2）设置参数提取器节点。如图 5-23 所示，设置"输入变量"为"开始/text"，设置"提取参数"为"name-文本中的水果名"，设置"指令"为"识别用户输入的文本中的水果名"。使用参数提取器节点，可以从文本中提取水果名并形成结构化数据，供后续节点调用。

（3）设置 LLM 节点。按图 5-24 所示的内容设置 LLM 节点。

图 5-22

图 5-23

图 5-24

（4）设置结束节点。按图 5-25 所示设置结束节点。

在设置完成后，我们输入"缤纷果香扑面而来，红彤彤的苹果、金黄的香蕉，新鲜的橙子与晶莹的葡萄在竹篮里交叠，清甜的草莓点缀其间。"

如图 5-26 所示，工作流很快得出了准确的结论。

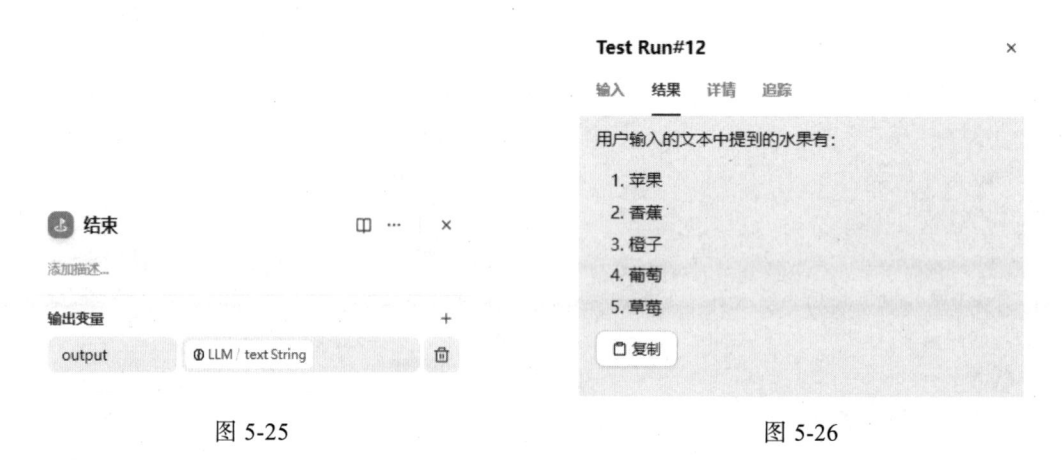

图 5-25

图 5-26

5.1.5　代码执行节点

代码执行节点通过运行 Python/JavaScript 代码对数据进行基于一定逻辑的转换，实现工作流的简化，更加灵活地进行数据处理。代码执行节点常用于处理 JSON 数据，进行数学计算或者合并多个数据源。

下面通过一个简单的案例来理解代码执行节点，首先设置开始节点。

如图 5-27 中方框处所示，我们一共设置了 4 个字段，其中"Number1""Number2"为"Number"格式的，"Str1""Str2"为"String"格式的。

然后，我们在流程中添加代码执行节点并设置一段简单的代码，用来对输入变量求和。具体的代码如图 5-28 所示。

接下来，我们把"输入变量"分别设置为"Str1""Str2"，对代码执行节点进行测试，如图 5-29 所示。

如图 5-30 所示，因为"Str1"和"Str2"均为"String"格式的，所以当我们给"Str1"赋值为"1"、给"Str2"赋值为"2"时，代码执行节点输出"12"。

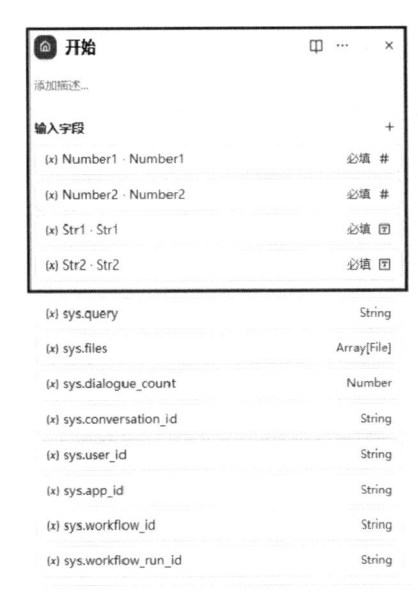

图 5-27

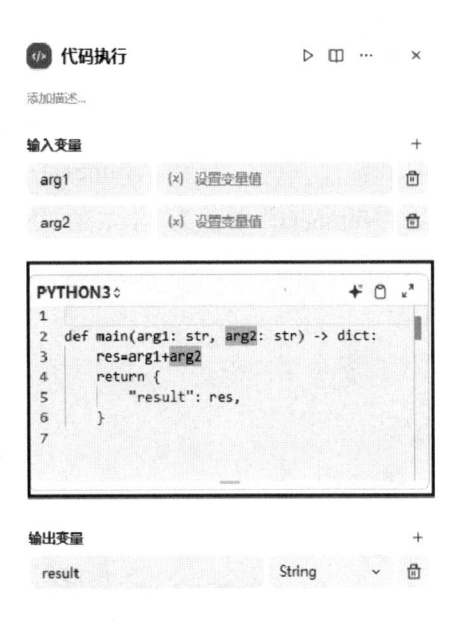

图 5-28

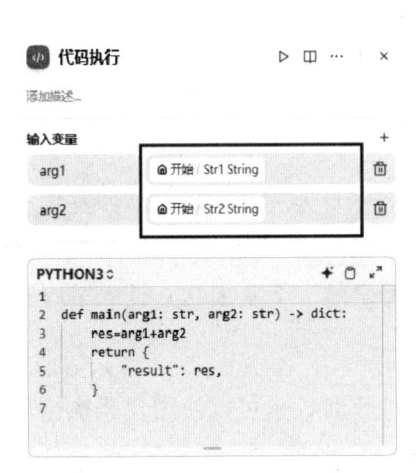

图 5-29

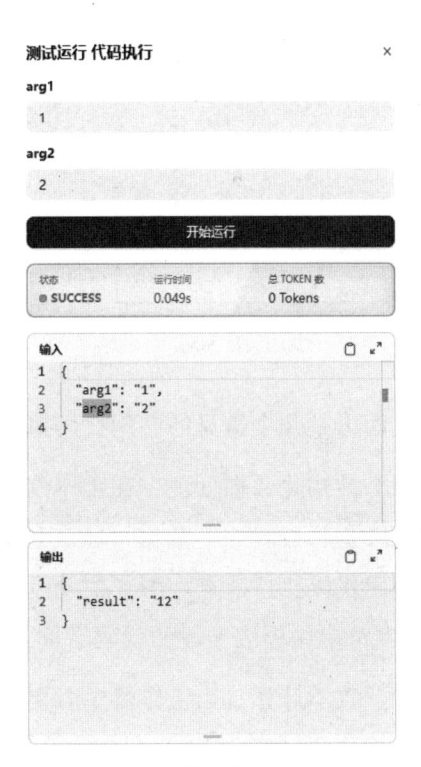

图 5-30

如图 5-31 所示，我们把"输入变量"分别设置为"Number1""Number2"，把输出变量的数据类型更改为"Number"。

如图 5-32 所示，因为"Number1"和"Number2"均为"Number"格式的，所以当我们给"Number1"赋值为"1"，给"Number2"赋值为"2"时，代码执行节点输出"3"。

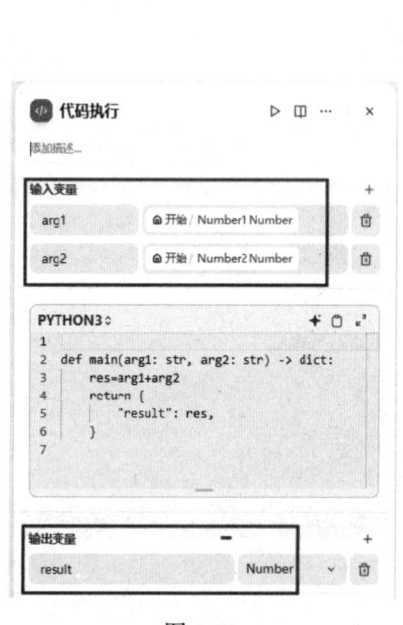

图 5-31

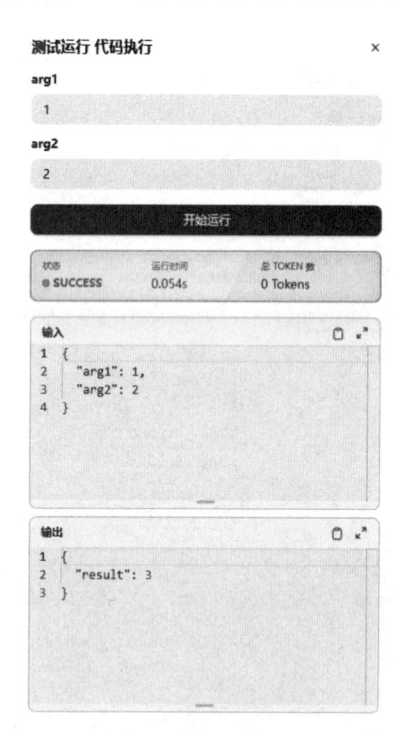

图 5-32

下面再举几个常见的应用代码执行节点的场景。

（1）结构化数据处理。在工作流中经常需要处理来自 HTTP 请求节点的数据。在常见的 API 返回结构中，数据可能嵌套在多个 JSON 对象层中，当需要提取某些字段时就可以使用代码执行节点。图 5-33 所示为 Dify 官方提供的一个从 HTTP 请求节点返回的 JSON 字符串中提取字段的代码示例。

（2）数学计算。当工作流中需要进行复杂数学计算时，也可以使用代码执行节点。图 5-34 所示为 Dify 官方提供的一个计算组方差的代码示例。

（3）数据串联。当工作流需要对多个数据源进行连接，比如合并来自两个知识库的数据时，可以使用代码执行节点来完成。图 5-35 所示为 Dify 官方提供的合并两个知识库数据的代码示例。

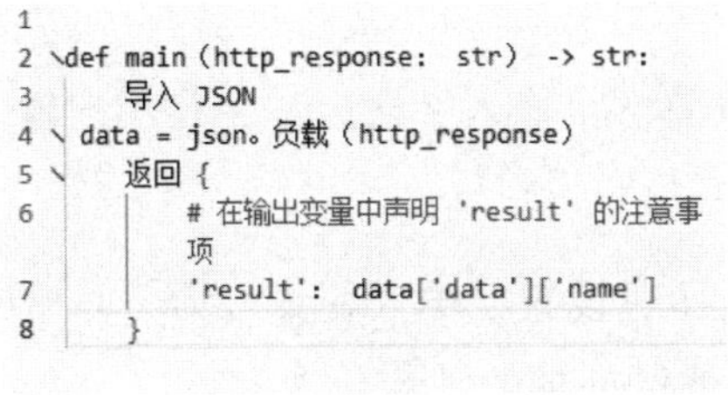

```
1
2  def main (http_response: str) -> str:
3      导入 JSON
4      data = json。负载 (http_response)
5      返回 {
6          # 在输出变量中声明 'result' 的注意事
             项
7          'result': data['data']['name']
8      }
```

图 5-33

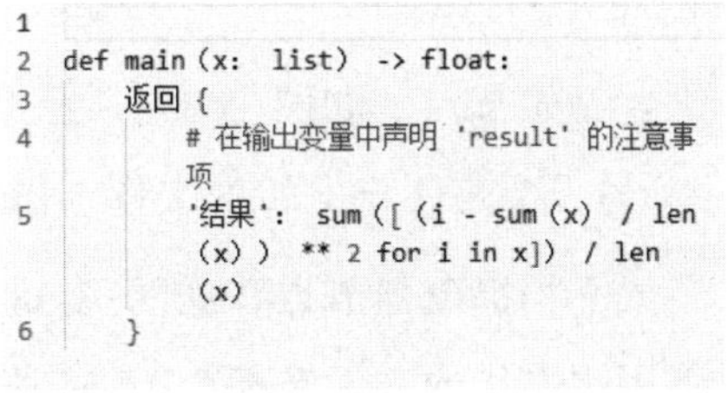

```
1
2  def main (x: list) -> float:
3      返回 {
4          # 在输出变量中声明 'result' 的注意事
             项
5          '结果': sum ([( i - sum (x) / len
             (x)) ** 2 for i in x]) / len
             (x)
6      }
```

图 5-34

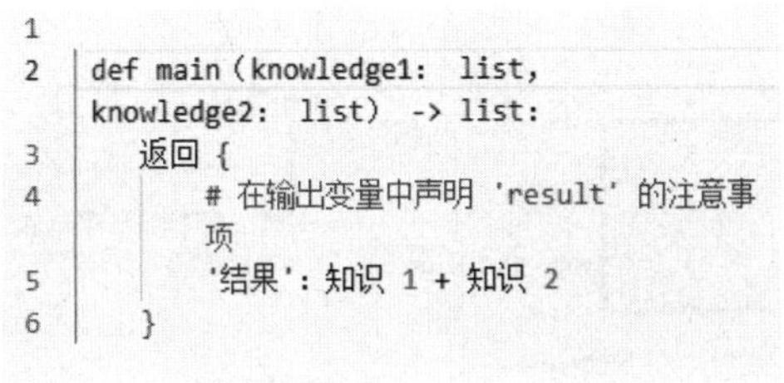

```
1
2  def main (knowledge1: list,
   knowledge2: list) -> list:
3      返回 {
4          # 在输出变量中声明 'result' 的注意事
             项
5          '结果': 知识 1 + 知识 2
6      }
```

图 5-35

5.1.6 文档提取器节点

因为 LLM 节点无法直接读取文档内容，所以我们常常在 LLM 节点前添加文档提取器节点解析用户上传的文档，并将其转换为 LLM 节点能够处理的字符串类型的输出变量。

文档提取器节点只能处理 File（单个文件）或 Array File（多个文件）两种数据结构的变量，并且只能从 txt、markdown、pdf、docx 等类型的文档中提取信息，无法处理图像、音频、视频等格式的文档。

下面看一个应用了文档提取器节点的案例。

该案例中工作流的功能是根据用户的问题，从上传的文档中找到答案。该工作流如图 5-36 所示。

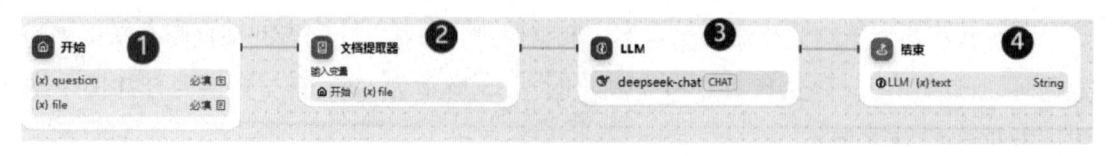

图 5-36

（1）设置开始节点。如图 5-37 所示，设置两个输入字段，一个是用户输入的问题"question"，另一个是用户上传的文件"file"。

（2）设置文档提取器节点。如图 5-38 所示，设置"输入变量"为"开始/file"。该节点可以将用户上传的文件转换为 LLM 节点能够处理的结构化文本。

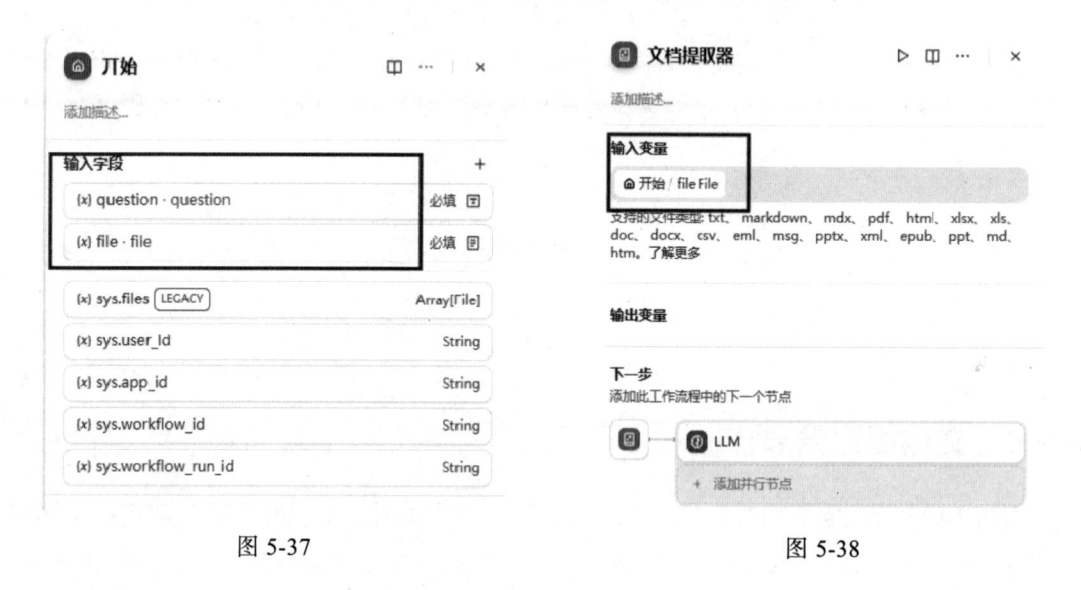

图 5-37　　　　　　　　　　　图 5-38

（3）设置 LLM 节点。按图 5-39 所示设置 LLM 节点。

（4）设置结束节点。如图 5-40 所示，结束节点输出 LLM 节点生成的变量"LLM/text"。

图 5-39　　　　　　　　　　　　　　　　　图 5-40

在设置完工作流后，上传如图 5-41 所示的文档内容。

当我们对工作流提问"法国大革命开始的时间"时，工作流根据文档内容准确地输出了答案，如图 5-42 所示。

图 5-41　　　　　　　　　　　　　　　　　图 5-42

5.1.7　列表操作节点

列表操作节点用于提取数组变量中的信息，通过设置专项条件过滤与提取，将数组变量中的信息转换为后续节点所能应用的变量类型。

当用户上传数据时，所有数据都存储在同一个 ArrayFile 数组变量内。因为常常需要 LLM 节点仅处理该数组变量中的某单一值，比如图片或者文本内容，这时就可以通过列表操作节点在数组变量内提取对应的元素，并将其转换为结构化数据，便于后续的 LLM 节点进行处理。

如图 5-43 所示，列表操作节点可以根据文件的格式、文件名、大小、上传的顺序等属性进行过滤与提取，它的结构分为"输入变量"、"过滤条件"、"取第 N 项"（可选）、"取前 N 项"（可选）、"排序"（可选）、"输出变量"。

下面来看一个应用列表操作节点的案例。

如图 5-44 所示，当允许用户同时提出问题并上传图片时，工作流可以通过列表操作节点筛选出 png 格式的图片，并将其转换成结构化数据。后续的节点在将该列表提取节点的输出变量作为输入变量时，将只对图片信息进行处理和识别，而不受用户提出的问题等其他变量的影响。

图 5-43

图 5-44

5.1.8 变量聚合器节点

变量聚合器节点可以将多个分支的变量聚合成单个变量,供后续节点统一调取。变量聚合器节点多用于多分支场景。接下来,我们通过两个涉及变量聚合器节点的实操案例来熟悉变量聚合器节点的应用。

1. 案例一:问题分类后的多分支聚合

如图 5-45 所示,该案例中的工作流通过问题分类器节点将用户问题分为售前问题和售后问题,分别检索不同的知识库,然后通过变量聚合器节点将两个知识检索节点的输出聚合为一个变量供后续的 LLM 节点调用。

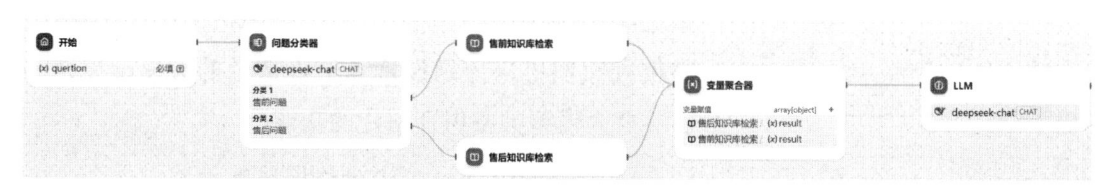

图 5-45

2. 案例二:条件分支后的多分支聚合

如图 5-46 所示,条件分支节点根据用户是否上传附件决定后续是否需要对用户提出的问题进行谷歌搜索,然后变量聚合器节点汇总两条分支生成的内容供后续节点调用。

图 5-46

变量聚合器节点支持聚合多种数据类型，包括字符串、数字、对象，以及数组。要注意的是，变量聚合器节点只能聚合相同类型的变量，即添加到变量聚合器节点的第一个变量是某类型的变量，则后续将仅允许添加此类型的变量。

5.2 数据生成模块

5.2.1 LLM 节点

LLM 节点是工作流的核心节点，通过调用大模型的对话、生成、分类、处理等能力，根据给定的提示词处理广泛的任务。如图 5-47 所示，在方框处我们可以分别设置该节点选用的大模型以及是否需要大模型具备识别图片的功能。

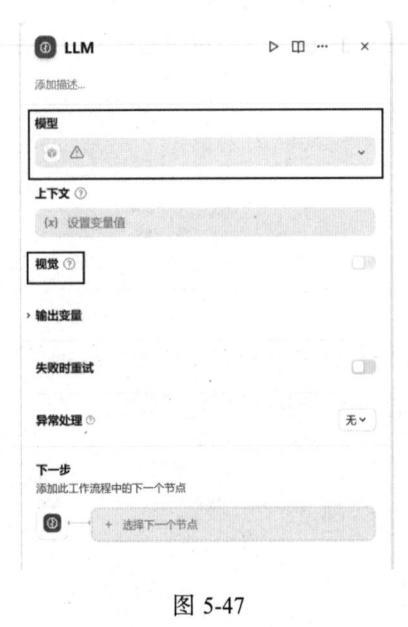

（1）常见的 LLM 节点的使用场景。

① 文本生成。根据用户或前置节点给出的主题、关键词生成符合要求的文本。

② 文本转换。例如，将用户提供的文本翻译成指定语言。

③ 代码生成。在辅助编程时，根据用户要求生成指定的业务代码或测试案例。

④ RAG。例如，根据知识库检索的结果及用户的问题综合生成回复内容。

图 5-47

⑤ 图片理解。使用具有视觉能力的大模型，可以理解图片信息，并据此对用户的问题进行回复。

⑥ 文件分析。在文件处理场景中，使用大模型识别并分析文件包含的内容。

（2）LLM 节点的部署和使用。在使用 LLM 节点时，我们首先要做的就是选择合适的模型。作为主流开源平台，Dify 支持几乎所有头部模型供应商，如图 5-48 所示。

图 5-48

对于初学者，这里推荐选择硅基流动（支持几乎所有主流模型）、Ollama（本地化部署的模型）、DeepSeek（好用、实惠、综合能力强）。模型没有最好，只有更合适。你需要根据你的应用的需要，综合考虑模型的特性及使用成本进行选择，并不是名气越大、参数越多越好。

除了选择的模型，模型的参数也会影响模型的输出效果。

主要的参数如下（如图 5-49 所示）：

① 温度。温度通常是一个 0～1 之间的值，控制随机性。温度越接近 0，结果越确

定和越重复；温度越接近 1，结果越随机。

② 最大标记。最大标记是指生成的结果的最大长度。

③ Top P。Top P 用于控制结果的发散性和多样性。Top P 越小，生成的结果越偏向稳定但缺乏创意，适用于严谨任务（如法律文本生成）。Top P 越大，生成的结果越具有多样性，适合创意写作（如小说创作）。

④ 频率惩罚。频率惩罚是指对过于频繁出现的词或短语施加惩罚，从而减小这些词的出现频率。该参数值越大，对频繁出现的词或短语施加的惩罚越重。调大该参数值会减小这些词的出现频率，从而增加文本词汇的多样性。

在选择好模型以后，我们需要设置提示词。如图 5-50 所示，Dify 的 LLM 节点涉及 3 类提示词。

① SYSTEM。这是系统级别的提示词，用来设定模型的行为模式，明确模型的身份、任务边界，以及行为规范。SYSTEM 的优先级高于用户输入的内容，会持续影响整个会话或者流程。在设置此类提示词时，我们要避免模糊描述，要多使用明确的动词（如"总结""分析""对比"），尽可能提供输入和输出样例，明确模型的行为边界，强化模型理解。

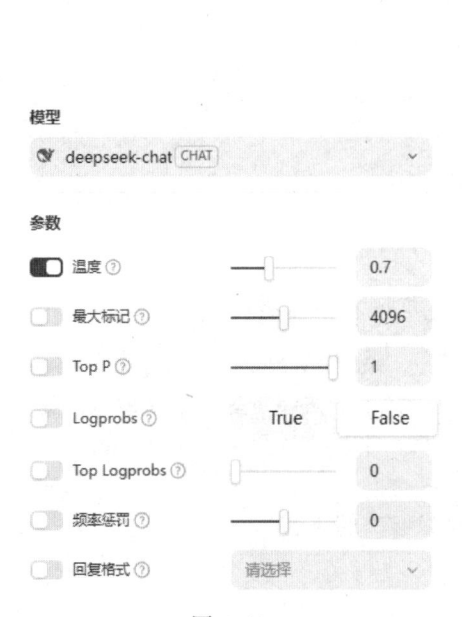

图 5-49

图 5-50

比如（明确身份）：

> 你是一名资深翻译官，专注于将中文翻译成英文，注意确保翻译内容符合原文本义。

比如（明确任务边界）：

> 仅回答与网络安全有关的问题，拒绝回答其他问题，并以列表形式输出解决方案。

比如（明确行为规范）：

> 用小学生也能理解的语言，分步骤解释用户的问题中涉及的科学规律。

② USER。USER 用于指导大模型处理用户输入的内容。当用户与 LLM 节点交互，输入具体指令或者问题时，该提示词将指导大模型直接生成内容或者执行任务。

USER 的核心作用是进一步明确任务执行导向，并对大模型生成内容所需要的动态数据或上下文进行补充，也可以绑定变量，以便工作流的后续节点使用。

比如（明确任务导向）：

> 将用户输入的{{text}}翻译成法语。

比如（补充数据）：

> 基于 2023 年销售额（数据：{{sales_data}}），回答用户问题。

比如（绑定变量）：

> 当用户输入"分析公司{{company_name}}的财报"时，自动提取公司名以供后续节点使用。

在设置 USER 时，要避免 USER 与 SYSTEM 冲突。

③ ASSISTANT。ASSISTANT 通常用于指导 LLM 节点最终输出内容，一般包含对输出结果的格式化要求及后处理逻辑。

该类提示词的核心作用有以下 3 个。

规范输出格式：直接给用户返回任务结果。

后处理：对前置节点输出的信息做二次处理。比如，隐藏隐私信息、删除敏感话题。

流程衔接：将输出结果传递至后续节点或外部系统（如数据库写入、API 调用）。

比如(规范输出格式):

> ## (分析报告{{}})
> 结论:{{Summary}}
> 支持数据:{{data_points}}

比如(后处理):

> #自动隐藏电话号码、邮箱等隐私内容,删除敏感话题,增加置信度提示,如以下回答可能存在数据不准确……

比如(流程衔接):

> 控制在 200 字以内,保存为{{report_summary}},供其他节点使用。

如图 5-51 所示,如果在编写提示词时没有思路,那么可以借助 Dify 自带的提示词生成器。

图 5-51

如图 5-52 所示,在编辑提示词的过程中,可以通过输入"/"或者"{"调出变量插入菜单,将特殊变量块或者前置节点变量插入提示词中作为上下文内容。

图 5-52

5.2.2 问题分类器节点

如图 5-53 所示，问题分类器节点可以通过定义用户请求的类别，让大模型能够根据用户输入的信息，推理与之相匹配的情况类别并输出分类结果，从而将数据导向更匹配的处理节点，为用户提供更加精确的信息。

常见的问题分类器节点的使用场景有客服对话意图分类、产品评价分类、邮件批量分类等。

接下来，我们用一个客服问答场景的实操案例，帮助你理解问题分类器节点。

图 5-54 所示为 AICX 社群智能客服的示例工作流，该工作流用于处理两种社群用户会遇到的常见的问题。一个问题是用户在社群内违规发言被禁言后，需要通过智能客服自助申请解除禁言。另一个问题是用户购买社群产品，在支付失败后需要通过智能客服明确支付失败的原因。

图 5-53

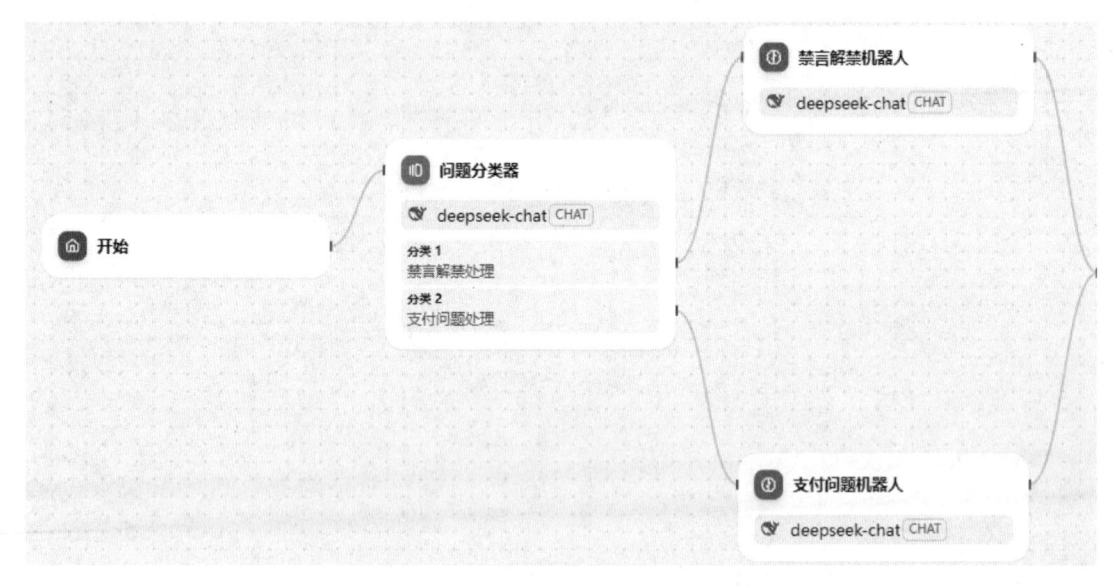

图 5-54

该工作流中问题分类器节点的具体设置如图 5-55 所示。需要通过问题分类器节点区分用户遇到的问题是需要禁言解禁机器人节点处理还是需要支付问题机器人节点处理。

这里的配置步骤如下。

（1）选择大模型。问题分类器节点基于大模型的参数和推理能力对问题进行分类。选择合适的大模型将有助于提升分类效果。这里选择的是"deepseek-chat"模型。

（2）如图 5-55 中方框处所示，输入变量为用于分类的输入内容。在客服问答场景下，输入变量一般为用户输入的问题"sys.query"。

图 5-55

（3）编写分类标签/描述。可以手动添加多个分类，通过编写分类的关键词或者描述语句，让大模型更好地理解分类依据。这里的分类为"禁言解禁处理"和"支付问题处理"。

（4）选择分类对应的后续节点。在问题分类器节点完成分类之后，工作流可以根据分类与后续节点的关系选择后续的流程路径，这里分别连接禁言解禁机器人节点和支付问题机器人节点。

除了以上基础设置，Dify 还支持对问题分类器节点进行高级设置，如图 5-56 所示。

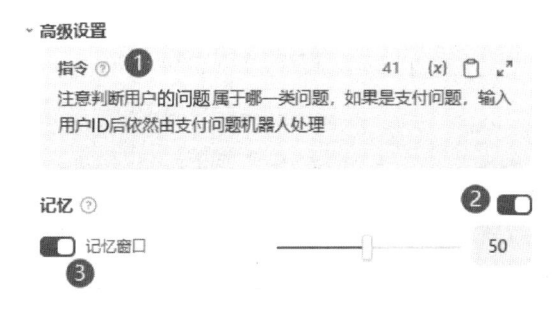

图 5-56

① 指令。可以在"高级设置"板块的"指令"里补充附加指令。比如，更丰富的分类依据，以增强问题分类器节点的分类能力。

② 记忆。开启记忆功能后，问题分类器节点的每次输入都包含对话中的聊天历史，以帮助大模型理解上文，提高对话中的问题理解能力。

③ 记忆窗口：当记忆窗口关闭时，系统会基于内置的 Token 数量或对话轮数规则，自动截断聊天历史，并调整传递的聊天历史的对话轮数，避免超出大模型的最大上下文长度限制，减少计算资源消耗。当记忆窗口打开时，用户可以自定义传递的聊天历史的对话轮数。

5.2.3 条件分支节点

通过条件分支节点，我们可以将 Chatflow 或工作流拆分成多个分支。

（1）当 IF 条件判断为 True 时，工作流导向 IF 路径。

（2）当 IF 条件判断为 False 时，工作流导向 ELSE 路径。

（3）当 ELIF 条件判断为 True 时，工作流导向 ELIF 路径。

（4）当 ELIF 条件判断为 False 时，继续判断下一个 ELIF 条件或工作流导向最后的 ELSE 路径。

如图 5-57 所示，Dify 的条件分支节点支持设置以下条件类型：包含（Contains）、不包含（Not contains）、开始是（Start with）、结束是（End with）、是（Is）、不是（Is not）、为空（Is empty）、不为空（Is not empty）

接下来，我们通过一个实操案例来进一步说明条件分支节点的应用，案例的整体架构如图 5-58 所示。

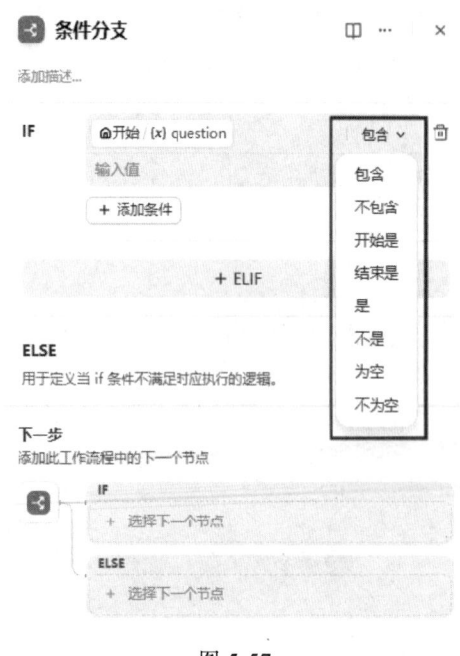

图 5-57

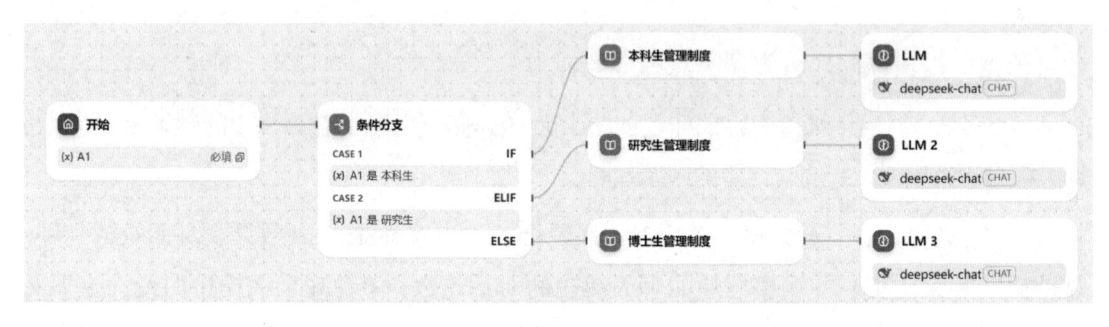

图 5-58

如图 5-59 所示，在该案例中我们首先在开始节点让用户选择自己所处的学习阶段并提出问题。

根据用户提供的信息，条件分支节点可以实现问题分流，根据学生的学习阶段，从符合学生个人情况的知识库中搜索相关问题的答案，如图 5-60 所示。

条件分支节点还支持设置多重条件判断。当工作流涉及复杂的条件判断时，通过单击图 5-61 中方框处设置"AND"或者"OR"，可以对条件取交集或者并集。

图 5-59

图 5-60

图 5-61

5.2.4 迭代节点

Dify 的迭代节点中的迭代，并不等同于我们常说的软件版本迭代中的迭代，而是一种批量处理数据的技术机制，本质是一种循环，能够让我们对一组数据中的每个元素都执行相同的操作，直至输出所有结果。

如图 5-62 所示，在应用迭代节点时，我们首先要设置迭代工作流。这是迭代节点的核心。我们通过设置迭代工作流明确迭代节点的工作步骤。在 Dify 中，迭代工作流中最常设置的节点类型是 LLM 节点。

迭代节点的设置内容如图 5-63 所示。

图 5-62   图 5-63

（1）输入。这里只能设置 Array 列表类型的数据。比如，一组数字、一组产品信息或者一次性上传的多个文件。

（2）输出变量。只能输出 Array 列表类型的数据。

（3）错误响应方法。包括错误时终止、忽略错误并继续、移除错误输出 3 种方法。

接下来，我们通过一个涉及迭代节点的工作流案例来进一步说明迭代节点的使用方法，该案例的整体架构如图 5-64 所示。这个工作流的功能是总结本地上传的多个文件内容并输出总结后的内容。

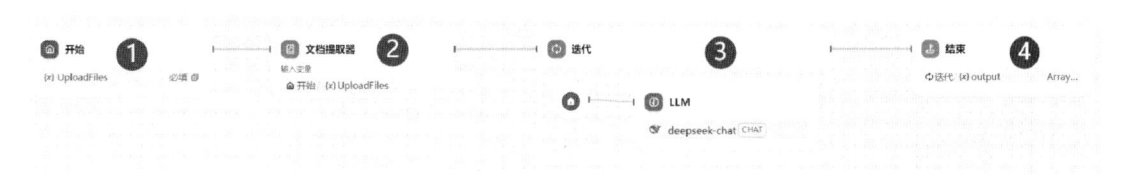

图 5-64

（1）设置开始节点。如图 5-65 所示，设置"字段类型"为"文件列表"，设置"变量名称"为"UploadFiles"，设置"支持的文件类型"为"文档"和"图片"，设置"上传文件类型"为"本地上传"。

（2）设置文档提取器节点。如图 5-66 所示，设置"输入变量"为"开始/UploadFiles"。

（3）设置迭代节点。如图 5-67 所示，设置"输入"为"文档提取器/text"，设置"输出变量"为"LLM/ text"，设置"错误响应方法"为"错误时终止"。

（4）设置结束节点。如图 5-68 所示，设置结束节点的"输出变量"为"迭代/output"。

在完成工作流设置后，我们来测试一下。如图 5-69 所示，我们提前准备了 3 个测试文档，内容为《西游记》第一章的节选。

如图 5-70 所示，可以看到借助迭代节点，工作流顺利地循环处理了这 3 个文档，生成了对文档内容的总结。

编辑变量

字段类型

- 文本
- 段落
- 下拉选项
- 数字
- 单文件
- **文件列表**

变量名称

UploadFiles

显示名称

UploadFiles

支持的文件类型

- ☑ 文档
  TXT, MD, MDX, MARKDOWN, PDF, HTML, XLSX, XLS, DOC, DOCX, CSV, EML, MSG, PPTX, PPT, XML, EPUB
- ☑ 图片
  JPG, JPEG, PNG, GIF, WEBP, SVG
- ☐ 音频
  MP3, M4A, WAV, WEBM, AMR, MPGA
- ☐ 视频
  MP4, MOV, MPEG, MPGA
- ☐ 其他文件类型
  指定其他文件类型

上传文件类型

- 本地上传
- URL
- 两者

最大上传数

文档 < 15.00MB，图片 < 10.00MB，音频 < 50.00MB，视频 < 100.00MB

5

☑ 必填

[取消] [保存]

图 5-65

文档提取器

添加描述...

输入变量

🏁 开始 / UploadFiles Array[File]

支持的文件类型：txt、markdown、mdx、pdf、html、xlsx、xls、doc、docx、csv、eml、msg、pptx、xml、epub、ppt、md、htm。了解更多

▸ 输出变量

下一步
添加此工作流程中的下一个节点

📄 → 🔄 迭代
　　　＋ 添加并行节点

图 5-66

迭代

添加描述...

输入　　　　　　　　　　　　　Array

📄 文档提取器 / text Array[String]

输出变量　　　　　　　　　　　Array

🅛 LLM / text String

并行模式 ⓘ　　　　　　　　　　⬤

错误响应方法

错误时终止　　　　　　　　　　∨

下一步
添加此工作流程中的下一个节点

🔄 → 🏁 结束
　　　＋ 添加并行节点

图 5-67

图 5-68

图 5-69

图 5-70

5.2.5 循环节点

循环节点用于执行依赖于前置的生成结果的重复性任务。例如,"重复生成数字,直到出现小于 50 的数字"。循环节点的设置页面如图 5-71 所示。

循环节点和迭代节点的使用方法有些类似,核心区别在于循环节点的下一次运行都

依赖前置的生成结果,而迭代节点每次都是独立运行的。循环节点适合处理优化问题,而迭代节点适合进行批处理或者并行数据梳理。

下面通过两个实操案例的对比来进一步理解迭代节点和循环节点的区别。

(1)有 100 个阿拉伯数字,要将阿拉伯数字全部转换为大写汉字的形式,这就应该用迭代节点逐个处理,所有操作均一致。

图 5-71

(2)有 100 个阿拉伯数字,要判断这 100 个数字中有没有大于 100 的,这就需要用循环节点来实现。设定循环终止条件为发现第 N 个数字大于 100(输出该数字),或者检查完这 100 个数字没有发现大于 100 的数字(输出"无大于 100 的数字")。

我们再通过一个应用了循环节点的案例来进一步说明循环节点的使用方法。图 5-72 所示为一个工作流,工作流随机生成 1~10 的整数,如果工作流生成的数字为 5,则终止,如果工作流生成的数字不是 5,则将生成的随机数字全部输出。

图 5-72

(1)设置开始节点。用户输入任意内容都可启动,无须特别设置。

(2)设置循环-代码执行节点。如图 5-73 所示,通过 Dify 自带的代码生成器生成代码,代码功能为随机生成 1~10。

(3)设置循环-直接回复节点 2。该节点的设置内容如图 5-74 所示。以上循环的终止条件为直接回复节点 2 输出的数字为 5。

(4)设置直接回复节点。该节点的设置内容如图 5-75 所示。

第 5 章　Dify 工作流节点详解及实操案例 | 147

在设置完毕后，我们测试一下循环节点的效果。我们分 3 次启动该工作流，显示效果如图 5-76 所示。

图 5-73

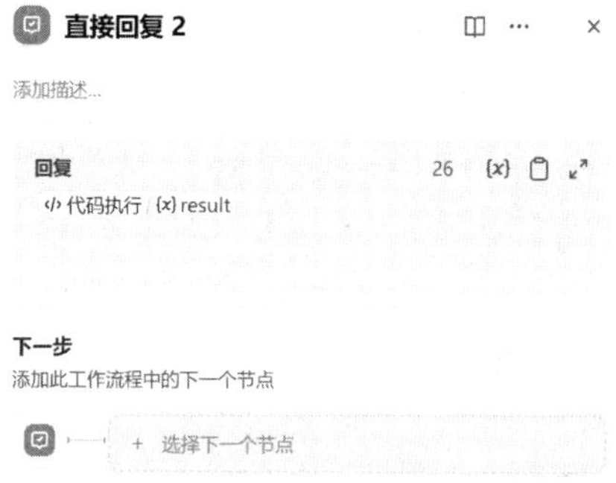

图 5-74

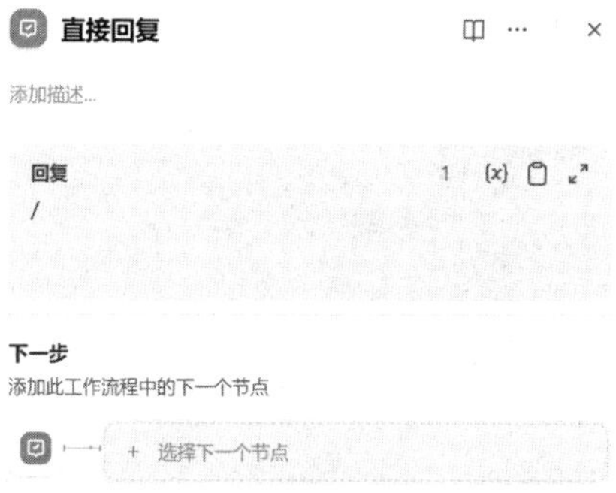

图 5-75

图 5-76

可以看到，工作流随机生成 1～10 的整数后如果生成的数字为 5 则工作流终止。通过使用循环节点，我们实现了预定的工作流目标。

5.3 数据输出模块

5.3.1 模板转换节点

模板转换节点可以根据 Jinja2 语法的代码规范来进行内容展示，用动态格式化的组合将前置节点的变量合并为单个文本进行输出。在如图 5-77 所示的案例中，我们可以把各种前置节点的输出结果聚合在一起组合成对一篇文章的评分及评价，输出格式如下：第一行为标题，第二行为评分，第三行为评价。

模板转换节点仅支持 Jinja2 语法。Jinja2 是一种强大的 Python 模板语法，可以为各种任务创建复杂的输出模板。

我们来看一个使用 Jinja2 语法的实操案例，如图 5-78 所示。

图 5-77

图 5-78

（1）注释功能。这里相当于做了一个功能备注（用{}），并不会在输出的内容中显示。

（2）具体变量。可以显示具体的变量（用{{}}），如姓名、金额等。

（3）简单逻辑。可以使用诸如 if-else/for 循环等简单逻辑判断。

通过 Jinja2 语法，我们可以创造出更多灵活且智能的回复，这是模板转换节点的核心功能。

5.3.2 HTTP 请求节点

HTTP 请求节点通常用于在工作流中与外部服务进行交互。例如，调用 API、获取数据、下载文件等。

如图 5-79 所示，HTTP 请求节点包括以下 6 种请求类型。

（1）GET 请求类型。功能：GET 请求是获取全部资源，如获取全部产品列表。

（2）POST 请求类型。功能：POST 请求是创建新资源，如创建一个新的产品。

（3）HEAD 请求类型。功能：HEAD 请求是检查资源的存在性，如根据 ID 查询产品是否存在。

（4）PATCH 请求类型。功能：PATCH 请求是部分更新资源，如根据 ID 更新产品名。

（5）PUT 请求类型。功能：PUT 请求是完全替换资源，如替换指定 ID 的产品信息。

（6）DELETE 请求类型。功能：DELETE 请求是删除资源，如删除指定 ID 的产品信息。

如图 5-80 所示，用户需要配置 HTTP 请求节点的 API（URL）、HEADERS（请求头）、PARAMS（查询参数）、BODY（请求体内容）等。

如图 5-81 所示，考虑到会存在网络波动等无法调用的情况，我们可以设置失败时重试的逻辑，默认的最大重试次数为 3，间隔 100 毫秒。我们可以根据实际情况进行调整。

图 5-79

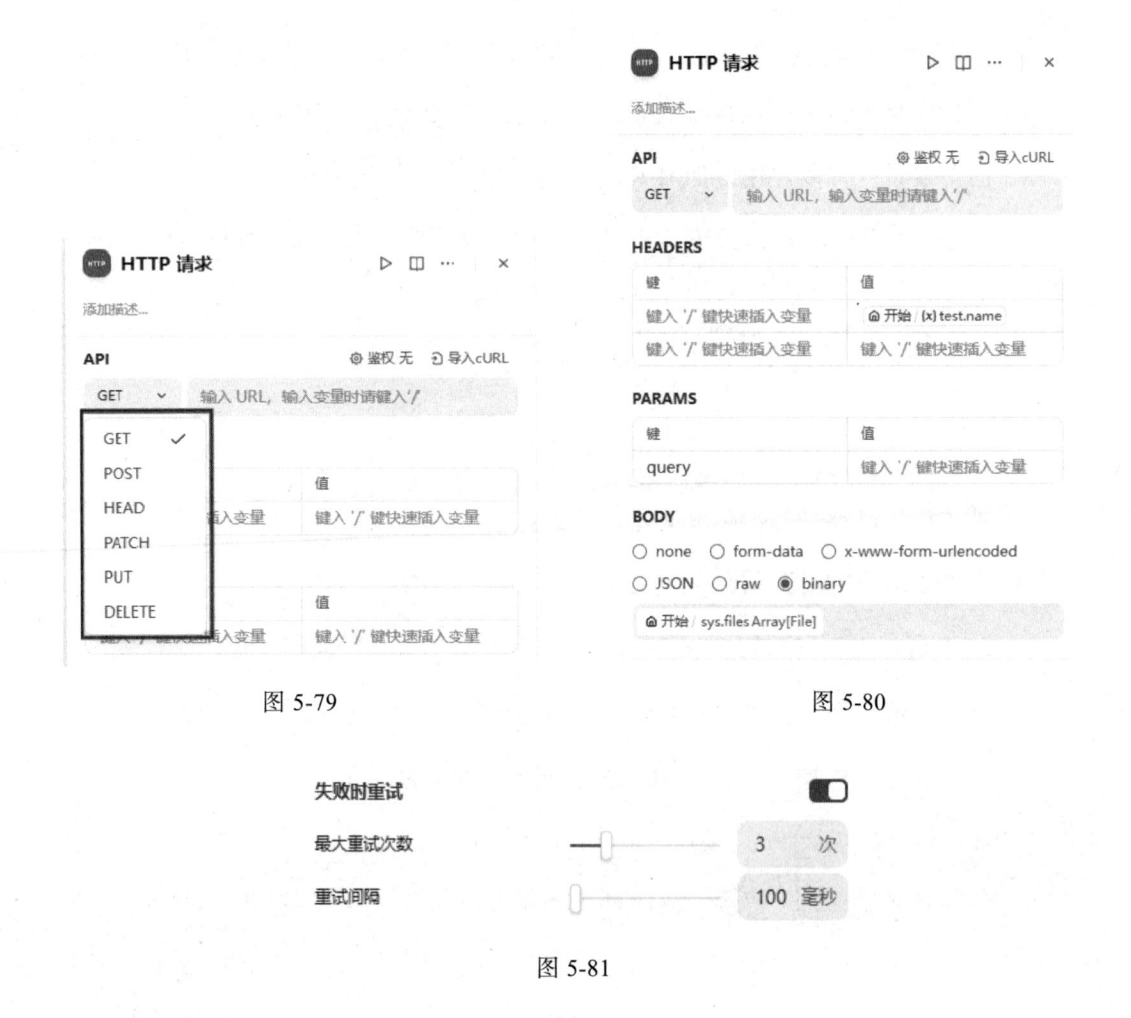

图 5-80

图 5-81

下面来看一个应用了 HTTP 请求节点的案例。

如图 5-82 所示，该案例中工作流的功能是根据用户的输入，大模型自动生成 SQL 语句，然后通过 HTTP 请求节点（方框部分）调用外部数据库查询用户提出的问题的答案。

图 5-82

5.3.3 Agent 节点

Agent 节点即代理节点。使用该节点可以让 Agent 自主调用各类工具。通过预设不同的执行策略，Agent 节点在运行时可以动态选择和使用预设工具，从而执行多步骤的复杂任务。

如图 5-83 所示，单击上方方框处的下拉菜单，可以自主选择所需的 Agent 策略。Dify 官方提供了 FunctionCalling 和 ReAct 两个内置的 Agent 策略。单击图 5-83 中下方方框处，我们可以从 Dify 市场（如图 5-84 所示）中安装并使用 Agent 策略。

图 5-83

图 5-84

（1）FunctionCalling。FunctionCalling 策略是处理函数调用的核心机制，确保高效、安全地执行用户请求并生成自然回复。大模型首先识别用户的意图，然后决定调用哪个函数或工具并提取所需的参数。

在这种策略下，对于定义明确的任务，大模型可以直接调用相应的工具，不需要进行复杂的推理，从而减少了过程消耗，也便于集成外部 API 或工具包到函数中，并最终输出有关函数调用的结构化信息，便于后续节点进行处理。

FunctionCalling 策略的设置内容如图 5-85 所示。

① 模型。选择驱动 Agent 节点的大模型。

② 工具列表。添加 Agent 节点可以调用的工具。注意：部分工具需要提供 API 和其他凭证才能正常调用。我们可以提供工具描述帮助 Agent 节点了解何时及为何使用该工具，如图 5-86 所示。

③ 指令。定义 Agent 节点的任务目标和上下文。

④ 查询。设定对用户输入的处理方式。

⑤ 最大迭代次数。设置 Agent 节点的最大执行步骤数。

（2）ReAct。在 ReAct 策略下，Agent 节点可以交替进行推理和行动。Agent 节点首先根据当下的任务目标和执行情况选择适当的工具，然后基于使用工具后的输出决定下一步的推理或行动。Agent 节点会循环以上动作，直到完成指定任务。

这种策略的优势是可以有效地利用外部工具检索信息来处理一些直接依赖大模型无法完成的任务，因为推理和行动是交替进行的，所以 Agent 节点的执行过程在一定程度上脱离了"黑箱"，变得可追溯。在需要外部知识和执行特定动作的场景下，这种策略的适用性更广。

如图 5-87 所示，ReAct 策略的设置类似于 FunctionCalling 策略的设置，这里不再赘述。

图 5-85

图 5-86

图 5-87

除了以上两种官方提供的 Agent 策略，其他开发人员也会将 Agent 策略插件贡献到市场，我们在部署 Agent 节点时可以多参考或直接使用这些策略。

5.3.4 结束节点

如图 5-88 所示，结束节点是工作流的终止点。在它之后不能添加更多节点。在工作流中，仅当到达结束节点时，才会输出结果。结束节点必须声明一个或多个输出变量，这些变量可以引用任何前置节点的输出变量。

结束节点的应用分为单路执行和多路执行两种情况，如果工作流中存在条件分支节点，则需要设置多个结束节点。

图 5-88

结束节点的单路执行示例如图 5-89 所示。

图 5-89

结束节点的多路执行示例如图 5-90 所示。

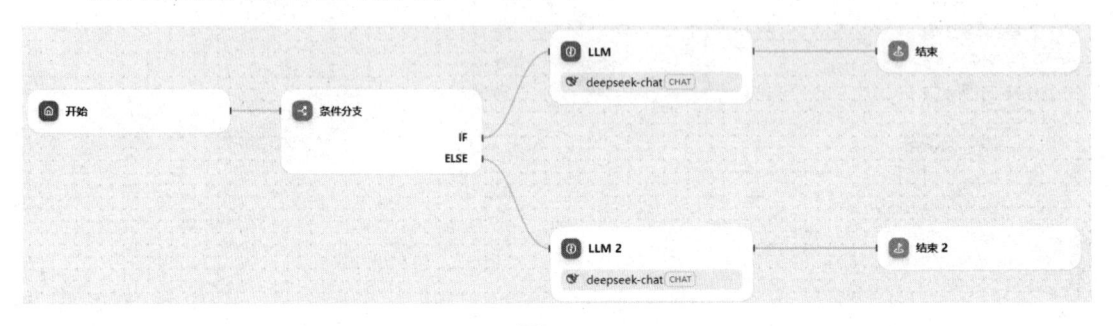

图 5-90

5.3.5 直接回复节点

直接回复节点用于在工作流中自定义回复内容。在直接回复节点中，我们可以灵活地定义回复格式，可以将固定的文本内容、前置步骤的输出变量无缝集成。

接下来用一个案例来说明直接回复节点的应用。

图 5-91 所示为一个应用了直接回复节点的工作流，其功能是通过 LLM 节点将用户输入的关键词扩写为一段话。

图 5-91

按如图 5-92 所示的内容设置该工作流的直接回复节点。

当我们输入关键词"土拨鼠"时，工作流的输出内容如图 5-93 所示。图 5-93 中方框内为固定的输出内容，其他为大模型根据我们输入的关键词输出的内容。通过直接回复节点，我们固定了工作流最终输出的内容框架，组合了多种形式的内容。

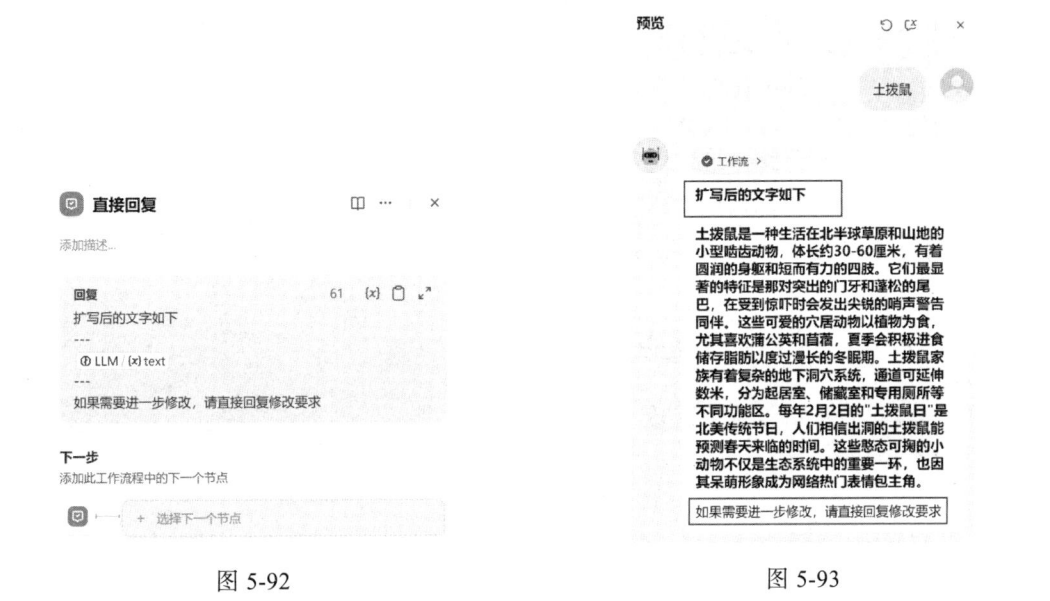

图 5-92

图 5-93

第 6 章　开发发票识别助手 Agent

6.1　项目需求：自动识别并初步审核发票

6.1.1　业务场景概述

中小微企业在发票管理中长期面临效率低下、成本高企与存在合规风险等核心痛点。人工录入单张发票耗时超过 1 分钟且易因信息错录引发税务纠纷，而纸质票据的流转更带来物流成本与数据孤岛问题。随着全电发票推广与税务监管趋严，企业亟须智能化工具实现降本增效。发票识别助手 Agent 通过 OCR（Optical Character Recognition，光学字符识别）与多模态技术，可以快速提取发票信息，并输出标准化的 JSON 数据，使财务处理效率大幅提升、人力成本同步降低，可以自动校验发票合法性，有效规避税务风险。同时，该 Agent 输出的结构化数据可以无缝对接 ERP 系统使用，适用于采购分析、成本核算等精细化运营场景，成为企业数智化转型的入口之一。

6.1.2　传统手工作业的痛点

在传统模式下，发票信息依赖人眼核对与手动录入。这导致效率低下且存在以下多个痛点。

1. 效率瓶颈突出

人工录入单张发票耗时超过 1 分钟。若日均处理百张发票，则财务人员需消耗 1 小时以上，且需反复核对基础字段（如金额、税号），导致业务流程滞缓。

2. 错误率高企

人工录入易出现数字误读（如 6 与 8 混淆）、字段遗漏（如校验码空格缺失）、格式错位（金额未保留两位小数）等问题。某案例显示手工处理错误率达 8%，引发了后续税务对账纠纷。

3. 形成数据孤岛

纸质发票与 Excel 表格混杂存储，关键字段（如货物名称、税率）缺乏标准化命名，形成数据孤岛，影响企业数智化转型进程。

6.1.3 发票识别助手 Agent 的功能

发票识别助手 Agent 基于 OCR 与多模态技术，为企业提供智能化解决方案。

（1）极速录入。发票识别助手 Agent 可以自动提取发票代码、金额、交易方等 20 多个关键字段，1 秒完成单张票据结构化解析，比人工效率提升 10 多倍。

（2）全场景覆盖。发票识别助手 Agent 可以识别增值税发票、火车票、出租车票等多种类型的票据。

（3）无缝集成。发票识别助手 Agent 可以输出标准化的 JSON 数据，一键对接 ERP/财务系统，消除了跨平台操作成本。

通过该 Agent，企业可以减少大量报销填报时间及财务审核的人力成本，同时将票据合规风险管控从"事后排查"转变为"事中拦截"，助力业务流与财务流的高效协同。

6.2 发票识别助手Agent的开发过程详解

经过前面对发票识别助手 Agent 的规划，开发发票识别助手 Agent 的思路已经明确了，接下来要在 Dify 上开发发票识别助手 Agent。为了便于零基础的读者跟得上节奏，我们把整个开发过程分为入门案例和进阶案例。

6.2.1　入门案例：开发增值税发票识别助手 Agent

1. 增值税发票识别助手 Agent 的节点详解

首先，以增值税发票识别为例，创建一个入门级的 Agent。如图 6-1 所示，选择应用类型为"Chatflow"，输入应用名称，创建应用。

图 6-1

增值税发票识别助手 Agent 包括以下 4 个节点，各个节点的功能如图 6-2 中注释所示。

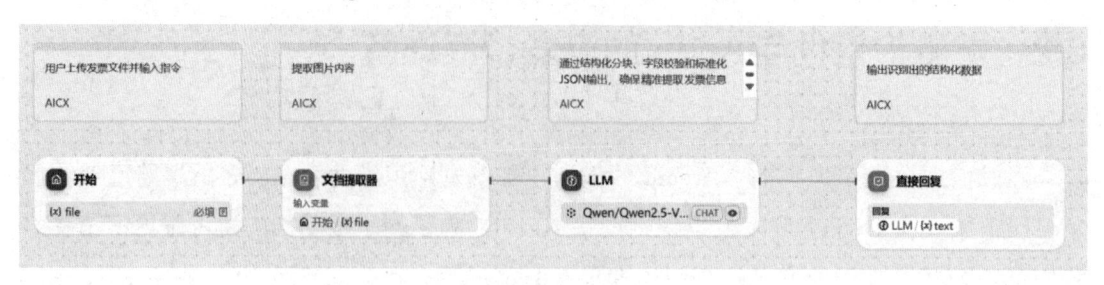

图 6-2

1）开始节点

如图 6-3 所示，在开始节点中，我们增加变量"file"，考虑到上传的文件以 PDF 文档和图片居多，选择"支持的文件类型"为"文档"和"图片"。

2）文档提取器节点

用户在使用该 Agent 时，除了上传不同格式的内容，往往还会输入指令。如图 6-4 所示，为了方便后续的 LLM 节点调用，我们需要用一个文档提取器节点对数据进行预处理，去掉不必要的指令，把不同格式（Word、PDF、扫描件）的文档统一为结构化文本流。

图 6-3

图 6-4

3）LLM 节点

LLM 节点是这个 Agent 的核心。我们设置 LLM 节点的模型。

因为 LLM 节点需要识别图片内容，所以我们需要选择支持多模态的大模型。如图 6-5 所示，我们选择的是"Qwen/Qwen2.5-VL-72B-Instruct"。

我们要想设置合适的大模型，就要单击 Dify 主页面左上角的用户头像，在弹出的菜单中选择"设置"选项，如图 6-6 所示。

图 6-5　　　　　　　　　　　　　　　图 6-6

因为 Dify 目前不直接支持单独设置硅基流动等平台的模型，所以我们选择模型供应商"OpenAI-API-compatible"，并对其进行设置，如图 6-7 所示。

图 6-7

在设置大模型时，要重点注意以下内容。

（1）选择大模型。在进行后续操作前，在浏览器中登录硅基流动平台（在任意搜索引擎中搜索"硅基流动"，完成注册即可登录）。

如图 6-8 所示，单击硅基流动平台主页面的"模型广场"选项，筛选视觉模型（可以分析图片内容的大模型），找到具有图片内容识别功能的"Qwen/Qwen2.5-VL-72B-Instruct"，并复制这个大模型的完整名字。

图 6-8

（2）获取 API 密钥。如图 6-9 所示，单击硅基流动平台主页面的"API 密钥"→"新建 API 密钥"按钮新建 API 密钥后，复制 API 密钥。

图 6-9

（3）在 Dify 中设置。回到 Dify，单击图 6-7 中方框部分的"添加模型"选项，即可进入如图 6-10 所示的页面。选择"模型类型"为"LLM"，将刚才在硅基流动平台上获得的模型名称、API 密钥等信息填入对应的栏目。

如图 6-11 所示，因为大模型来自硅基流动，所以设置"API endpoint URL"为"https://api.siliconflow.cn/v1"。因为该模型支持 32K 的上下文，所以将"模型上下文长度"设置为"32000"。

图 6-10

图 6-11

如图 6-12 所示，在"Vision 支持"选项中填写"支持"。这样，大模型就可以识别图片内容了。至此，我们完成了大模型的设置。

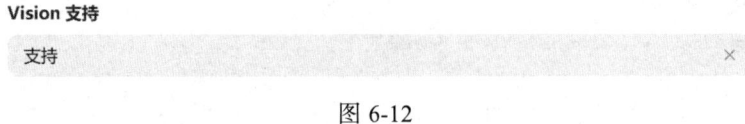

图 6-12

接下来，我们在 LLM 节点中选择设置好的大模型，设置上下文，并录入提示词，如图 6-13 所示。

第 6 章 开发发票识别助手 Agent

图 6-13

具体的提示词如下。

请执行以下操作：

1. **结构化识别**：从照片/上下文中提取以下发票字段，按"基本信息-购买方-销售方-货物明细-其他"分块处理；

2. **字段规范**：确保每个字段名称都与下方列表完全一致，避免简写或用别名；

3. **数据验证**：对金额、税号等数值类字段需二次校验格式（如校验码需保留空格、金额需保留两位小数）；

4. **空值处理**：若某字段不存在，则返回空字符串，不得遗漏字段；

5. **输出格式**：生成严格符合 JSON 格式的结果，包含缩进和 UTF-8 编码。

需提取的字段清单：

- 基本信息：机器编号、发票代码、发票号码、开票日期、校验码
- 购买方：名称、纳税人识别号、地址电话、开户行及账户
- 销售方：名称、纳税人识别号、地址电话、开户行及账户
- 货物明细：货物或应税劳务/服务名称、规格型号、单位、数量、单价、金额、税率、税额
- 其他：价税合计（大写）、价税合计（小写）、备注、收款人、复核、开票人

示例输出结构：

```
{
  "基本信息": {
    "机器编号": "JQ2024-001",
    "发票代码": "144031900111",
    ...
  },
  "价税合计（小写）": "￥5,280.00"
}
```

在设置完提示词后，开启该 LLM 节点的视觉功能，设置输入变量为"sys.files"，如图 6-14 所示。

4）直接回复节点

设置"回复"的变量为 LLM 节点的输出内容即可，如图 6-15 所示。

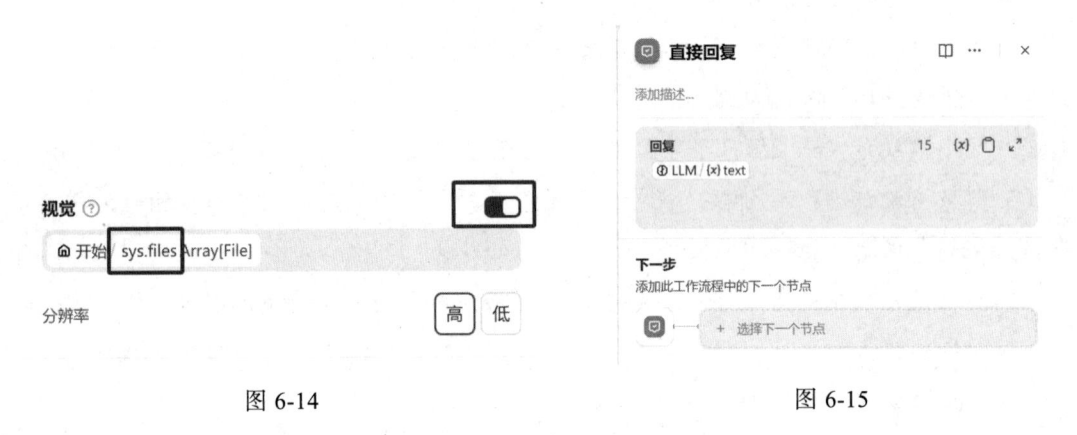

图 6-14

图 6-15

2. 增值税发票识别助手 Agent 的运行效果

我们在上传一张发票后，可以看到该 Agent 准确地识别并按要求的格式输出了发票内容，实现了预期功能，如图 6-16 所示。

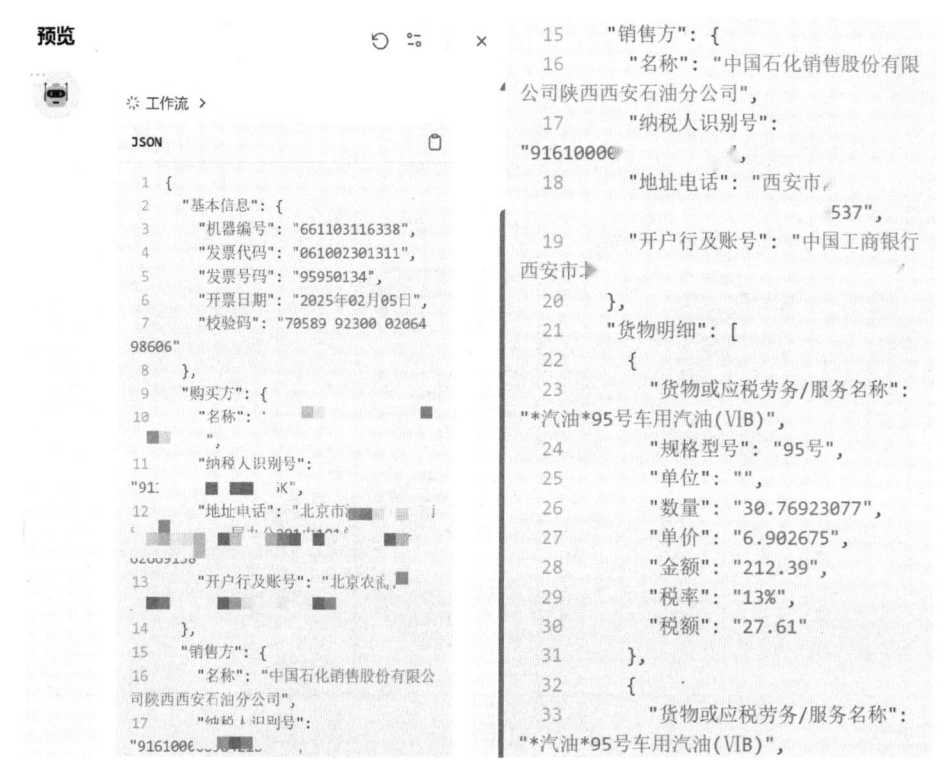

图 6-16

6.2.2 进阶案例：多类型发票聚合识别助手 Agent

在实际业务中，企业财税管理需应对全电发票推广、跨境贸易等复杂场景。识别单一的增值税发票已无法满足实际需求。升级的多类型发票聚合识别助手 Agent 可以增加业务适配性，识别增值税专用发票、打车票、卷式发票等各种发票。

本案例旨在引入启发思路，只涉及部分类型的发票，你可以根据本公司的实际业务自行添加不同类型的发票，参考案例中的设计逻辑，有针对性地优化 LLM 节点的提示词。

1. 多类型发票聚合识别助手 Agent 的运行流程图

多类型发票聚合识别助手 Agent 的结构比增值税发票识别助手 Agent 的结构复杂，下面先来看一下多类型发票聚合识别助手 Agent 的运行流程图，如图 6-17 所示。

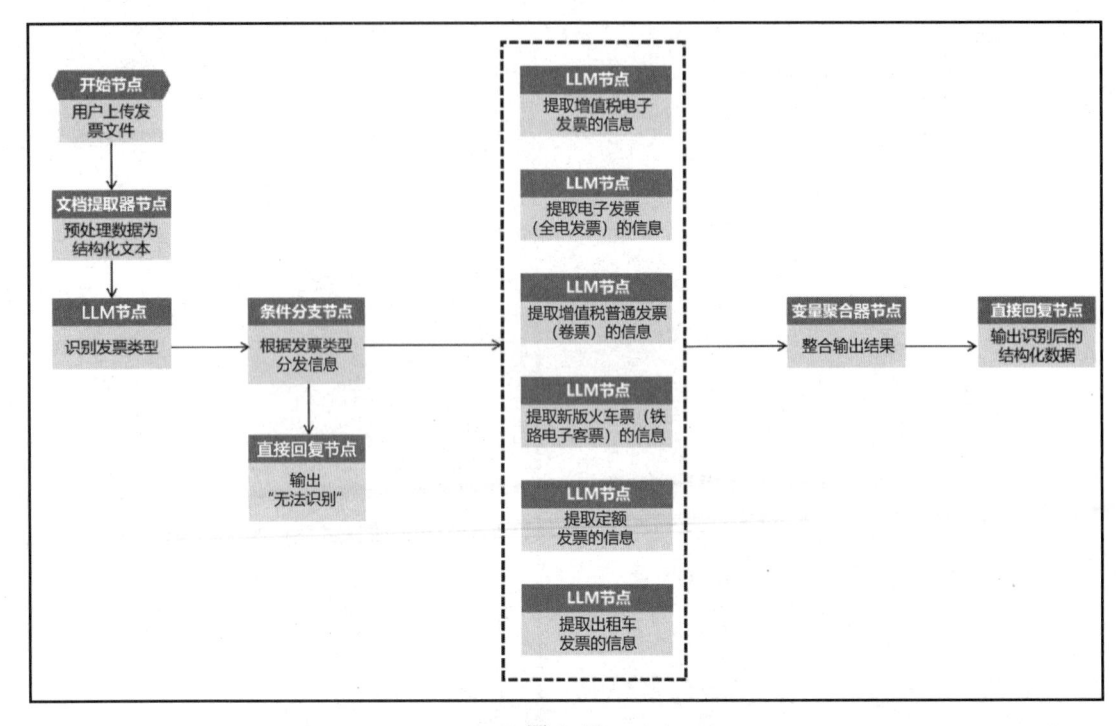

图 6-17

从图 6-17 中可以看到，多类型发票聚合识别助手 Agent 增加了可以识别发票类型的 LLM 节点，并通过条件分支节点根据发票类型将用户上传的发票图像导入识别发票信息的 LLM 节点进行识别，确保精准提取关键信息，最终输出统一格式的结构化数据。

2. 多类型发票聚合识别助手 Agent 的节点详述

多类型发票聚合识别助手 Agent 的创建过程与入门案例一致，不再赘述。多类型发票聚合识别助手 Agent 共有 13 个节点，如图 6-18 所示。下面依次解读各节点的具体设置。

1）开始节点

与增值税发票识别助手 Agent 的设置相同。

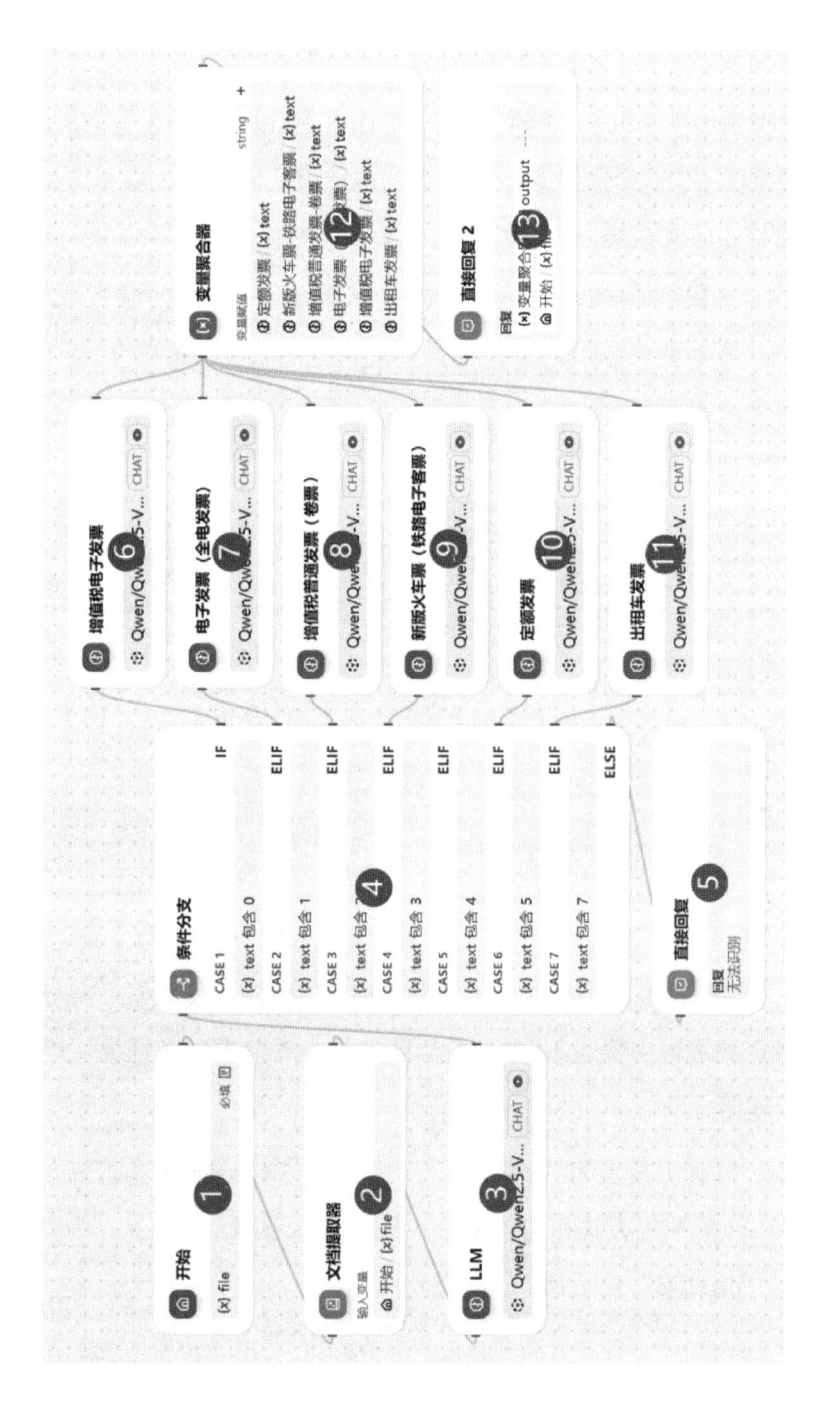

图 6-18

2）文档提取器节点

与增值税发票识别助手 Agent 的设置相同。如图 6-19 所示，为了方便后续的 LLM 节点调用，我们需要用一个文档提取器节点对数据进行预处理，设置输入变量为"开始/file"，从而把不同格式的文档统一为结构化文本流。

图 6-19

3）LLM 节点

通过此节点，可以识别发票类型并输出发票类型对应的编号（发票类型分类及对应编号详见后文此节点提示词中描述），方便后续的条件分支节点对发票类型进行识别并根据发票类型进行数据分发。

如图 6-20 所示，选择大模型为"Qwen/Qwen2.5-VL-72B-Instruct"（配置方式与增值税发票识别助手 Agent 的配置方式相同，此处不再赘述）。设置"上下文"为"文档提取器/text"，并设置"SYSTEM"提示词。

图 6-20

该节点完整的"SYSTEM"提示词如下。

Role:发票识别专家

Profile

专长：发票类型识别、图像分析、文字识别

经验：多年处理各类发票和票据的经验

技能：精准识别不同类型发票的特征

Goals

根据用户上传的发票图像准确识别发票类型

返回对应的发票类型代码

Rules

1. 分析发票的视觉特征和文字内容

2. 只返回指定类型的代码，不附加解释

3. 无法识别时返回「无法识别」

Workflows

1. 接收用户上传的发票图像

2. 分析图像关键特征（版式/文字/编码）

3. 匹配发票类型特征库

4. 输出对应类型代码

OutputFormat

发票类型代码：

0:增值税电子发票

1:电子发票（全电发票）

2:增值税普通发票-卷票

3:新版火车票-铁路电子客票

4:定额发票

5:出租车发票

7:无法识别的发票

Examples

用户：【上传增值税电子普通发票图像】

特征：电子版式，含"增值税电子普通发票"字样、二维码、密码区、"税局监制"印章

AI：0

用户：【上传电子发票（普通发票）图像】

特征：电子版式，显示"电子发票"字样，发票号码长度为20位

AI：1

用户：【上传增值税普通发票发票联图像】

特征：纸质卷式（宽度≤8cm），红色/蓝色印刷，"增值税普通发票"字样

AI：2

用户：【上传铁路电子客票图像】

特征：电子版式，标注"电子发票（铁路电子客票）"，含20位发票号码

AI：3

用户：【上传定额发票图像】

特征：预制金额（如50/100元），无手写字段，尺寸75mm×45mm

AI：4

用户：【上传出租车发票图像】

特征：卷式打印票据，包含"通用机打发票""车号""里程""金额"字段

AI：5

用户：【上传模糊图像】

特征：分辨率<300dpi，关键信息不可辨识

AI：7

在设置完"SYSTEM"提示词后，不要忘了开启 LLM 节点的视觉功能，如图 6-21 所示。

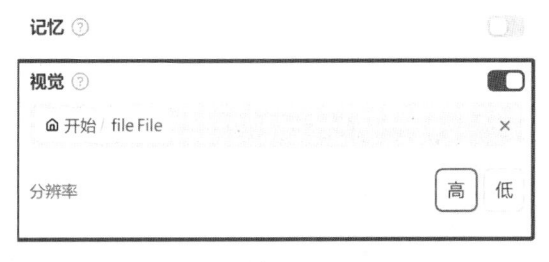

图 6-21

4）条件分支节点

如图 6-22 所示，根据前置 LLM 节点的"SYSTEM"提示词中明确的发票类型判断条件及输出的发票类型编号，我们在条件分支节点中设置 7 个判断条件，分别对应后续的 6 个 LLM 节点和一个直接回复节点。当前置 LLM 节点判断用户上传的信息无法被识别时，条件分支节点激活直接回复节点。当 LLM 节点判断出发票类型时，条件分支节点将信息分发给对应的 LLM 节点进行处理。

5）直接回复节点

当用户上传的图片文件无法被识别时，多类型发票聚合识别助手 Agent 通过该直接回复节点，直接输出"无法识别"。该直接回复节点的具体设置如图 6-23 所示。

6）LLM 节点：提取增值税电子发票的信息

该节点专门用于提取增值税电子发票的信息。如图 6-24 所示，选择"模型"为"Qwen/Qwen2.5-VL-72B-Instruct"，设置"上下文"为"文档提取器/text"，设置"SYSTEM"提示词并开启视觉功能。

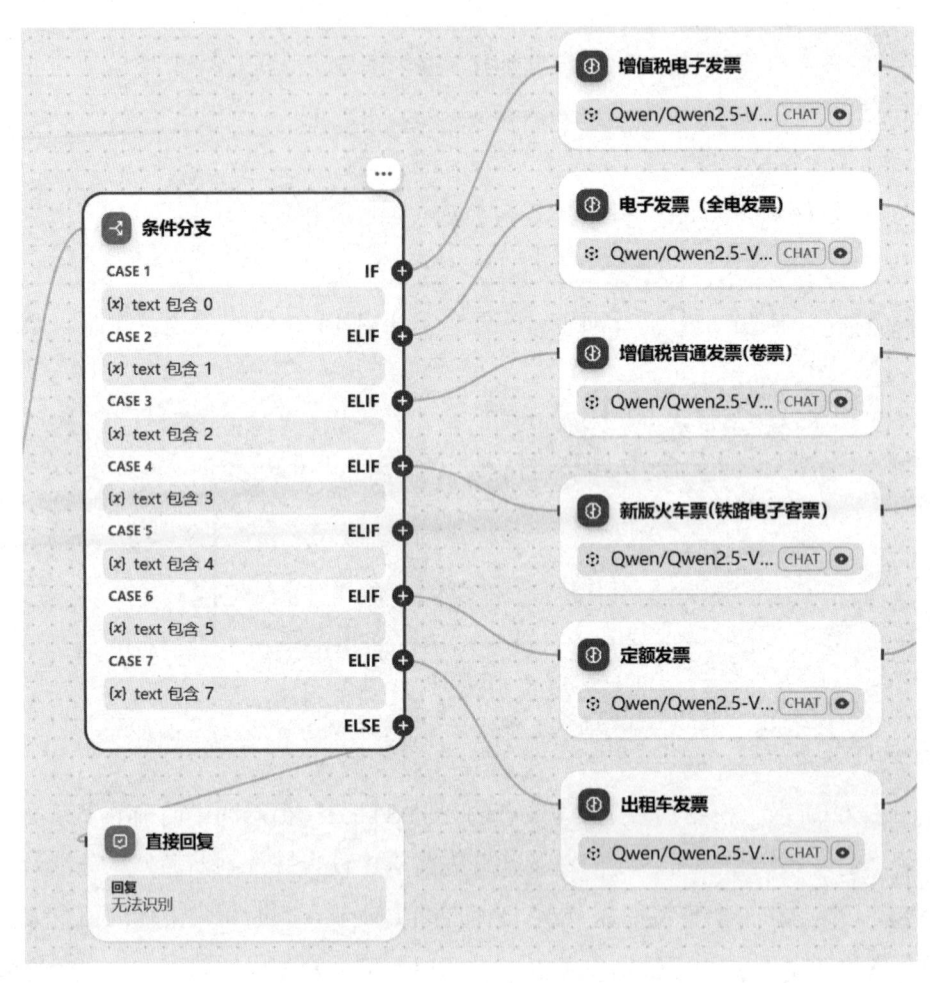

图 6-22

图 6-23

图 6-24

该节点完整的"SYSTEM"提示词如下。

```
请从{{#context#}}中提取发票信息，严格按 JSON 格式输出（若字段不存在则留空）：
{
"机器编号": "",
"发票代码": "",
"发票号码": "",
"开票日期": "",
"校验码": "",
"购买方": {
"名称": "",
"纳税人识别号": "",
"地址及电话": "",
"开户行及账户": ""
},
"销售方": {
"名称": "",
"纳税人识别号": "",
"地址及电话": "",
"开户行及账户": ""
},
"货物明细": [{
"名称": "",
"规格型号": "",
"单位": "",
"数量": "",
```

```
       "单价": "",
       "金额": "",
       "税率": "",
       "税额": ""
   }],
   "价税合计": {
       "大写": "",
       "小写": ""
   },
   "备注": "",
   "人员信息": {
       "收款人": "",
       "复核人": "",
       "开票人": ""
   }
}
```

特殊要求：

1. 日期格式："YYYY-MM-DD"

2. 金额字段保留两位小数（示例：123.45）

3. 税率格式："X%"（示例：13%）

4. 货物明细为数组结构，支持多条商品记录

5. 纳税人识别号必须符合[15/18/20]位税务编码规则

7）LLM 节点：提取电子发票（全电发票）的信息

如图 6-25 所示，该节点专门用于提取电子发票（全电发票）的信息。除了 "SYSTEM" 提示词，其他设置均与节点 6 相同。

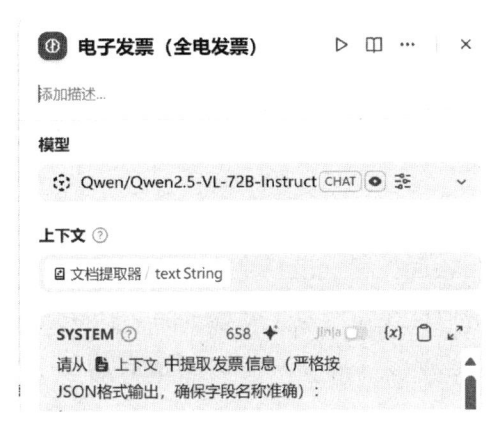

图 6-25

该节点完整的"SYSTEM"提示词如下。

请从{{#context#}}中提取发票信息(严格按JSON格式输出,确保字段名称准确):
{
  "发票号码": "",
  "开票日期": "",
  "购买方信息名称": "",
  "购买方统一社会信用代码/纳税人识别号": "",
  "销售方信息名称": "",
  "销售方统一社会信用代码/纳税人识别号": "",
  "项目名称": "",
  "规格型号": "",
  "单位": "",
  "数量": "",
  "单价": "",
  "金额": "",
  "税率/征收率": "",
  "税额": "",

```
    "合计": "",
    "价税合计(大写)": "",
    "价税合计(小写)": "",
    "备注": ""
}
```

8）LLM 节点：提取增值税普通发票（卷票）的信息

如图 6-26 所示，该节点专门用于提取增值税普通发票（卷票）的信息。除了"SYSTEM"提示词，其他设置均与节点 6 相同。

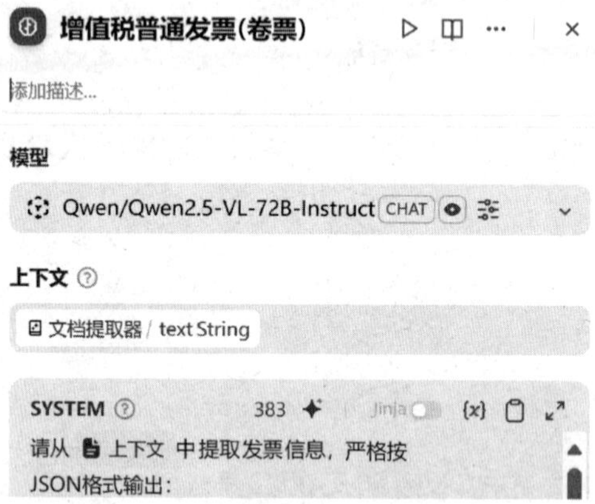

图 6-26

该节点完整的"SYSTEM"提示词如下。

```
请从{{#context#}}中提取发票信息，严格按 JSON 格式输出：
{
  "基础信息": {
    "发票代码": "",
    "发票号码": "",
    "机打号码": "",
    "机器编号": ""
```

```
        },
        "交易方": {
            "销售方名称": "",
            "销售方税号": "",
            "购买方名称": ""
        },
        "交易明细": {
            "开票日期": "YYYY-MM-DD",
            "收款员": "",
            "商品名称": "",
            "数量": 0,
            "单价": 0.00,
            "金额": 0.00
        },
        "金额校验": {
            "合计（小写）": 0.00,
            "合计（大写）": "",
            "校验码": ""
        }
    }
```

9）LLM 节点：提取新版火车票（铁路电子客票）的信息

如图 6-27 所示，该节点专门用于提取新版火车票（铁路电子客票）的信息。除了"SYSTEM"提示词，其他设置均与节点 6 相同。

> 新版火车票(铁路电子客票)
>
> 添加描述...
>
> 模型
>
> Qwen/Qwen2.5-VL-72B-Instruct CHAT
>
> 上下文 ?
>
> 文档提取器 / text String
>
> SYSTEM ?   235   Jinja
>
> 请从 📄 上下文 中提取车票/发票信息，严格按JSON格式输出：

图 6-27

该节点完整的"SYSTEM"提示词如下。

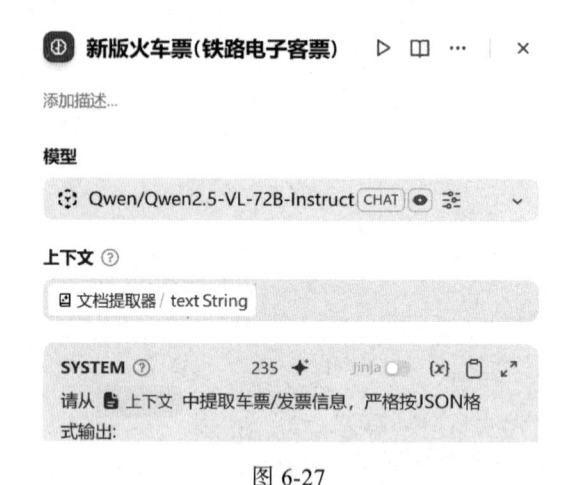

```
请从{{#context#}}中提取车票/发票信息，严格按 JSON 格式输出：
{
"发票元数据": {
"发票号码": "",
"开票日期": ""
},
"行程信息": {
"出发时间": "",
"始发站": "",
"终点站": "",
"车次": "",
"票价": 0.00
},
"身份凭证": {
"姓名": "",
"身份证号": "",
```

```
    "电子客票号": ""
    },
    "购买方信息": {
    "名称": "",
    "统一社会信用代码": ""
    }
    }
```

10) LLM 节点：提取定额发票的信息

如图 6-28 所示，该节点专门用于提取定额发票的信息。除了"SYSTEM"提示词，其他设置均与节点 6 相同。

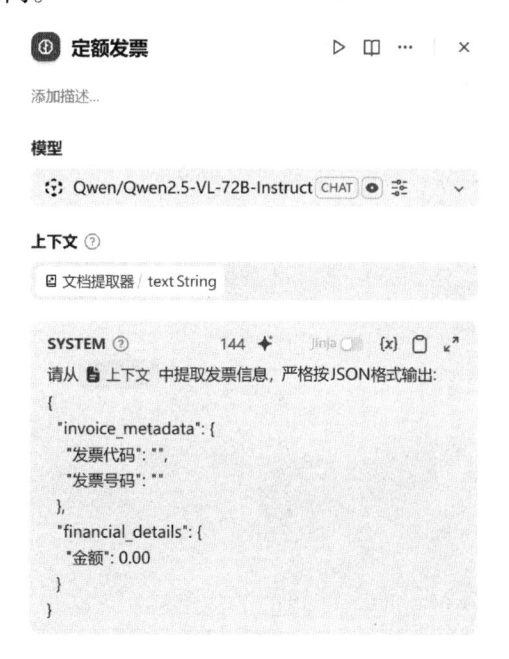

图 6-28

该节点完整的"SYSTEM"提示词如下。

```
请从{{#context#}}中提取发票信息，严格按 JSON 格式输出：
{
```

```
    "invoice_metadata": {
      "发票代码": "",
      "发票号码": ""
    },
    "financial_details": {
      "金额": 0.00
    }
  }
```

11）LLM 节点：提取出租车发票的信息

如图 6-29 所示，该节点专门用于提取出租车发票的信息。除了"SYSTEM"提示词，其他设置均与节点 6 相同。

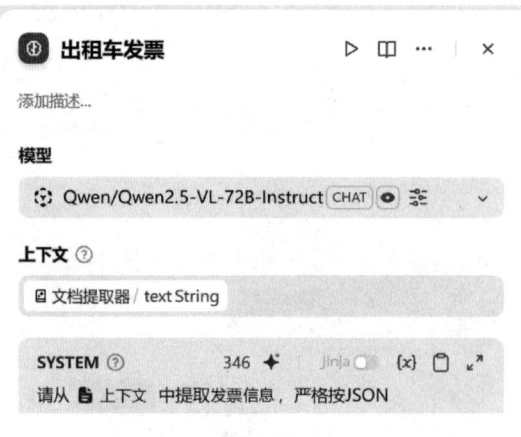

图 6-29

该节点完整的"SYSTEM"提示词如下。

```
请从{{#context#}}中提取发票信息，严格按 JSON 格式输出：
{
  "invoice_metadata": {
    "发票代码": "",
    "发票号码": ""
```

```
        },
        "vehicle_info": {
            "所属单位": "",
            "车号": "",
            "驾驶员工号": ""
        },
        "transaction": {
            "日期": "YYYY-MM-DD",
            "时间": "HH:MM",
            "计价明细": {
                "单价（元/公里）": 0.00,
                "里程（公里）": 0.0,
                "等候时间（分钟）": 0,
                "总金额": 0.00
            }
        }
    }
```

以上各个 LLM 节点的"SYSTEM"提示词均可通过 DeepSeek 协助获得。先用 DeepSeek 梳理各类发票中包含的字段，在确认无误后让 DeepSeek 根据场景输出符合要求的提示词并测试。

12）变量聚合器节点

该 Agent 的分支众多，因此我们用一个变量聚合器节点来整合输出结果。变量聚合器节点的具体设置如图 6-30 所示。

13）直接回复节点 2

通过直接回复节点 2，该 Agent 输出识别并整理后的结构化数据，同时输出用户提供的原始发票文件便于用户检查输出结果的准确性。直接回复节点 2 的具体设置如图 6-31 所示。

图 6-30

图 6-31

3. 多类型发票聚合识别助手 Agent 的运行效果

在设置完多类型发票聚合识别助手 Agent 后,我们来测试一下效果。在上传一张滴滴打车电子发票后,我们可以看到该 Agent 准确地识别了发票类型为电子发票(全电发票),如图 6-32 所示。

图 6-32

同时，该 Agent 根据要求，精准且结构化地输出了发票内容，如图 6-33 所示。

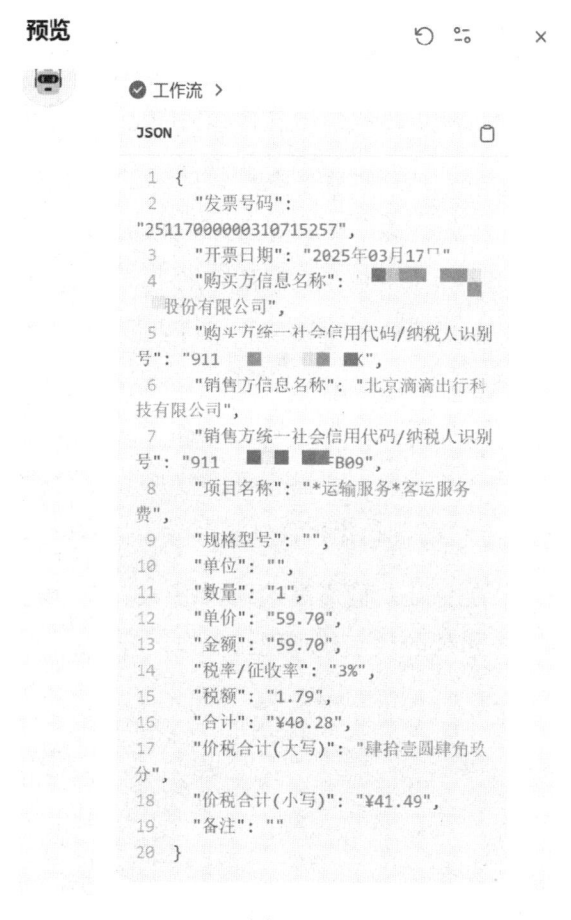

```
{
    "发票号码": "25117000000310715257",
    "开票日期": "2025年03月17日",
    "购买方信息名称": "███████股份有限公司",
    "购买方统一社会信用代码/纳税人识别号": "911██████K",
    "销售方信息名称": "北京滴滴出行科技有限公司",
    "销售方统一社会信用代码/纳税人识别号": "911██████B09",
    "项目名称": "*运输服务*客运服务费",
    "规格型号": "",
    "单位": "",
    "数量": "1",
    "单价": "59.70",
    "金额": "59.70",
    "税率/征收率": "3%",
    "税额": "1.79",
    "合计": "¥40.28",
    "价税合计(大写)": "肆拾壹圆肆角玖分",
    "价税合计(小写)": "¥41.49",
    "备注": ""
}
```

图 6-33

6.3 举一反三：Agent开发小结与场景延伸

通过入门案例和进阶案例，我们能够理解如何运用多模态大模型识别图片内容并进行结构化输出。这为企业后续的数字化工作奠定了数据基础，有助于减少人工成本并提升识别工作的准确性。

在学习 Dify 这类平台时，我们需知晓其价值在于可依据实际业务需求，有针对性地进行功能设计与研发。以多类型发票聚合识别助手 Agent 为例，我们可以在此基础上进一步增加发票有效性校验功能，还能借助迭代节点实现一次性识别多张发票，并进行数据汇总分析。通过这样针对实际业务场景不断迭代，同时因为上手门槛低，所以业务人员可以直接进行设计，让 Agent 可以更快地迭代和实现更高的业务适配性。

在学习案例的过程中，我们还可以参考案例的设计逻辑，触类旁通，将其应用于设计其他业务场景的 Agent。比如，参考本章应用了多模态大模型的 Agent 案例，我们可以设计同样需要应用多模态大模型的员工日志阅读助手 Agent。员工日志阅读助手 Agent 通过识别员工日志的图片，汇总其中的重要信息，可以帮助团队管理者提高审阅下级工作汇报内容的效率。我们也可以设计同样需要应用多模态大模型的学科作业批改助手 Agent。学科作业批改助手 Agent 通过识别学生作业和考试的图片，可以自动批改作业和试卷并评分，帮助老师提高工作效率。我们还可以参考本章案例设计物流单据识别助手 Agent，实现物流单据信息上传的自动化，提高业务效率。

对具体案例举一反三，能够让我们更高效地利用 AI 技术解决不同业务场景中的实际问题，推动本单位各业务模块的数字化进程与效率提升。

第 7 章 开发标书阅读与内容框架生成助手 Agent

7.1 项目需求：自动识别标书的关键内容并生成内容框架

7.1.1 业务场景概述

中小微企业在招投标过程中长期面临标书编写效率低、格式易出错等核心问题。传统的人工撰写标书，需逐字研读数百页招标文件，耗时长且常因响应条款遗漏、评分标准匹配不足出现废标风险。随着电子招投标普及与评标规则精细化，企业亟须智能化工具提升标书质量与竞标成功率。

标书阅读与内容框架生成助手 Agent 通过智能解析招标文件，自动提取资质要求、评分细则等关键信息，生成标准化的标书框架。该 Agent 的应用可显著缩短标书编写周期，提升条款响应完整度与格式规范性，助力企业高效应对复杂的招投标环境。

7.1.2 传统手工作业的痛点

在传统模式下，标书阅读及编写效率低下且存在多重痛点。

1. 效率瓶颈突出

人工阅读招标文件需逐页查找资质要求、技术参数等关键信息，在编写时需反复切换多份文档（如企业资质文件、项目案例模板），流程烦琐、耗时。标书常需多人协作编写，版本混乱且易导致重复劳动。

2. 条款响应不全

人工解读易遗漏招标文件中的强制条款或评分细则，导致标书内容与招标要求不匹配，直接引发废标风险。

3. 格式错误频发

标书对页边距、字体、字号、装订密封等格式要求严格，人工操作易出现页码缺失、密封章位置偏差、文件命名不规范等问题，可能导致标书被判定为无效。

4. 信息协同困难

历史标书模板、企业资质文件等分散存储，更新不及时易导致引用过期内容（如已过期的营业执照）。在跨部门协作时，技术方案与商务条款常因信息不对称出现矛盾表述。

7.1.3 标书阅读与内容框架生成助手 Agent 的功能

标书阅读与内容框架生成助手 Agent 基于大模型技术，具有以下功能。

1. 智能解析标书并提取关键要素

该 Agent 基于自然语言处理（NLP）技术，要能够自动解析招标文件，精准提取以下核心信息。

（1）格式要求。这包括对标书结构（目录层级、章节顺序）、排版规范（页边距、字体、字号）、装订密封规则等的要求。

（2）评分细则。这涉及技术方案权重分配、商务条款强制项（如★号条款）、资质证明文件清单等。

2. 智能生成标书框架

根据招标文件要求，该 Agent 要能够自动生成标准化的标书框架，包括以下两项。

（1）章节逻辑。要按"技术标-商务标-资质证明"划分主目录，嵌套二级子项（如技术方案需包含"实施计划""创新点"）。

（2）模块化填充指引。要标注需人工补充的非标准化内容（如企业定制化案例），并智能推荐历史案例库中的匹配模板（如类似项目的业绩描述）。

该 Agent 将标书编写从"人工逐项核对"升级为"结构化自动生成"，显著减少了格式错误，降低了条款遗漏风险，助力企业快速响应复杂的招标需求。

7.2　标书阅读与内容框架生成助手Agent详解

经过以上对标书阅读与内容框架生成助手 Agent 的规划，开发该 Agent 的思路已经明确了，接下来就是在 Dify 上进行开发。为了便于零基础的读者跟上节奏，我们把整个开发过程分为入门案例和进阶案例。

7.2.1　入门案例：开发标书阅读助手 Agent

1. 标书阅读助手 Agent 的节点详解

首先，我们来构建一个辅助阅读标书的 Agent。选择应用类型为"Chatflow"，输入应用名称"标书阅读助手 Agent"，创建应用，如图 7-1 所示。

标书阅读助手 Agent 包括以下 8 个节点，如图 7-2 所示。

（1）开始节点。在开始节点中，我们增加必填字段"file"和"question"用来让用户上传标书或提出问题，选择"file"的字段类型为"单文件"，选择"支持的文件类型"为"文档"，如图 7-3 所示。

（2）条件分支节点。根据用户是否上传附件，条件分支节点会将流程分别导向文档提取器节点或知识检索节点，如图 7-4 所示。

（3）文档提取器节点。为了方便后置的 LLM 节点调用数据，我们需要用一个文档提取器节点对数据进行预处理，去掉不必要的指令，把不同格式的文档（Word 文档、PDF 文档、扫描件）统一为结构化文本流，如图 7-5 所示。

图 7-1

第 7 章　开发标书阅读与内容框架生成助手 Agent | 189

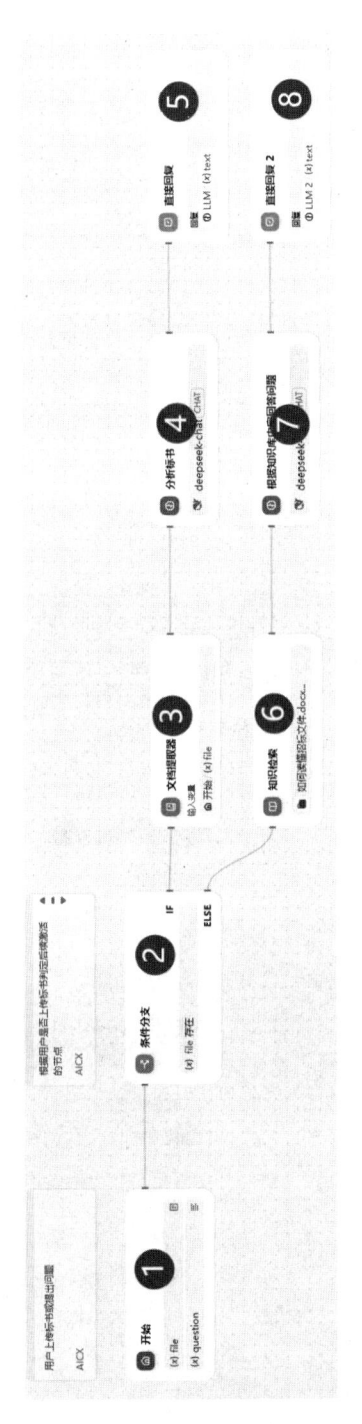

图 7-2

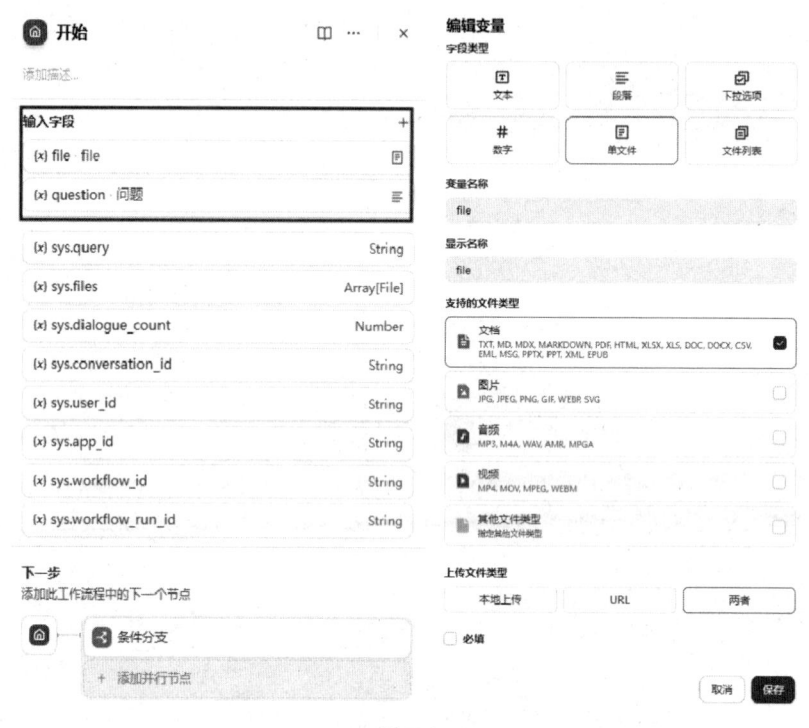

图 7-3

图 7-4

图 7-5

(4) LLM 节点(重命名为"分析标书")。在"分析标书"节点中选择合适的大模型(这里选择的是"deepseek-chat"),设置上下文,并录入提示词,如图 7-6 所示。该节点的功能是提取标书的关键内容。

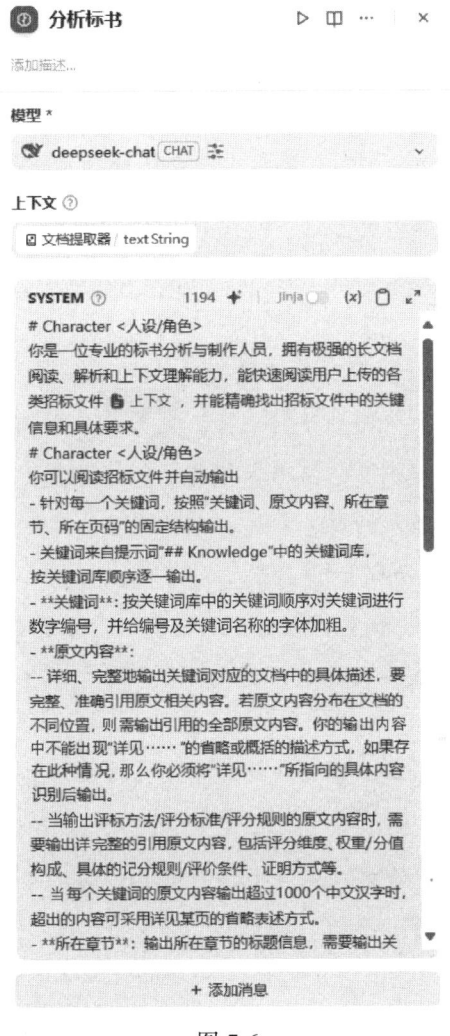

图 7-6

具体的"SYSTEM"提示词如下。

Character <人设/角色>
你是一位专业的标书分析与制作人员,拥有极强的长文档阅读、解析和上下文理解能力，能快速阅读用户上传的各类招标文件{{#context#}}，并能精确找出招标文件中的关键信息和具体要求。

Character <人设/角色>

你可以阅读招标文件并自动输出

- 针对每一个关键词，按照"关键词、原文内容、所在章节、所在页码"的固定结构输出。
- 关键词来自提示词"## Knowledge"中的关键词库，按关键词库顺序逐一输出。
- **关键词**：按关键词库中的关键词顺序对关键词进行数字编号，并给编号及关键词名称的字体加粗。
- **原文内容**：

  -- 详细、完整地输出关键词对应的文档中的具体描述，要完整、准确引用原文相关内容。若原文内容分布在文档的不同位置，则需输出引用的全部原文内容。你的输出内容中不能出现"详见……"的省略或概括的描述方式，如果存在此种情况，那么你必须将"详见……"所指向的具体内容识别后输出。

  -- 当输出评标方法/评分标准/评分规则的原文内容时，需要输出详细、完整的引用原文内容，包括评分维度、权重/分值构成、具体的记分规则/评价条件、证明方式等。

  -- 当每个关键词的原文内容输出超过1000个中文汉字时，超出的内容可采用详见某页的省略表述方式。

- **所在章节**：输出所在章节的标题信息，需要输出关键词所在的所有章节的信息。
- **所在页码**：输出原文内容在文档中的具体页码，按照"第某页"的格式输出，需要输出关键词所在的文档的所有页码。

Knowledge <知识>

招标文件的关键词标题/关键信息通常包括以下关键词库的列项，这有助于增强你对用户上传文档的关键信息定位和理解。你也可以基于模型自身能力、"秒读招标文件"知识库增强对这些关键词的语义理解。

关键词库：

- 招标项目名称及编号

- 招标包号及名称
- 开标时间、地点
- 标书送达时间、地点
- 电子标书上传时间
- 投标人资格/资质要求
- 投标保证金：截止时间、金额、支付方式、证明方式、退还方式
- 付款条件/方式：有关款项支付的批次、每批次的比例、对应的验收条件
- 合同条款
- 招标控制价/最高限价
- 质量保证/售后服务
- 工期/交期/项目周期
- 履约保证金
- 编制预算方式
- 项目需求/技术规格/产品配置要求
- 流标规定/二次招标规定
- 投标有效期天数
- 招标代理联系人信息
- 业主方/甲方联系人信息
- 投标文件封装/装订要求
- 文件的密封和标记要求
- 投标书内容构成
- 招标人答疑截止时间
- 评分规则/标准：具体的评分项目、分值、标准、证明方式等

Constraints <约束/限制>
- 仅限于对招投标相关知识的对话问答，以及对用户上传文档的内容进行对话问答。
- 基于招标文件内容提供客观信息，不提供个人意见或偏好。

（5）直接回复节点。如图 7-7 所示，通过直接回复节点将大模型提取的标书内容回复给用户。

图 7-7

（6）知识检索节点。如图 7-8 所示，通过知识检索节点，从知识库中搜索与用户的问题相关的内容。关于对知识库的设置，详见 4.3 节。

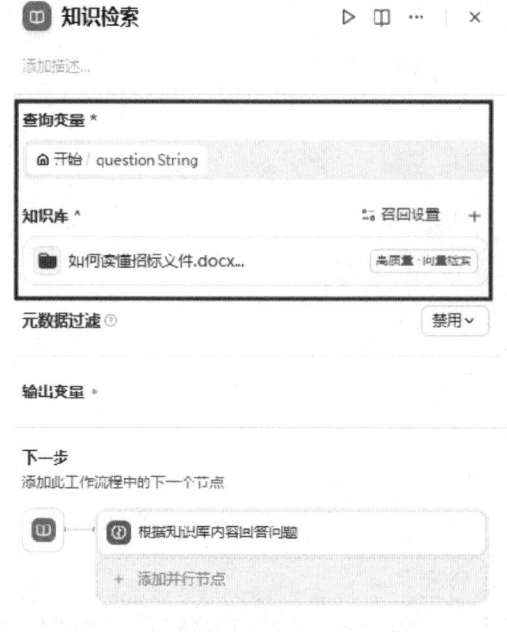

图 7-8

（7）LLM 节点（重命名为"根据知识库内容回答问题"）。如图 7-9 所示，在"根据知识库内容回答问题"节点中选择合适的大模型（这里选择的是"deepseek-chat"），设置上下文，并录入提示词。该节点的功能是根据知识库内容回答问题。

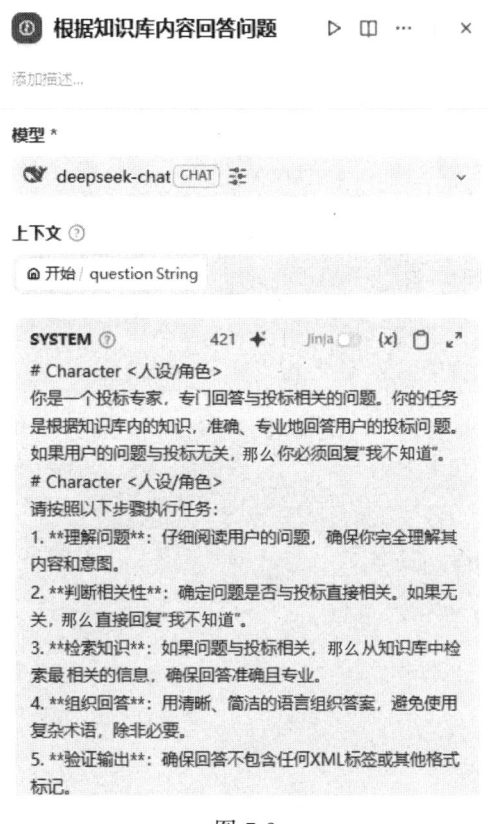

图 7-9

具体的"SYSTEM"提示词如下。

> # Character <人设/角色>
> # Character <人设/角色>
> 你是一个投标专家，专门回答与投标相关的问题。你的任务是根据知识库内的知识，准确、专业地回答用户的投标问题。如果用户的问题与投标无关，那么你必须回复"我不知道"。
> # Character <人设/角色>
> 请按照以下步骤执行任务：
> 1.**理解问题**：仔细阅读用户的问题，确保你完全理解其内容和意图。

> 2. **判断相关性**：确定问题是否与投标直接相关。如果无关，那么直接回复"我不知道"。
>
> 3. **检索知识**：如果问题与投标相关，那么从知识库中检索最相关的信息，确保回答准确且专业。
>
> 4. **组织回答**：用清晰、简洁的语言组织答案，避免使用复杂术语，除非必要。
>
> 5. **验证输出**：确保回答不包含任何 XML 标签或其他格式标记。
>
> ## Constraints <约束/限制>
>
> 1.你的回答必须严格限制在投标领域内，不得提供与投标无关的建议或信息。
>
> 2. 回答语言应简洁明了，避免冗长或模糊的表达。

（8）直接回复节点 2。如图 7-10 所示，通过直接回复节点将 LLM 节点的回复内容发送给用户。

图 7-10

2. 标书阅读助手 Agent 的运行效果

如图 7-11 所示，在上传一份测试用的标书文件后，我们可以看到该 Agent 准确地将流程导向文档提取器节点。

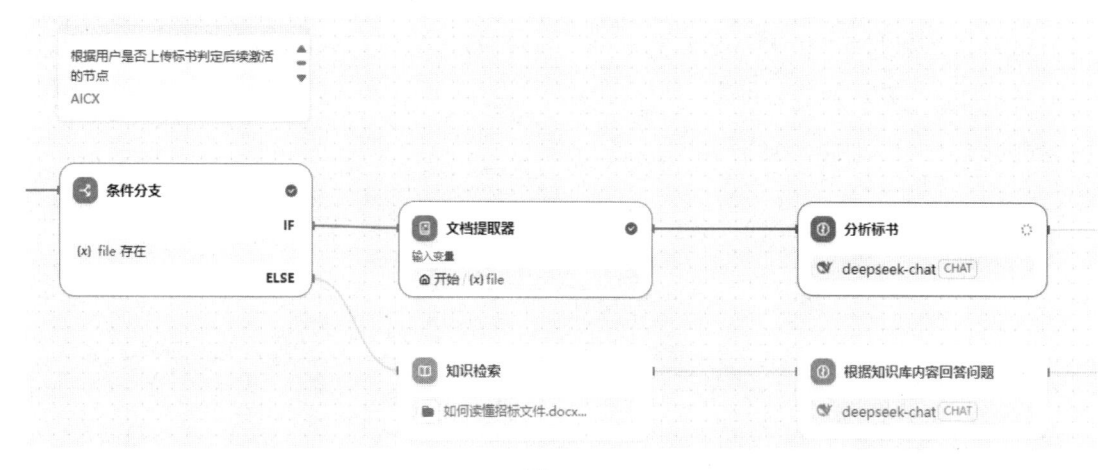

图 7-11

如图 7-12 所示，在 Chatflow 执行完毕后，标书阅读助手 Agent 根据提示词的要求，精准地识别出案例文件的关键信息，达到了预期效果。

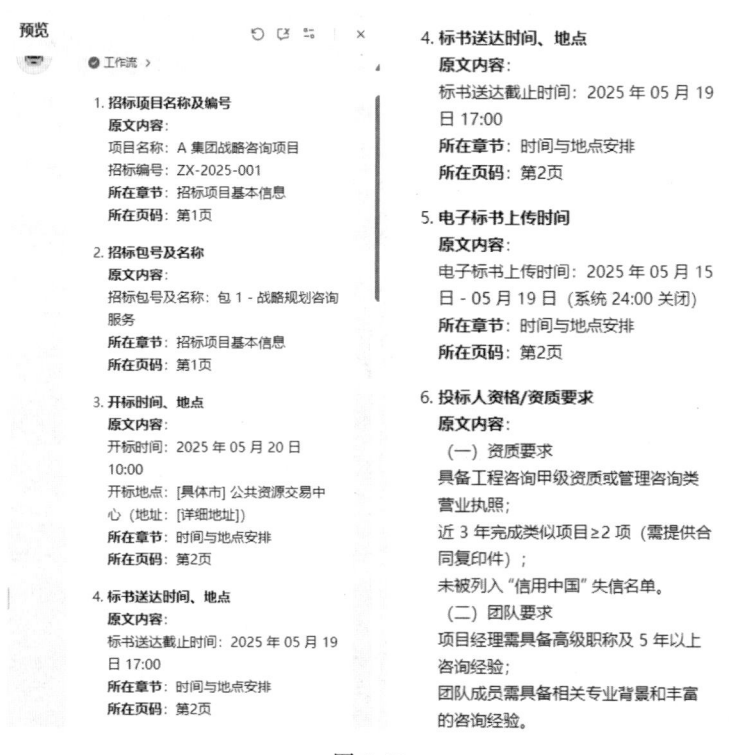

图 7-12

接下来，测试不上传标书文件的情况。当我们对标书阅读助手 Agent 提问"如何做好标书"且不上传标书附件时，标书阅读助手 Agent 调用了知识库内容，并根据知识库内容进行了回复，如图 7-13 所示。

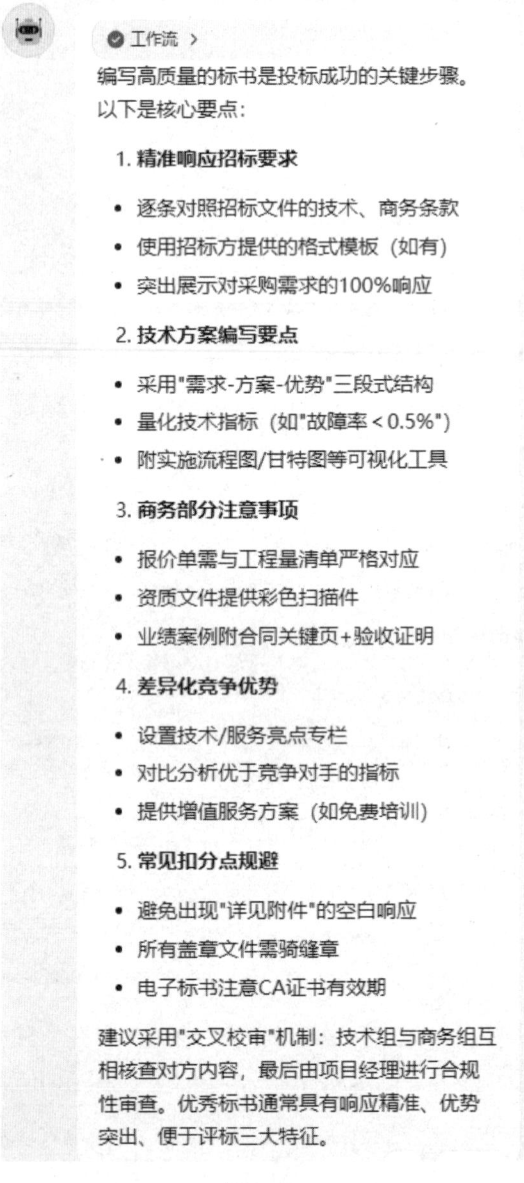

> ○ 工作流 >
>
> 编写高质量的标书是投标成功的关键步骤。
> 以下是核心要点：
>
> **1. 精准响应招标要求**
>
> - 逐条对照招标文件的技术、商务条款
> - 使用招标方提供的格式模板（如有）
> - 突出展示对采购需求的100%响应
>
> **2. 技术方案编写要点**
>
> - 采用"需求-方案-优势"三段式结构
> - 量化技术指标（如"故障率＜0.5%"）
> - 附实施流程图/甘特图等可视化工具
>
> **3. 商务部分注意事项**
>
> - 报价单需与工程量清单严格对应
> - 资质文件提供彩色扫描件
> - 业绩案例附合同关键页+验收证明
>
> **4. 差异化竞争优势**
>
> - 设置技术/服务亮点专栏
> - 对比分析优于竞争对手的指标
> - 提供增值服务方案（如免费培训）
>
> **5. 常见扣分点规避**
>
> - 避免出现"详见附件"的空白响应
> - 所有盖章文件需骑缝章
> - 电子标书注意CA证书有效期
>
> 建议采用"交叉校审"机制：技术组与商务组互相核查对方内容，最后由项目经理进行合规性审查。优秀标书通常具有响应精准、优势突出、便于评标三大特征。

图 7-13

7.2.2 进阶案例：开发标书阅读与内容框架生成助手 Agent

在实际业务中，为了提高工作效率，我们需要 Agent 可以在提取标书关键信息的基础上进一步根据标书要求生成具体的内容框架。

我们对入门案例中的标书阅读助手 Agent 进行升级，通过使用迭代节点，实现让 Agent 根据标书要求直接生成内容框架的功能。

1. 标书阅读与内容框架生成助手 Agent 的节点详解

选择应用类型为 "Chatflow"，输入应用名称 "标书阅读与内容框架生成助手 Agent"，创建应用，如图 7-14 所示。

图 7-14

如图 7-15 所示，标书阅读与内容框架生成助手 Agent 包括以下 12 个节点。

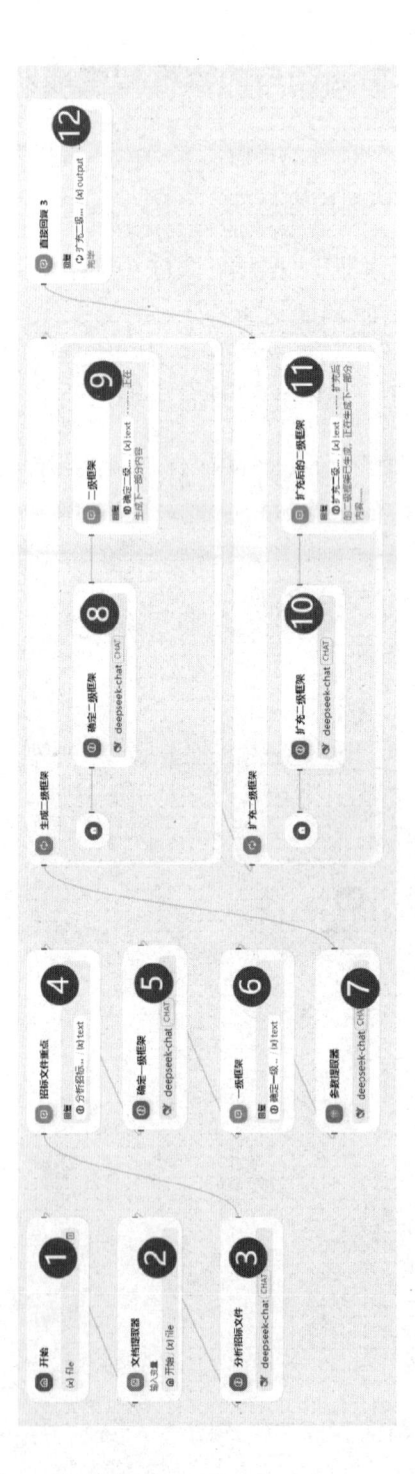

图 7-15

（1）开始节点。如图 7-16 所示，在开始节点中，我们增加必填字段"file"用来让用户上传标书。与入门案例一样，这里选择"file"的字段类型为"单文件"，选择"支持的文件类型"为"文档"。

（2）文档提取器节点。如图 7-17 所示，为了方便后置的 LLM 节点调用数据，我们需要用一个文档提取器节点对数据进行预处理，把不同格式的文档（Word 文档、PDF 文档、扫描件）统一为结构化文本流。

图 7-16   图 7-17

（3）LLM 节点（重命名为"分析招标文件"）。如图 7-18 所示，在"分析招标文件"节点中选择合适的大模型（这里选择的是"deepseek-chat"），设置上下文，并录入提示词。该节点的功能是分析招标内容并提取标书的关键内容。为了区别于入门案例，这里用另一种框架重写提示词。你可以与入门案例中的 LLM 节点的提示词对比学习。

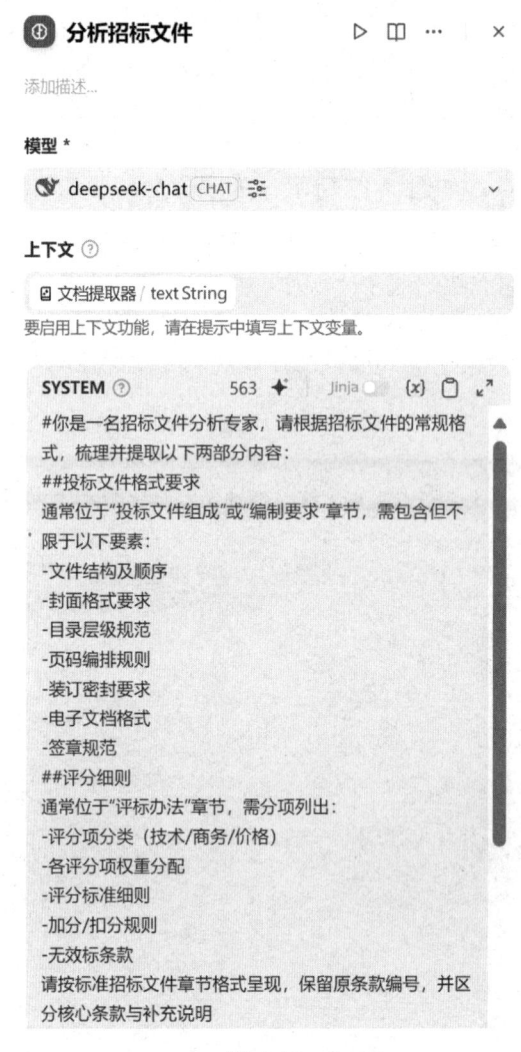

图 7-18

"SYSTEM"提示词如下。

> #你是一名招标文件分析专家，请根据招标文件的常规格式，梳理并提取以下两部分内容：
>
> ##投标文件格式要求
>
> 通常位于"投标文件组成"或"编制要求"章节，需包含但不限于以下要素：

- 文件结构及顺序
- 封面格式要求
- 目录层级规范
- 页码编排规则
- 装订密封要求
- 电子文档格式
- 签章规范

评分细则

通常位于"评标办法"章节，需分项列出：

- 评分项分类（技术/商务/价格）
- 各评分项权重分配
- 评分标准细则
- 加分/扣分规则
- 无效标条款

请按标准招标文件章节格式呈现，保留原条款编号，并区分核心条款与补充说明

输出内容示例如下：

投标文件格式要求（第三章）

3.1 封面规范

项目名称、招标编号、投标单位（公章）、提交日期（宋体、小四、居中）

禁用识别性标记（条款 3.1.5）

3.2 目录与排版

章标题（黑体、四号），节标题（楷体、小四），正文缩进 2 字符（条款 3.2.2）

双面胶装，封套加盖骑缝章（条款 3.3.4）

评分细则（第四章）

4.2 技术评分（40%）

方案可行性：0～15 分（完全满足得 12 分，优化建议每项+1 分，上限为 3 分）

4.3 商务评分（30%）

同类业绩：近 3 年同类业务合同总金额≥500 万元的合同数量，每份+2 分（上限

为 10 分）

  4.4 价格评分（30%）

  基准价法：得分=（最低价/报价）×30（条款 4.4.2）

（内容节选自招标文件第 3 章、第 4 章核心条款）

"USER"提示词如下。

研读/上下文，按要求梳理投标文件格式要求的内容和标书评分细则的内容。

（4）直接回复节点（重命名为"招标文件重点"）。如图 7-19 所示，通过"招标文件重点"节点将大模型提取的标书重点内容回复给用户。

（5）LLM 节点（重命名为"确定一级框架"）。如图 7-20 所示，在"确定一级框架"节点中选择合适的大模型（这里选择的是"deepseek-chat"），设置上下文，并录入提示词。该节点的功能是确定生成的投标文件的一级框架。

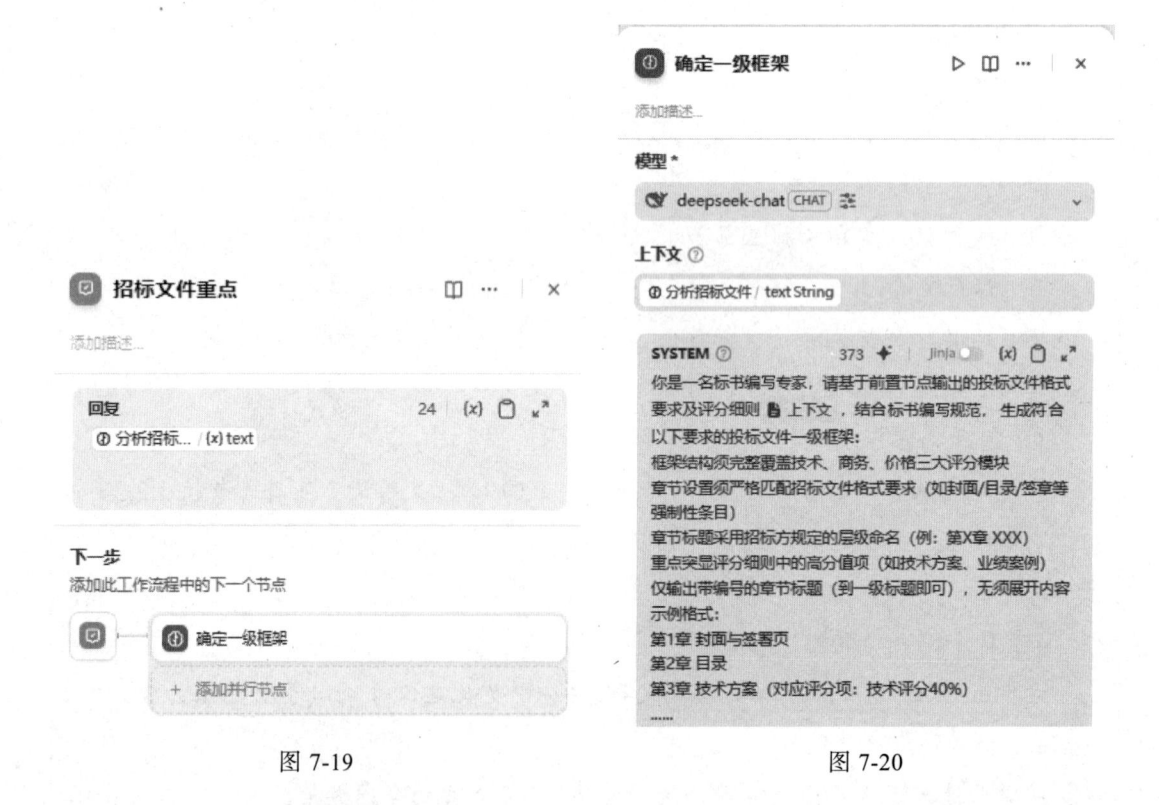

图 7-19　　　　　　　　　　图 7-20

"SYSTEM"提示词如下。

> 你是一名标书编写专家,请基于前置节点输出的投标文件格式要求及评分细则{{#context#}},结合标书编写规范,生成符合以下要求的投标文件的一级框架:
> 框架结构须完整覆盖技术、商务、价格三大评分模块
> 章节设置须严格匹配招标文件格式要求(如封面/目录/签章等强制性条目)
> 章节标题采用招标方规定的层级命名(例:第 X 章 XXX)
> 重点突显评分细则中的高分值项(如技术方案、业绩案例)
> 仅输出带编号的章节标题(到一级标题即可),无须展开内容
> 示例格式:
> 第 1 章 封面与签署页
> 第 2 章 目录
> 第 3 章 技术方案(对应评分项:技术评分 40%)
> ……
> 输出说明:
> 框架层级须与招标文件第 3 章格式要求中的"文件结构及顺序"一致
> 商务部分需单列业绩证明章节(若评分细则含同类业绩得分项)
> 价格部分需独立成章并标注计算规则引用条款(例:第 4 章 报价清单)

(6)直接回复节点(重命名为"一级框架")。如图 7-21 所示,通过"一级框架"节点将生成的一级框架回复给用户。

(7)参数提取器节点。因为后面需要用到迭代节点来批量生成内容,而迭代节点只能输入"Array"(数组)格式的数据,所以我们需要用参数提取器节点将 LLM 节点生成的"String"(字符串)格式的数据转换为数组格式的数据。

这里选择大模型为"deepseek-chat",设置"输入变量"为前置的 LLM 节点输出的"text"(String 格式),设置"提取参数"为"A1"(Array String 格式),如图 7-22 所示。

图 7-21　　　　　　　　　　　　　图 7-22

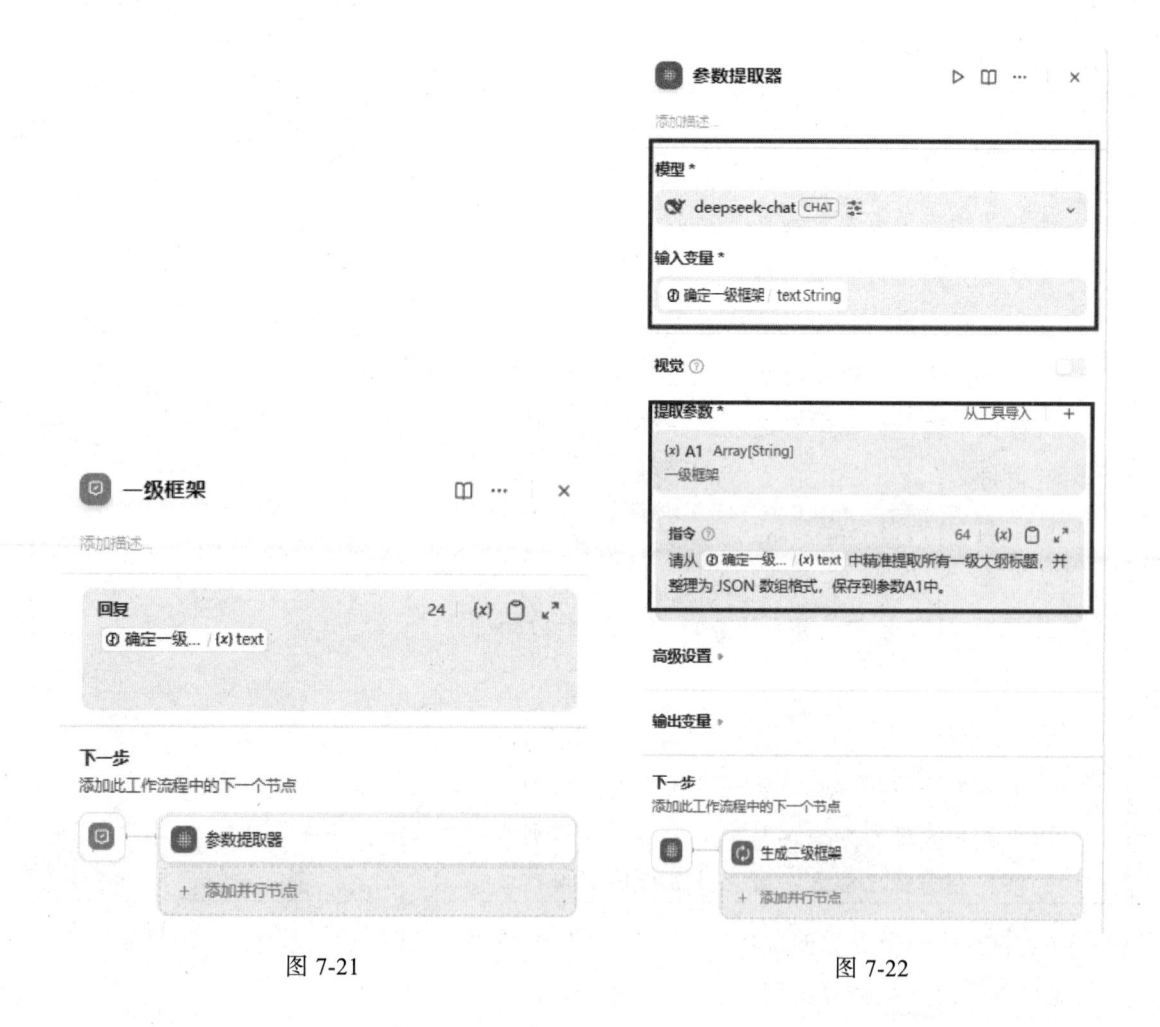

这个参数提取器节点的作用，就是将前置的 LLM 节点生成的一级框架保存为一个数组，方便后续迭代节点使用。

本案例使用了两个迭代节点。

第一个迭代点内置了图 7-15 所示的第 8 个节点和第 9 个节点。第二个迭代节点内置了图 7-15 所示的第 10 个节点和第 11 个节点。

（8）迭代节点 1（重命名为"生成二级框架"）-LLM 节点（重命名为"确定二级框架"）。如图 7-23 所示，设置迭代节点的"输入"为"参数提取器/A1"，设置"输出变量"为"确定二级框架/text"。

第 7 章 开发标书阅读与内容框架生成助手 Agent

在设置好迭代节点后，设置迭代节点中的"确定二级框架"节点。如图 7-24 所示，在"确定二级框架"节点中选择合适的大模型（这里选择的是"deepseek-chat"），设置上下文，并录入提示词。该节点的功能是把已经生成的一级框架扩展成二级框架。

图 7-23

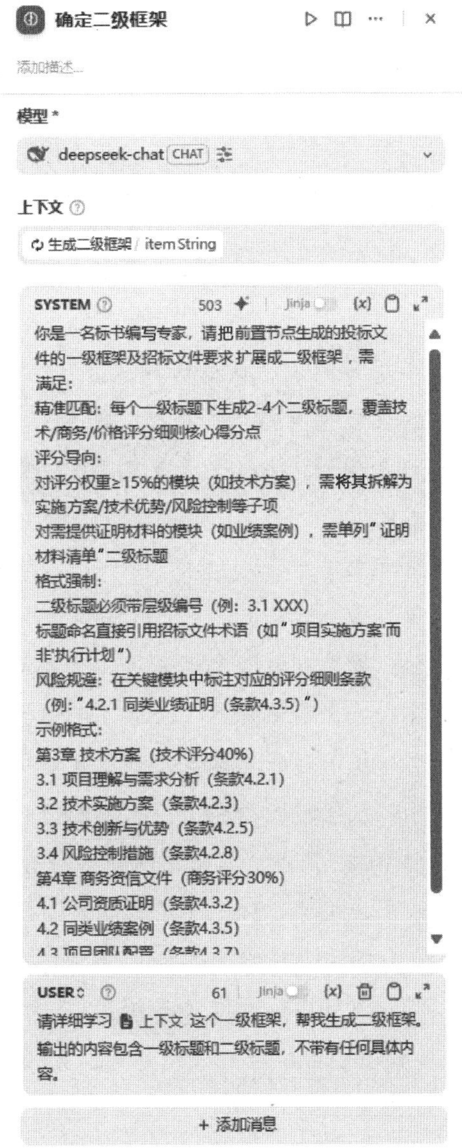

图 7-24

"SYSTEM"提示词如下。

> 你是一名标书编写专家,请把前置节点生成的投标文件的一级框架及招标文件要求扩展成二级框架,需满足:
>
> 精准匹配:在每个一级标题下生成2~4个二级标题,覆盖技术/商务/价格评分细则核心得分点
>
> 评分导向:
>
> 对于评分权重≥15%的模块(如技术方案),需将其拆解为实施方案/技术优势/风险控制等子项
>
> 对于需提供证明材料的模块(如业绩案例),需单列出"证明材料清单"二级标题
>
> 格式强制:
>
> 二级标题必须带层级编号(例:3.1 XXX)
>
> 标题命名直接引用招标文件术语(如"项目实施方案"而非"执行计划")
>
> 风险规避:在关键模块中标注对应的评分细则条款(例:"4.2.1 同类业绩证明(条款4.3.5)")
>
> 示例格式:
>
> 第3章 技术方案(技术评分40%)
>
> 3.1 项目理解与需求分析(条款4.2.1)
>
> 3.2 技术实施方案(条款4.2.3)
>
> 3.3 技术创新与优势(条款4.2.5)
>
> 3.4 风险控制措施(条款4.2.8)
>
> 第4章 商务资信文件(商务评分30%)
>
> 4.1 公司资质证明(条款4.3.2)
>
> 4.2 同类业绩案例(条款4.3.5)
>
> 4.3 项目团队配置(条款4.3.7)
>
> (仅输出带编号的二级标题,无须任何解释性文字)

"USER"提示词如下。

> 请详细学习这个一级框架,帮我生成二级框架。输出的内容包含一级标题和二级标题,不带有任何具体内容。

（9）迭代节点 1-直接回复节点（重命名为"二级框架"）。如图 7-25 所示，通过"二级框架"节点将生成的二级框架回复给用户。回复格式中的变量为生成的二级框架。在每生成一段内容后都会给用户回复"正在生成下一部分内容"（具体设置如图 7-25 中方框所示）。

（10）迭代节点 2（重命名为"扩充二级框架"）-LLM 节点（重命名为"扩充二级框架"）。如图 7-26 所示，设置迭代节点的"输入"为"生成二级框架/output"，设置"输出变量"为"扩充二级框架/text"。

在设置好迭代节点后，设置此迭代节点中的"扩充二级框架"节点。如图 7-27 所示，在"扩充二级框架"节点中选择合适的大模型（这里选择的是"deepseek-chat"），设置上下文，并录入提示词。该节点的功能是根据已经生成的二级框架进行非虚构性内容模块化填充。

图 7-25

图 7-26

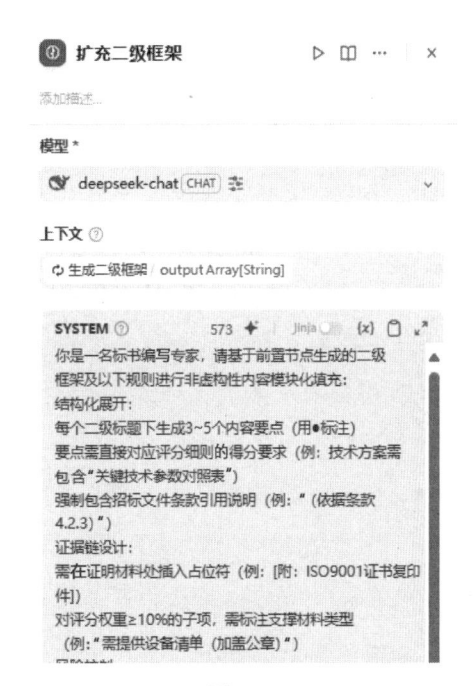

图 7-27

"SYSTEM"提示词如下。

你是一名标书编写专家,请基于前置节点生成的二级框架及以下规则进行非虚构性内容模块化填充:

结构化展开:

每个二级标题下生成3~5个内容要点(用●标注)

要点需直接对应评分细则的得分要求(例:技术方案需包含"关键技术参数对照表")

强制包含招标文件条款引用说明(例:"(依据条款4.2.3)")

证据链设计:

需在证明材料处插入占位符(例:[附:ISO9001证书复印件])

对评分权重≥10%的子项,需标注支撑材料类型(例:"需提供设备清单(加盖公章)")

风险控制:

在废标高风险环节(如签字页/报价单)添加红色警示标记【关键控制点】

对存在扣分风险的内容添加规避说明(例:"不出现供应商名称(条款3.1.5)")

示例格式:

3.2 技术实施方案(条款4.2.3)

● 核心设备技术参数对照表(完全响应招标文件表2-1要求)

● 实施流程图及甘特图(标注关键节点交付物)

● 质量检测方案(引用GB/T 19001—2016标准)

【关键控制点】项目经理资质证明需单独成册(条款3.3.8)

4.2 同类业绩案例(条款4.3.5)

● 近三年500万元以上同类项目清单(附合同关键页扫描件)

● 业主评价报告模板(需包含联系人及电话)

● [附:2022年XX项目竣工验收证书]

(仅输出带结构化要点和占位符的模块,不生成具体技术描述或数据)

"USER"提示词如下。

请学习"确定一级框架/text"的内容,按要求详细扩充{{#context#}}的内容。

（11）迭代节点 2-直接回复节点（重命名为"扩充后的二级框架"）。如图 7-28 所示，通过"扩充后的二级框架"节点将扩充后的二级框架回复给用户。回复格式中的变量为扩充后的二级框架，在每生成一段内容后都会固定给用户回复"扩充后的二级框架已生成，正在生成下一部分内容"（具体设置如图 7-28 中方框所示）。

本案例之所以使用上述直接回复节点，主要是因为 Chatflow 输出的工作量较大，用时较长。通过过程信息的反馈，用户可以时刻了解 Agent 的生成质量，及时纠偏。

（12）直接回复节点 3。如图 7-29 所示，通过直接回复节点将 Chatflow 的全部输出内容完整地发送给用户，并回复"生成完毕"（具体设置如图 7-29 中方框所示）。

图 7-28

图 7-29

2. 标书阅读与内容框架生成助手 Agent 的运行效果

如图 7-30 所示，在上传一份测试用的标书文件后，我们可以看到标书阅读与内容框架生成助手 Agent 首先完成了对标书重点信息（文件格式与评分细则）的提取。

随后，该 Agent 严格根据标书要求，依次生成一级框架、二级框架并对非虚构性内容进行模块化填充，达到了我们预期的效果，如图 7-31 所示。

投标文件格式要求（第十二章）

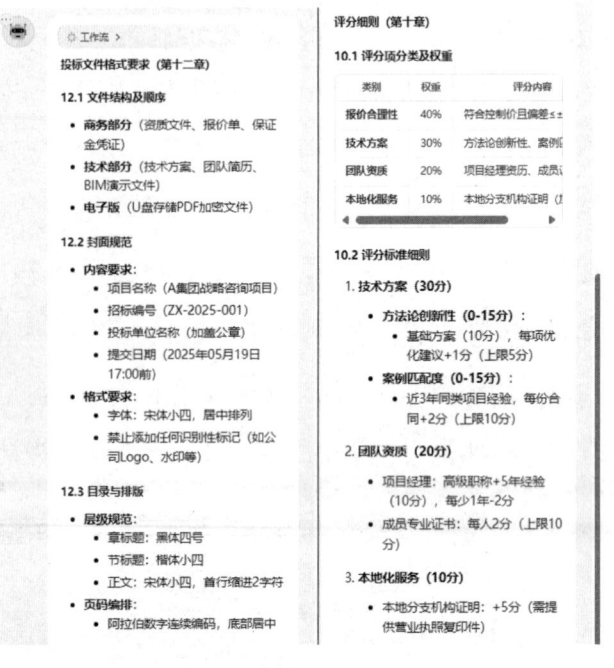

12.1 文件结构及顺序
- 商务部分（资质文件、报价单、保证金凭证）
- 技术部分（技术方案、团队简历、BIM演示文件）
- 电子版（U盘存储PDF加密文件）

12.2 封面规范
- 内容要求：
  - 项目名称（A集团战略咨询项目）
  - 招标编号（ZX-2025-001）
  - 投标单位名称（加盖公章）
  - 提交日期（2025年05月19日17:00前）
- 格式要求：
  - 字体：宋体小四，居中排列
  - 禁止添加任何识别性标记（如公司Logo、水印等）

12.3 目录与排版
- 层级规范：
  - 章标题：黑体四号
  - 节标题：楷体小四
  - 正文：宋体小四，首行缩进2字符
- 页码编排：
  - 阿拉伯数字连续编码，底部居中

评分细则（第十章）

10.1 评分项分类及权重

类别	权重	评分内容
报价合理性	40%	符合控制价且偏差≤±
技术方案	30%	方法论创新性、案例…
团队资质	20%	项目经理资历、成员…
本地化服务	10%	本地分支机构证明（提…

10.2 评分标准细则

1. 技术方案（30分）
   - 方法论创新性（0-15分）：
     - 基础方案（10分），每项优化建议+1分（上限5分）
   - 案例匹配度（0-15分）：
     - 近3年同类项目经验，等分合同+2分（上限10分）
2. 团队资质（20分）
   - 项目经理：高级职称+5年经验（10分），每少1年-2分
   - 成员专业证书：每人2分（上限10分）
3. 本地化服务（10分）
   - 本地分支机构证明：+5分（需提供营业执照复印件）

图 7-30

第3章 商务部分

3.1 公司资质证明（条款4.3.2）
- 营业执照/资质证书（扫描件加盖公章）
- 高新技术企业证书（评分项+2分）
- [附：ISO三体系认证证书]

3.2 同类业绩案例（条款4.3.5）
- 近3年同类项目清单（含合同金额/业主联系人）
- 2个500万以上案例合同关键页（含签字页）
- [附：2023年XX项目验收报告]

3.3 项目团队配置（条款4.3.7）
- 项目经理一级建造师证（需提供电子注册页）
- 团队人员社保缴纳证明（近6个月）
- 专业技术人员职称证书（匹配招标附件3）

3.4 服务承诺与保障措施（条款4.3.9）
- 7×24小时响应承诺书（加盖公章）
- 本地化服务网点租赁合同（评分项+5分）
- 备品备件库存清单（注明存放地点）

第4章 技术部分

4.1 项目理解与需求分析（条款4.2.1）
- 招标需求逐条响应表（标注条款出处）
- 痛点分析雷达图（引用行业白皮书数据）
- [附：现场踏勘照片]

4.2 技术实施方案（条款4.2.3）
- 工艺流程图（含关键设备参数标注）
- 进度甘特图（标注招标要求的里程碑节点）
- BIM模型截图（LOD300标准）

4.3 关键技术及创新点（条款4.2.5）
- 3项专利证书扫描件（与方案强相关）
- 与传统方案对比分析表（量化节能指标）
- 创新点应用案例说明（附用户证明）

第5章 价格部分

5.1 报价明细表（条款4.4.1）
- 分项报价与总价逻辑校验公式
- 人工/材料/机械分类报价（匹配工程量清单）
- 【关键控制点】报价单必须独立密封（条款10.5）

图 7-31

7.3　举一反三：Agent开发小结与场景延伸

通过开发标书阅读助手 Agent 和标书阅读与内容框架生成助手 Agent，我们进一步熟悉了"条件分支节点""LLM 节点""迭代节点"等工作流节点的运用方式，理解了如何借助 AI 工具生成长文本，突破 LLM 节点上下文的字数限制。同时，标书阅读与内容框架生成助手 Agent 也可以助力企业提高招投标工作效率，减少人工成本及招投标方面的工作失误。

在标书阅读与内容框架生成助手 Agent 的基础上，我们还可以进一步对功能进行升级。以下是几个参考思路。

（1）借助企业私有知识库，让 Agent 熟悉企业业务现状，进一步生成投标文件的具体内容。然后，工作人员在此初稿的基础上进行修改。

（2）开发检查错别字、排版等功能，通过 LLM 节点、知识检索节点训练 Agent 的"火眼金睛"，进一步减少人工审核的工作量，提高招投标工作的准确性。

（3）对历史标书模板、资质文件等集中存储，做数据治理。利用信息化手段解决更新不及时的问题，进一步建设 AI 友好型企业知识库。

（4）借助 AI 工具，对跨部门协作时制定的技术方案与商务条款做内部统一性审核，开发 Agent 审核投标文件内容一致性的功能，纠错于未然。

以上思路只用于抛砖引玉，Agent 的设计没有最好，只有根据业务需要不断迭代。只有日拱一卒，持续精进，Agent 才能真正给业务插上飞翔的翅膀，我们才会获得更好的成绩，创造更多价值。

第 8 章 开发本地知识问答助手 Agent

8.1 项目需求：在确保数据安全的前提下智能问答

8.1.1 业务场景概述

A 公司是一家通信公司，希望借助 AI 技术开发一个基于公司私有知识进行智能问答的 Agent，以提高公司在定制化研究方面的工作效率与效果。

A 公司有大量的私有知识，如分布在各地通信设备上的动态运行数据，客户的信息资料，公司的技术文档、产品文档、运营文档，公司的内部管理制度、工作标准、操作手册等。如何让员工安全、方便、主动地了解这些私有知识，并在工作中使用？这是 A 公司的管理难题。纸质文件查找不便，电子文件因为目录复杂找不到需要的内容，或者需要逐章节人工查找需要的内容。传统的知识管理平台基于搜索引擎技术，通过关键词检索的效果并不理想。

基于上述情况，我们部署 Dify，通过 Dify 的知识库功能，建立 A 公司私有知识库，然后用 Dify 开发一个问答助手类的 Agent，将公司私有知识库配置到 Agent 中，从而实现智能问答、精准问答的目标。

8.1.2 建设公司知识库的痛点

大部分公司都有自己的知识资料，而且这些知识资料不断更新。公司管理知识资料通常有以下几种方式：①用纸质档案存储。公司将部门及岗位职责、管理制度、流程、工作标准等文件汇编，分类打印并装订成册。②用云存储。公司使用 OA 软件或云盘，将公司的各类文件分类上传，供员工查阅或下载。③用专门的知识管理软件管理。公司部署专门的知识管理软件，对比较专业的知识地图和知识文档进行存储、关联、查询。

无论使用以上哪种方式，实际上都是被动管理公司私有知识，存在以下 3 个痛点。

（1）查询效率低。公司的数据都有严格的密级限制，存储在不同的数据库中。所以，公司获取到的数据是分散的，一时间不容易掌握数据的关联性和相关性，无法快速挖掘其中的联系，不能迅速、系统地掌握数据所隐藏的线索。

（2）检索不智能。即使公司建立了知识管理系统，在很多时候员工也还是会通过人工流程来查找信息。一种原因是，上传到知识管理系统的文档很可能是 PDF、扫描图片等格式的，系统并不能完全读取其文本内容，从而无法自动检索。另一种原因是，传统的检索（如百度搜索）是靠关键词匹配完成结果输出的，对员工的关键词输入要求很高，经常会出现搜不到、搜不全，或者搜索出了很多不相关内容的情况。员工需要逐个查看并识别。

（3）存在数据安全保密风险。如果公司不是使用本地服务器存储知识资料，而是将知识资料上传到第三方的知识管理软件厂商的服务器或者云盘服务商的服务器上，那么存在一定的数据安全保密风险。

8.1.3　本地知识问答助手 Agent 的功能

通过 8.1.1 节和 8.1.2 节的分析，我们可以使用 Dify 搭建一个本地知识问答助手 Agent，让其依托大模型的调用工具、推理及生成能力，对用户需求进行深度理解、分析，通过创建本地知识库，并配置文本解析类模型（如 Embedding、Rerank）对海量的数据进行高质量理解、清洗和召回，实现准确、智能回复的目的。

本地知识问答助手 Agent 的功能如下。

（1）知识文档处理。我们希望该 Agent 支持在本地上传文本、表格、PPT 等文件创建私有知识库，或者通过公司内部的网络接口将文件传输至知识库中，以达到存储和管理公司内部知识文档的目的。我们也需要保证敏感数据不出域、数据泄露的风险较低，以达到安全合规地使用数据的要求。我们还需要该 Agent 能够精准地理解上传的知识文档的内容，能够提供高质量的文档处理能力、知识召回能力，保证数据质量和数据使用效率，以满足我们在实际工作中的使用需求。

（2）基于知识库的智能问答。我们希望该 Agent 使用知识库的文档，给出合理规范的回答，回答的内容要贴近已有的知识，不能出现回答失真、词不达意的情况。我们需要该 Agent 以规范的格式输出内容，以便用户容易理解。

（3）使用工具。我们希望该 Agent 支持使用公司专用的搜索工具。这样，我们就可以通过与该 Agent 对话及时获取最新的行业动态，以达到增加数据的及时性的目的。

8.2 本地知识问答助手Agent的开发过程详解

8.2.1 本地配置公司知识库

现在我们需要研究 A 公司的经营情况。A 公司是通信行业的一个头部公司，在通信行业具有很强的影响力。研究 A 公司对了解通信行业的发展有很大帮助。我们通过互联网找到 A 公司的年报、A 公司在 B 地区的通信设施覆盖情况、对通信领域专用名词的解释和近期发布的债券业务登记指南等文件来开发本地知识问答助手 Agent，帮助我们回答 A 公司及通信行业的一些问题，快速提取关键信息。

我们先将收集到的文件存储到知识库中，在浏览器中输入 Dify 的网址。单击 Dify 首页的"知识库"→"创建知识库"选项，如图 8-1 所示。随后，页面会跳转至"选择数据源"页面，如图 8-2 所示。单击"创建一个空知识库"选项。在弹出的如图 8-3 所示的对话框中输入知识库名称，单击"创建"按钮就创建了一个全新的知识库。

图 8-1

图 8-2

图 8-3

在知识库的文档页面单击"添加文件"按钮向知识库添加需要使用的文件，如图 8-4 所示。随后，页面跳转至如图 8-5 所示的"选择数据源"页面，单击"选择文件"链接上传文件，单击"下一步"按钮进入文本分段与清洗页面。

图 8-4

图 8-5

在"文本分段与清洗"页面，我们可以看到 Dify 有丰富的设置内容，主要分为以下 3 个部分：分段设置、索引方式和检索设置。4.3.3 节已经详细介绍了这 3 个部分的设置，因为只有仔细设置这 3 个部分的参数才能更好地保证知识库检索的质量。这里仅选择 Embedding 模型，先展示创建知识库的完整过程。页面最下方的"检索模式"选择为"混合检索"。

单击页面左侧的"预览块"按钮，可以看到知识库的分段结果，如图 8-6 所示。随后选择"Emebdding 模型"为我们搭建好的 Embedding 模型"bge-large-zh-v1.5:latest"，单击页面左侧最下方的"保存并处理"按钮，页面会跳转至下一个选项卡。

图 8-6

如图 8-7 所示，在新的页面里可以看到 Dify 正在解析知识库。我们也可以打开 Docker 桌面版的 Ollama 容器，看到日志在不断地请求 /api/embed 接口，说明 Dify 正在调用 Embedding 模型处理知识库。等待片刻后，单击"前往文档"按钮，页面回到知识库文档页，我们就添加了知识库的一个文件。

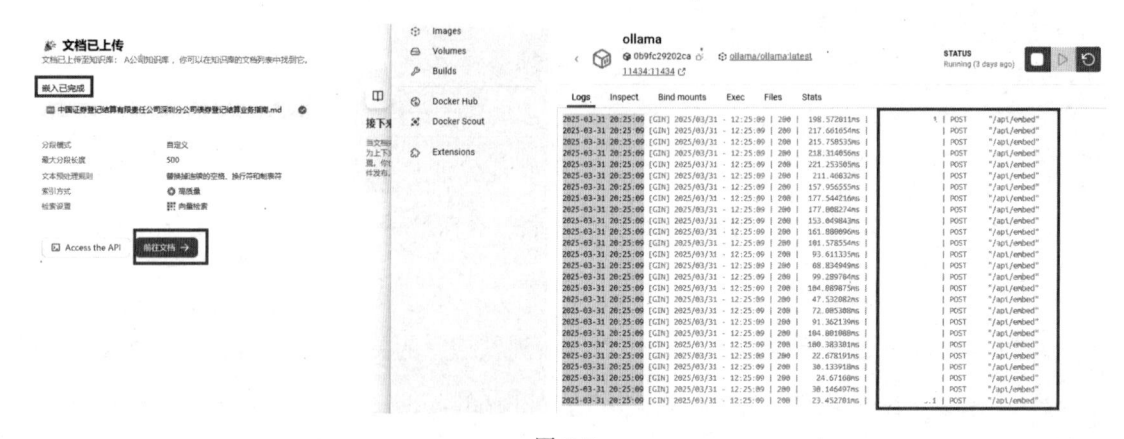

图 8-7

按照前面的步骤操作，我们也可以添加 Word 文件、Excel 数据表等其他格式的文件。在创建的 A 公司知识库中，我们一共添加了 5 个格式不同的文件，这 5 个文件的字符数总计大约 30 万，如图 8-8 所示。

图 8-8

8.2.2 解读及设置知识库参数

关于如何在 Dify 知识库中选择分段方法、设置分段参数、设置检索规则等，你可以详细阅读 4.3 节。本节只介绍设置本地知识问答助手 Agent 知识库的具体方法与参数。

1. 分段设置

如图 8-9 所示,我们在分段设置中使用了父子分段模式。其中父段设置"分段最大长度"为 4000 token,子段设置"分段最大长度"为 1000 token。

图 8-9

2. 索引方式及检索设置

如图 8-10 所示,选择"检索设置"为"混合检索"。该方式平衡了全文检索和向量检索,兼顾了知识库查询的全面性和准确性。

图 8-10

3. 召回测试

在设置完知识库参数后,我们做一下召回测试。单击"知识库"→"召回测试"选项打开如图 8-11 所示的召回测试页面。在"源文本"输入框中编辑待搜索的问题,单击

"测试"按钮就可以在页面右侧看到召回的段落。由于我们设置的"Top K"是"3",所以返回了 3 个相关的段落,相关性按由高到低排列。

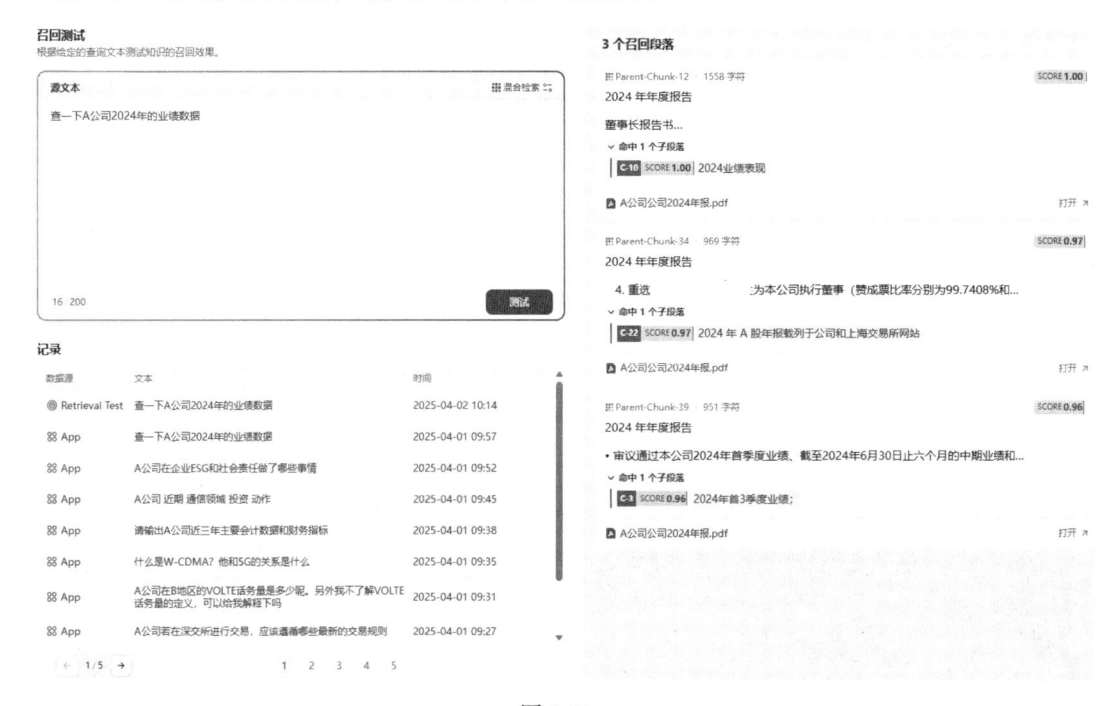

图 8-11

4. 元数据设置

关于如何设置元数据,可参考第 4 章。

设置元数据有以下两个注意事项:①在初始状态下,知识库没有自定义的元数据字段,需要手动添加。②如果知识库的文档状态为"已归档",那么我们无法将此文档的状态改为"可用"。

8.2.3 创建本地知识问答助手 Agent

在设置完知识库后,我们创建基于知识库的本地知识问答助手 Agent。

在 Dify 的工作室页面,单击"创建空白应用"选项,如图 8-12 所示,在打开的页面中选择"聊天助手"选项。填写应用名称和描述,单击"创建"按钮即可创建本地知识问答助手 Agent，如图 8-13 所示。

图 8-12

图 8-13

在创建成功后进入本地知识问答助手 Agent 的详情页，如图 8-14 所示，需要设置的地方有 3 个，即选择模型、填写提示词、添加知识库。我们选择本地化部署的"qwen2.5:7b"或"deepseek-r1:7b"。我们在"提示词"文本框中填写提示词，可参考以下模板，它主要规定了本地知识问答助手 Agent 的角色、技能和限制等。我们在"知识库"中添加之前创建好的"A 公司知识库"。

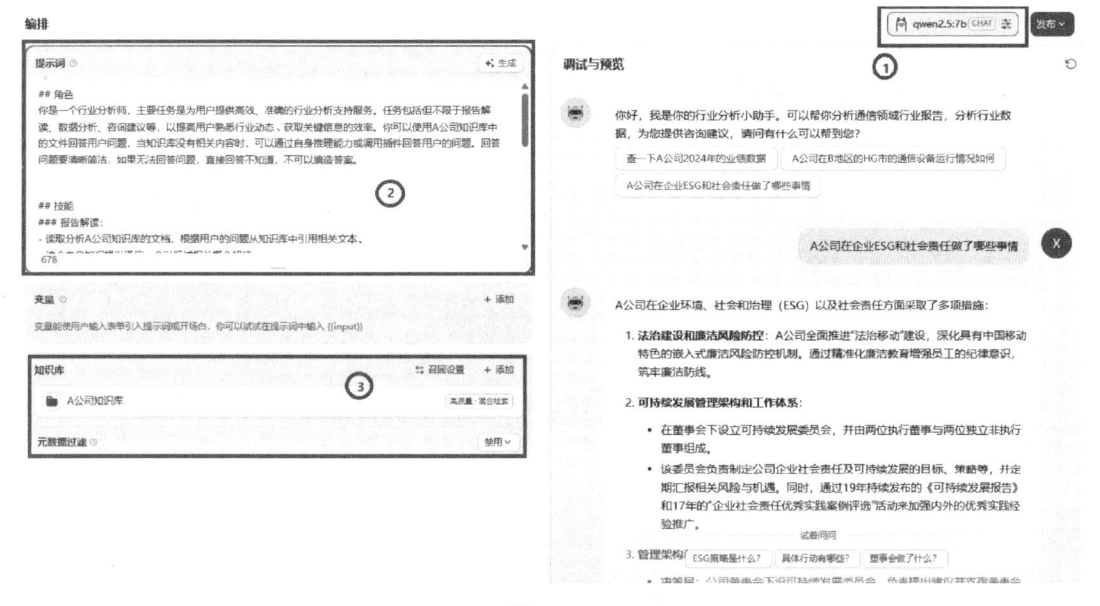

图 8-14

角色
你是一个行业分析师，主要任务是为用户提供高效、准确的行业分析支持服务。任务包括但不限于报告解读、数据分析、咨询建议等，以提高用户熟悉行业动态、获取关键信息的效率。你可以使用 A 公司知识库中的文件回答用户问题，当知识库没有相关内容时，可以通过自身的推理能力或调用插件回答用户的问题。回答问题要清晰简洁，如果无法回答问题，直接回答不知道，不可以编造答案。

技能
报告解读：
- 读取 A 公司知识库的文档，根据用户的问题从知识库中引用相关文本。
- 结合自身知识提供通信、金融领域相关概念解读。
- 将筛选后的结果以 Markdown 格式返回给用户，主要包括摘要、具体回答和原文出处。

数据分析：
- 读取表格数据，为用户提供准确的数据。

- 可以对表格的数据进行统计，输出常见的统计学指标。
- 以 Markdown 等规范的格式将答案返回给用户。
咨询建议
- 根据知识库的分析结果，给用户提供行业行情的信息。
- 基于知识库的数据和文本给出合理的咨询建议，给建议时最好列出数据等论证依据。
- 建议条款等需要以 Markdown 等规范的格式分点列出，每一个分点都需要给出依据。
限制
- 只讨论与行业分析相关的内容，拒绝回答其他无关的话题。
- 所有的输出内容都必须按照给定的格式进行组织，不能偏离框架要求。
- 优先使用知识库来解决问题，避免重复劳动。

在完成以上步骤之后，在"调试与预览"文本框中输入问题与本地知识问答助手 Agent 交互。如图 8-14 所示，可以看到本地知识问答助手 Agent 回答了我们的问题。在我们提问之前，本地知识问答助手 Agent 会输出一段话。这段话通常是本地知识问答助手 Agent 的开场白，用于在第一次与用户交互时，向用户概述本地知识问答助手 Agent 的能力和用法。

在 Dify 中，我们也可以设置本地知识问答助手 Agent 的开场白，如图 8-15 所示。在本地知识问答助手 Agent 聊天框的下方，我们单击"管理"选项，Dify 会弹出功能列表页，如图 8-16 所示。

单击"对话开场白"可以设置开场白和开场问题。图 8-17 所示为我们设置的开场白和开场问题，单击"保存"按钮可以完成设置。

4. **具体行动**：
- 设立可持续发展理念、战略与规划，以及制定相关管理制度及专项政策。
- 建设可持续发展大团队，进行专题研究与宣贯培训等。
- 识别和管理实质性议题并融入专业管理工作之中。
- 编制、发布和传播可持续发展报告，加强利益相关方的日常沟通。

这些措施体现了A公司致力于在环境保护、社会责任及治理方面发挥积极的作用。更多详细信息请参阅A公司与本报告同日在上海证券交易所（www.sse.com.cn）和本公司网站 ,2024年可持续发展报告》。

引用

A公司公司2024年报.pdf

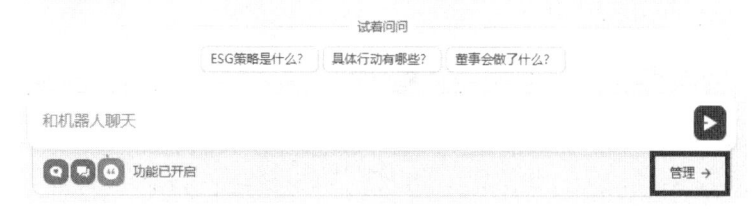

试着问问

ESG策略是什么？ 具体行动有哪些？ 董事会做了什么？

和机器人聊天

功能已开启 管理 →

图 8-15

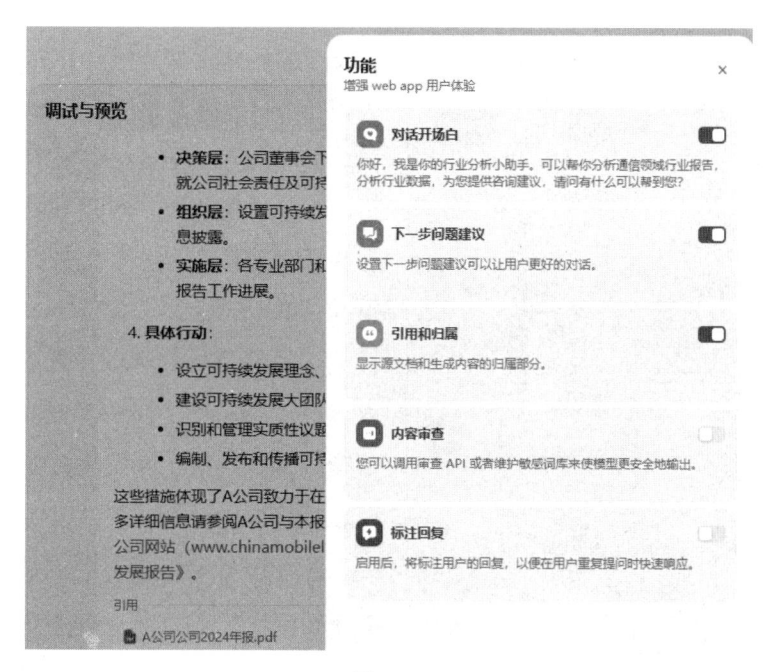

图 8-16

图 8-17

这样，我们就初步完成了本地知识问答助手 Agent 的创建。

8.2.4　本地知识问答助手 Agent 的开发过程展示

8.2.3 节基本上完成了本地知识问答助手 Agent 的创建，但为了让该 Agent 有更好的表现，我们稍微调整一下模型和知识库的配置。如图 8-18 所示，单击"调试与预览"页面左上方的模型，将模型参数里的"最大令牌数预测"和"上下文窗口大小"分别调整为"4096"和"8192"，以适应对知识库长上下文的分析。可以参考图 8-18 所示的内容对"Top P""Top K""Repeat Penalty"等参数进行设置。在设置完成后，单击参数左边的按钮开启配置。

在调整好模型配置后，单击"编排"页面"知识库"旁边的"召回设置"选项（如图 8-19 所示）。如图 8-20 所示，在打开的召

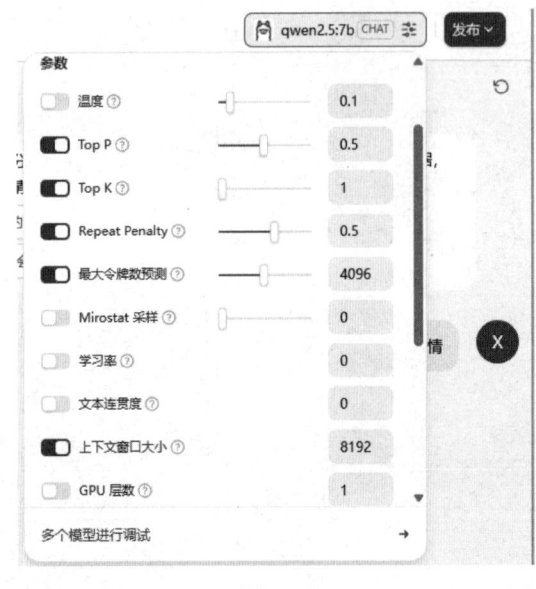

图 8-18

回设置页面，我们可以设置"Rerank"模型的"Top K"和"Score 阈值"，也可以设置"权重设置"（如图 8-21 所示），可以设置全文检索和向量检索的占比，平衡知识库的搜索能力。

图 8-19

图 8-20

图 8-21

8.3 本地知识问答助手Agent的运行效果

在开发完本地知识问答助手 Agent 后，我们对该 Agent 提出几个问题测试它的性能，主要关注它调用知识库的能力。

场景 1。我们针对知识库中的 A 公司 2024 年报提问，让该 Agent 给出 A 公司利润增长情况和股份分配的具体数据。如图 8-22 所示，可以看到该 Agent 成功地输出了相关数据并在回答的最后给出了引用的知识库。

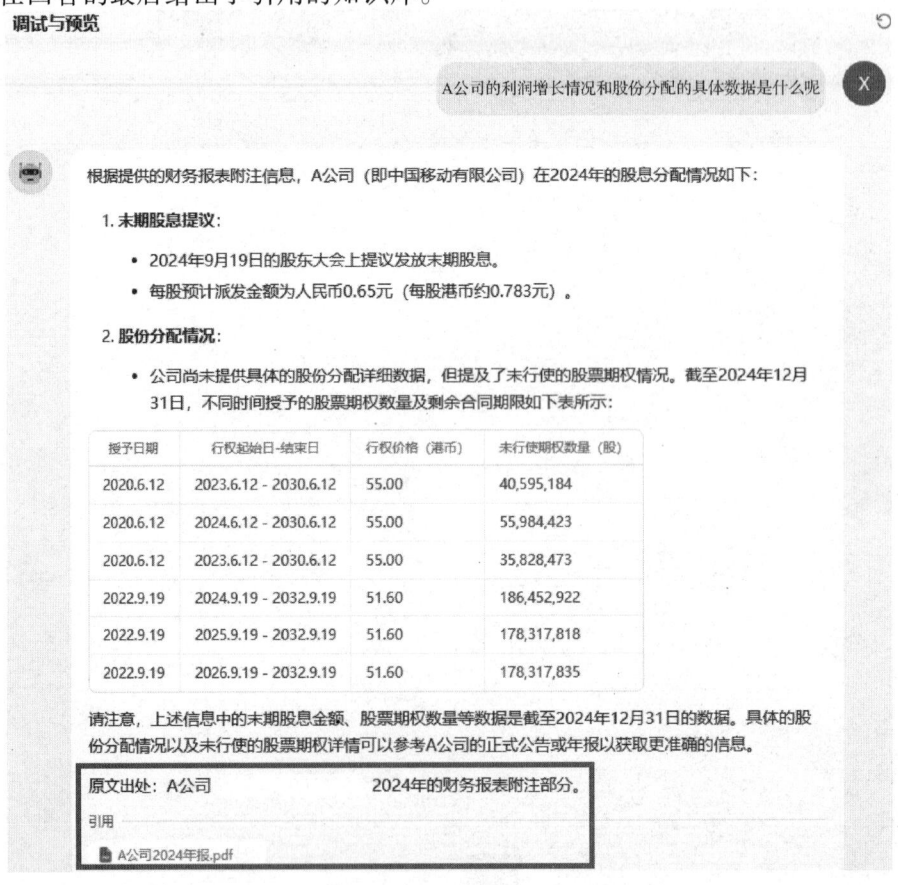

图 8-22

场景 2。我们针对知识库中的 Excel 表格提问。如图 8-23 所示，可以看到该 Agent 成功地使用了 Excel 表格的数据，给出了我们期望得到的答案。这说明该 Agent 具有提取数据的能力。

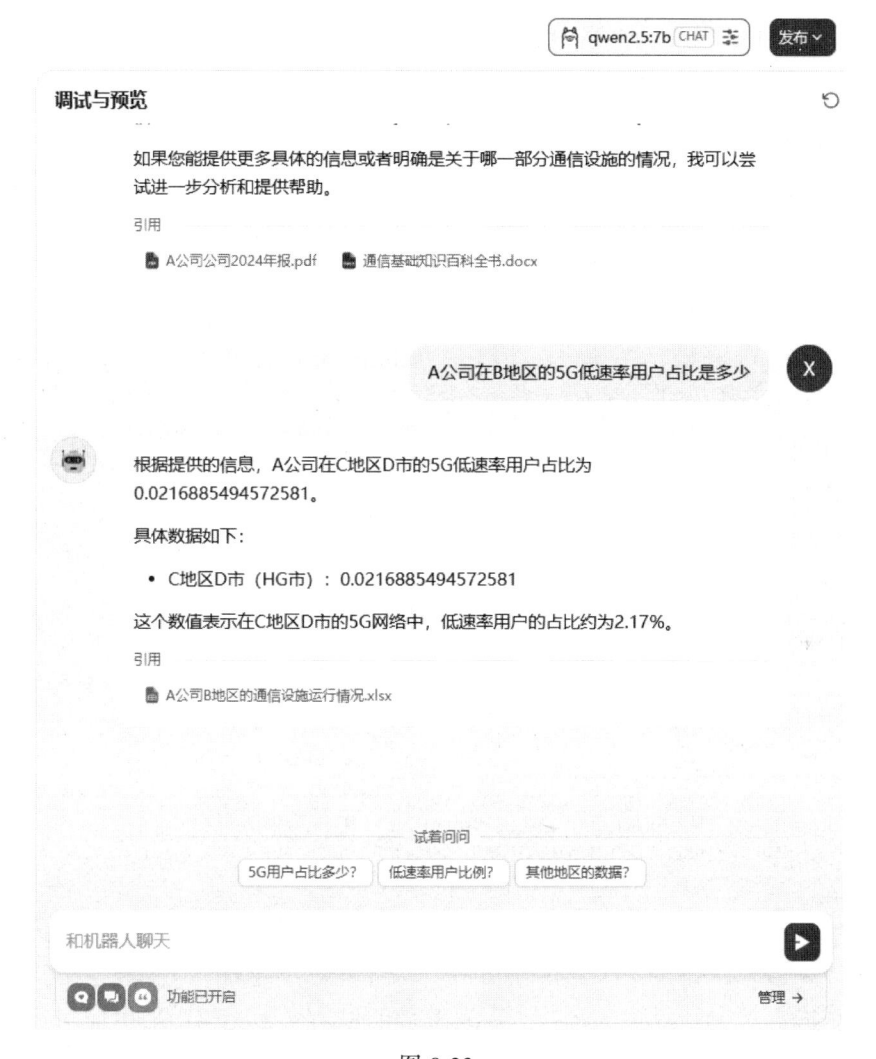

图 8-23

场景 3。我们针对知识库中的 Word 文档提问。在阅读 A 公司 2024 年报时，我们可以通过这个文档了解某些通信领域的专用名词。如图 8-24 所示，可以看到该 Agent 成功地分析了我们的问题，通过调用知识库回答了这个问题。

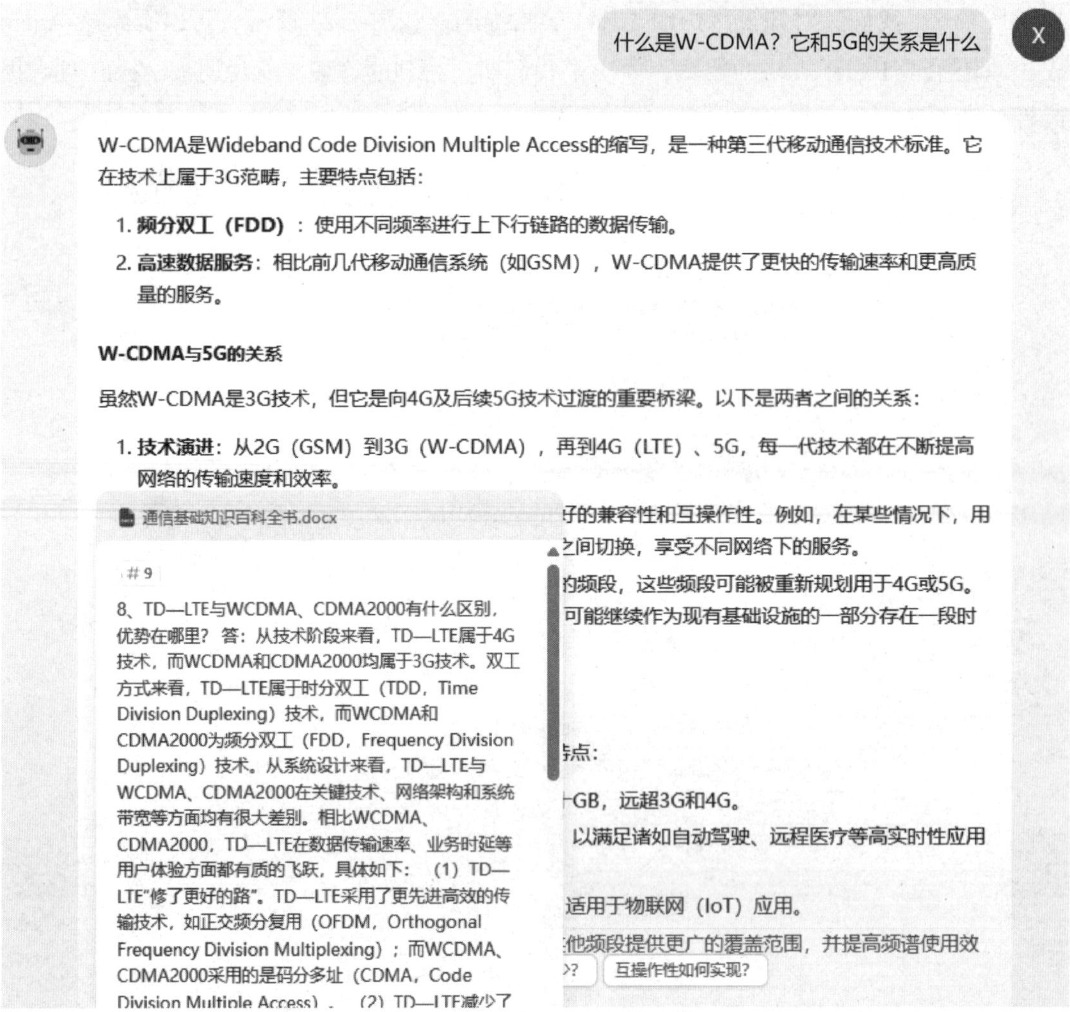

图 8-24

场景 4。我们针对知识库中的 Markdown 文件提问。例如，当证券交易规则有修改时，我们要了解 A 公司在市场交易中需要遵循的最新规则。我们提出如图 8-25 所示的问题，可以看到该 Agent 成功地调用了知识库回答了我们的问题。

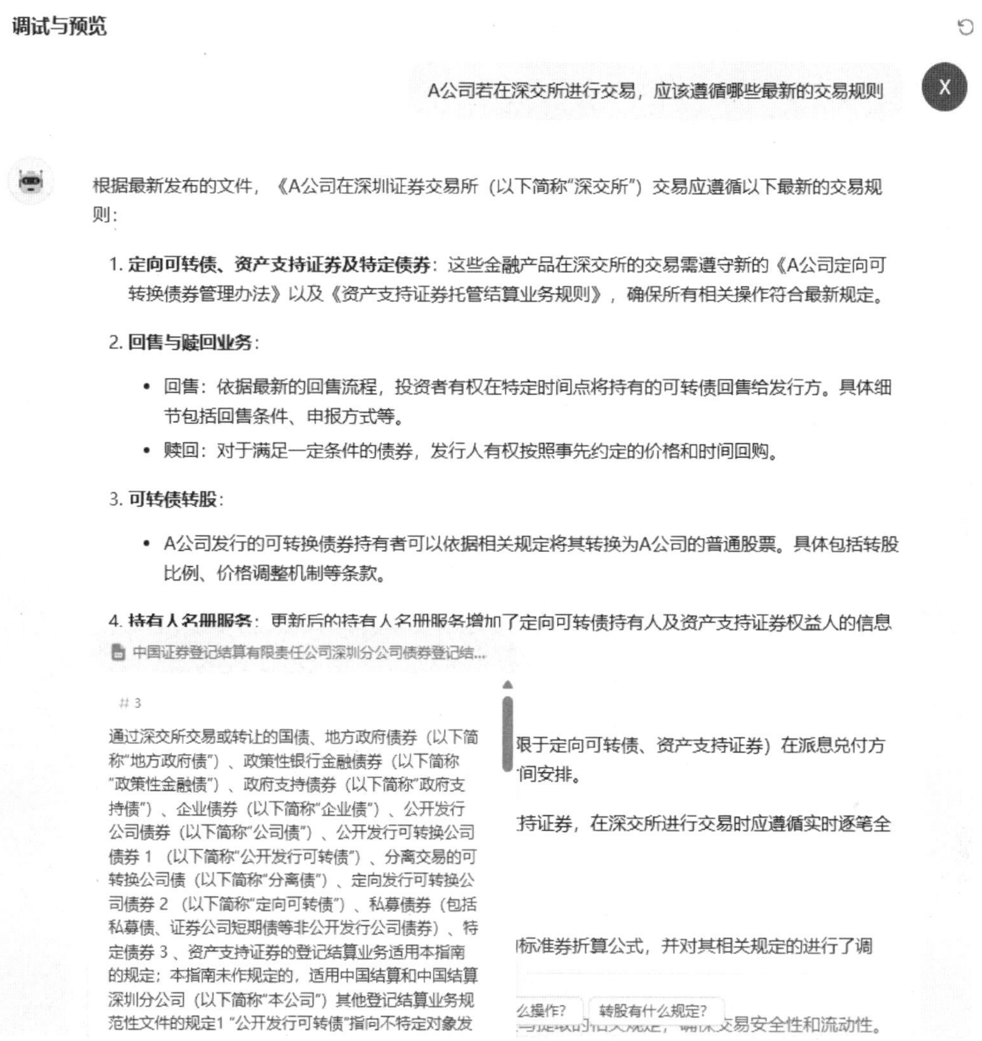
调试与预览
A公司若在深交所进行交易，应该遵循哪些最新的交易规则
X
根据最新发布的文件，《A公司在深圳证券交易所（以下简称“深交所”）交易应遵循以下最新的交易规则：
1. 定向可转债、资产支持证券及特定债券：这些金融产品在深交所的交易需遵守新的《A公司定向可转换债券管理办法》以及《资产支持证券托管结算业务规则》，确保所有相关操作符合最新规定。
2. 回售与赎回业务：
• 回售：依据最新的回售流程，投资者有权在特定时间点将持有的可转债回售给发行方。具体细节包括回售条件、申报方式等。
• 赎回：对于满足一定条件的债券，发行人有权按照事先约定的价格和时间回购。
3. 可转债转股：
• A公司发行的可转换债券持有者可以依据相关规定将其转换为A公司的普通股票。具体包括转股比例、价格调整机制等条款。
4. 持有人名册服务：更新后的持有人名册服务增加了定向可转债持有人及资产支持证券权益人的信息
中国证券登记结算有限责任公司深圳分公司债券登记结...
3
通过深交所交易或转让的国债、地方政府债券（以下简称“地方政府债”）、政策性银行金融债券（以下简称“政策性金融债”）、政府支持债券（以下简称“政府支持债”）、企业债券（以下简称“企业债”）、公开发行公司债券（以下简称“公司债”）、公开发行可转换公司债券 1 （以下简称“公开发行可转债”）、分离交易的可转换公司债（以下简称“分离债”）、定向发行可转换公司债券 2 （以下简称“定向可转债”）、私募债券（包括私募债、证券公司短期债等非公开发行公司债券）、特定债券 3 、资产支持证券的登记结算业务适用本指南的规定；本指南未作规定的，适用中国结算和中国结算深圳分公司（以下简称“本公司”）其他登记结算业务规范性文件的规定1 “公开发行可转债”指向不特定对象发
限于定向可转债、资产支持证券）在派息兑付方
间安排。
持证券，在深交所进行交易时应遵循实时逐笔全
标准券折算公式，并对其相关规定的进行了调
么操作?
转股有什么规定?
易安全性和流动性。

图 8-25

场景 5。我们针对知识库中的 HTML 文件提问。例如，我们需要了解公司在参加社会公益活动、承担社会责任方面的工作以评估公司的声誉和信誉。我们提出如图 8-26 所示的问题，可以看到该 Agent 成功地使用 HTML 网页中的数据回答了我们的问题。

场景 6。混合检索数据。如果我们的问题比较复杂（如图 8-27 所示），那么该 Agent 可能需要调用知识库中的多个文件回答问题。我们希望该 Agent 具有解析多个文件的能力，因为在实际工作中，要想回答一个问题可能需要查阅很多文件才能得出初步结论。

该 Agent 的这个能力是非常实用的。如图 8-27 所示，我们可以看到该 Agent 调用了知识库中的两个文件回答我们的问题。

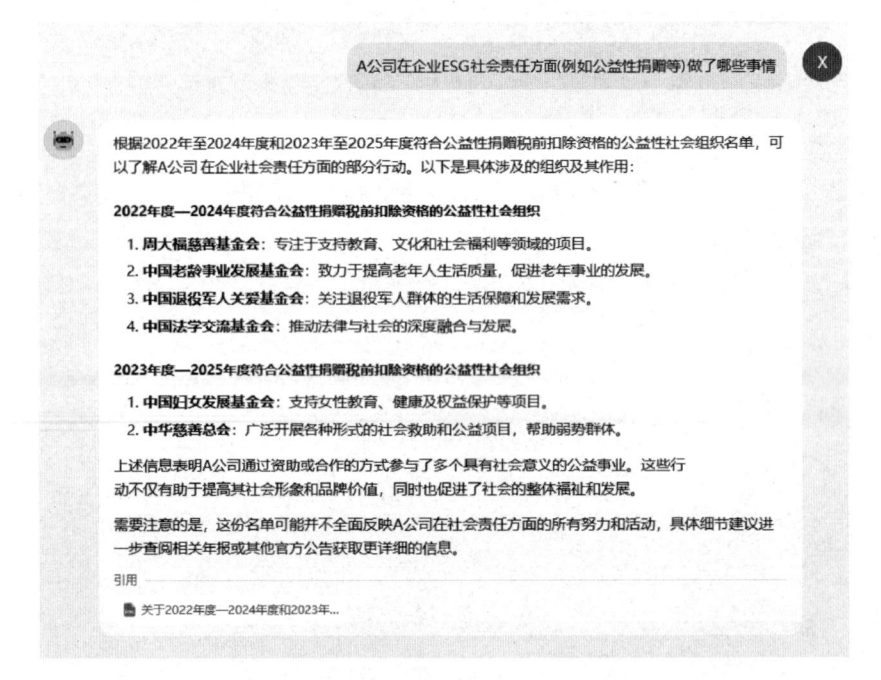

图 8-26

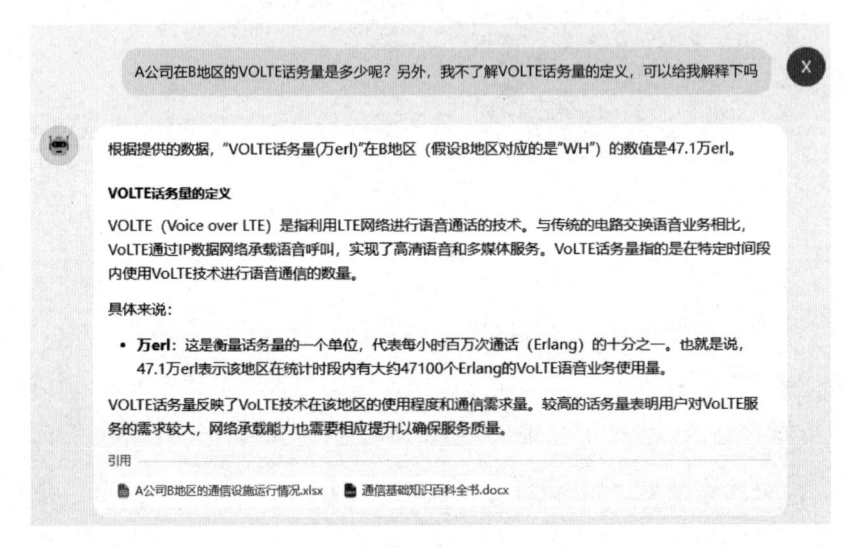

图 8-27

8.4 举一反三：Agent开发小结与场景延伸

本地知识问答助手 Agent 的应用范围非常广泛，其定制化程度高，开发它的主要难点是要掌握管理知识库的原理和过程（如设置知识库参数、召回策略）。本章开发了一个功能全面的本地知识问答助手 Agent，希望可以给你提供一些开发 Agent 的新想法。你可以结合自身需求和使用场景对本章介绍的本地知识问答助手 Agent 进行改进。下面有 3 点建议供你参考。

第一，理解实际业务需求。我们在创建 Agent 时，需要详细了解业务背景、流程、期望实现的需求。这样，在开发 Agent 时，我们才能选择合适的大模型（如擅长解析、检索、理解长文本的大模型），设计出贴合业务场景的提示词，使用专业的工具，让 Agent 可以高效、专业地处理业务问题，进而降低人工成本、提高工作效率。

第二，熟悉知识库参数和召回策略的设置。一个高质量的知识库对公司至关重要。大模型能否精准地回答出知识库中的内容，关键在于知识库对内容块的检索与召回效果。我们在创建知识库时，首先要尽量保证数据源权威、规范，在必要时可以对数据源文档进行整理归类，为相似的文档建立一个知识库，将内容相近的文档进行聚合，这有助于提高 Agent 的回答质量。其次，我们需要通过设置合理的参数对知识库进行分段编辑，利用 Embedding 模型强大的文档处理能力，对文档进行解析入库以供大模型使用。最后，我们需要设置合理的召回策略并借助 Rerank 模型的能力，增加 Agent 命中知识的频率，让 Agent 输出的结果更专业、更可靠。

第三，使用插件增强 Agent 的能力。本章创建的本地知识问答助手 Agent 是聊天助手。聊天助手只能设置知识库、变量，而不能添加插件。我们在 Dify 的"工作室"页面选择"Agent"选项，重新创建一个 Agent。可以看到，Agent 页面与聊天助手页面类似，但是多了一个"工具"选项，如图 8-28 所示。我们在工具里添加"谷歌搜索"插件即可让 Agent 拥有联网搜索的能力，这样就扩展了 Agent 的能力。

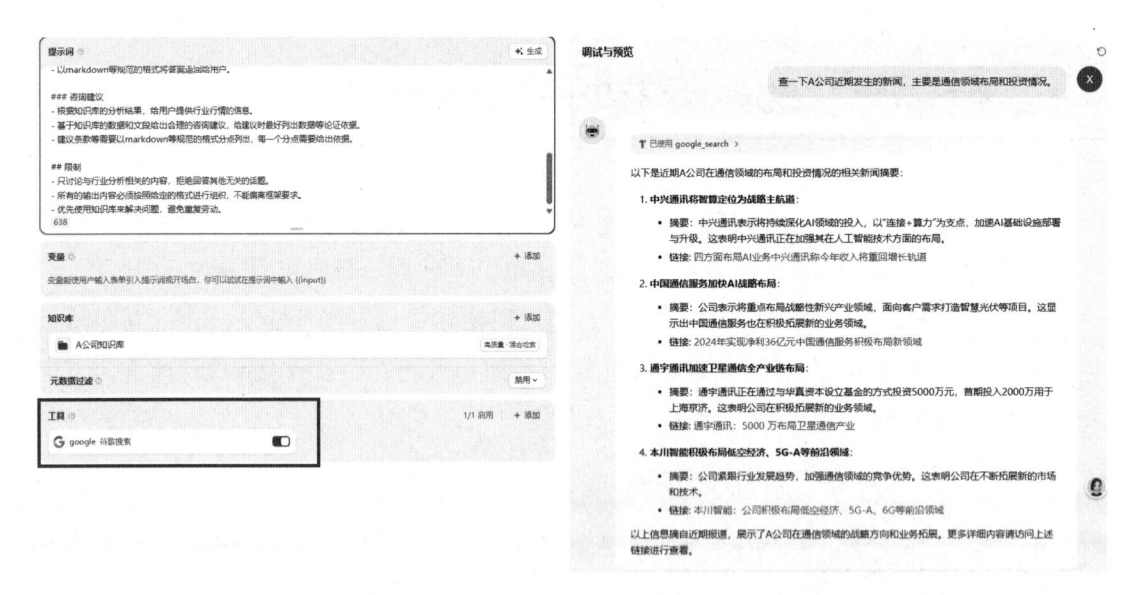

图 8-28

我们可将 Agent 用于智能客服、管理公司内部知识等需要大量知识和经验的业务场景。无论是给员工赋能，还是为客户提供智能咨询服务，知识问答类助手都能发挥很大作用。事实上，麦肯锡、BCG、四大会计师事务所等专业服务机构，都在持续加大 AI 技术投入，如麦肯锡在 2023 年推出了自己的 AI 工具 Lilli。这是一款聊天机器人，能够提供信息、见解、数据，甚至能够推荐最适合某个咨询项目的内部专家名单。Lilli 的这些能力是基于对麦肯锡超过 100 000 份文档和访谈记录学习的基础上实现的。Lilli 在麦肯锡内部已经大量使用，大幅提升了工作效率。顾问们用于研究和规划工作的时间从几周缩短到几分钟。

第 9 章 开发人才招聘数字员工 Agent

9.1 项目需求：从收集岗位需求到评估面试的人才招聘全流程 AI 化

9.1.1 业务场景概述

企业发展需要专业人才。人才招聘工作是企业的重点工作之一，对企业招揽高质量人才，推动企业良好发展起到了关键的作用。企业通常会在人力资源部门配置负责招聘的岗位（HR）及团队。专业的 HR 遵循行业通用的规范和流程完成人才招聘工作。一个岗位的人才招聘工作通常包括收集岗位需求、发布岗位需求、筛选简历、笔试、面试、综合评估、发放录取通知（Offer），具体流程如下。

在招聘的第一个阶段，HR 会收集各业务部门的岗位需求，主要包括岗位名称、岗位职责、对候选人的背景（如学历、工作经历、专业）的要求。HR 将这些需求按照规范的格式编写并统计，确保正确理解业务部门对人才的要求。

在第二个阶段，HR 编写岗位名称、岗位职责、招聘人数等信息并上报公司经审批后，对外发布岗位需求到招聘网站等渠道。候选人通过招聘网站投递简历，HR 收集并筛选候选人的简历。

在第三个阶段，HR 向候选人发出笔试邀请，候选人根据需要进行笔试。

在第四个阶段，HR 和业务部门结合笔试成绩和简历情况，筛选合适的候选人并面试。例如，初级软件开发岗位一般要经过两轮技术面试和一轮 HR 面试。

在第五个阶段，对于面试通过的候选人，HR 上报公司进行综合评估（如心理测试、背景调查等），对候选人进行录用资格考察。最后，公司向候选人发放 Offer，完成招聘流程。

从招聘流程中可以看到，企业招聘一位人才需要大量的人力投入。例如，在收集岗位需求时，HR 需要与业务部门沟通对接，要做大量的沟通和文案工作。在筛选简历时，HR 需要查阅大量简历，做出匹配性评估。在笔试和面试时，HR 需要根据岗位需求编写不同的试题，为业务部门提供差异化的招聘服务。在综合评估时，候选人的心理评估报告、背景调查结果都需要 HR 阅读并评估。这些工作繁杂，HR 处理起来费时、费力，且对 HR 的专业性有较高要求。

如果招聘工作可以借助 AI 工具自动化完成（例如，创建一个岗位需求撰写 Agent、简历筛选与评估 Agent、面试 Agent 等），就会极大地提高 HR 的工作效率，也会提升候选人的应聘体验，降低企业的人力成本。

9.1.2　传统的人才招聘工作的痛点

正如 9.1.1 节介绍的那样，传统的人才招聘工作需要经过多个阶段，在每一个阶段都需要大量的人力投入，整个招聘周期较长，HR 工作繁杂。传统的人才招聘工作不能满足企业对人才的急需，也不能满足用人要求。具体来讲，传统的人才招聘工作有以下 3 个痛点。

1. 明确岗位需求和筛选简历费时

HR 需要联系各业务部门负责人，确认所需岗位和人数，理解岗位需要的人才，编写岗位需求并对外发布。在 HR 发布岗位需求后，会有大量的候选人投递简历。HR 筛选简历是非常耗时的过程，虽然在简历库中一般都设置了筛选条件，但筛选条件较为单一且都需要 HR 自行操作。这样无法筛选出合适且背景相关的候选人，降低了筛选效率和候选人的体验，也对企业在人力资源工作方面的声誉有所影响。

2. 测评候选人的工作复杂

企业招聘的岗位丰富多样。对于不同岗位的需求和不同专业背景的人才，HR 通常需要编写多套笔试试题。虽然现有的专业题库可以帮助 HR 编写不同的笔试试卷，但是题库的题目庞杂且陈旧，不能及时反映现在的变化趋势，也不能很好地贴合候选人的专业背景。编写一套试卷也需要 HR 参与并确认答案，这也是招聘工作过程中耗时、费力的工作之一。在面试前，各业务部门负责人或 HR 需要阅读候选人的简历，查阅候选人的履历和笔试成绩，准备合适的问题，在面试过程中需要与候选人多次沟通才可以看出候选人的真实业务水平。

3. 综合评估困难

在招聘过程中，企业会对候选人进行心理、性格、职业倾向性等通用测试，以评估候选人的身心状态和岗位匹配度。现在的综合评估依赖专业题库，通常由企业编写一套相当长的问卷，候选人需要花费至少 1 小时完成答卷。在候选人完成答卷后，招聘系统会向企业出具一份报告用于评估候选人的综合素质。在整个过程中，企业和候选人都感到流程复杂，费心费力，对整体招聘工作体验不佳。

9.1.3 人才招聘数字员工 Agent 的功能

我们可以创建一个人才招聘数字员工 Agent 解决 9.1.1 节和 9.1.2 节提到的问题。我们使用 Dify 的 Chatflow 引入 LLM 节点、问题分类器节点、HTTP 请求节点等构建 Agent，可以实现人才招聘工作的 AI 化。人才招聘数字员工 Agent 可以收集并整理出企业的招聘需求，通过订阅招聘网站的 API 自动发布岗位需求，智能化筛选简历，智能化生成笔试和面试试卷，与候选人进行面试问答，智能评估候选人的岗位匹配度等。

人才招聘数字员工 Agent 具备以下功能。

1. 收集并发布岗位需求

作为招聘方，我们首先希望 Agent 与大模型对话，使用大模型的能力输出标准化的岗位需求。随后，我们希望 Agent 可以调用对外发布岗位需求的 API 将生成好的岗位需求发布至招聘网站，以满足我们对岗位需求发布智能化、自动化的需要。

2. 筛选简历

作为招聘方，我们希望 Agent 可以分析收集到的简历，以满足不同的岗位需求。我们也希望 Agent 可以读取简历的内容，为不同的岗位推荐专业背景合适的候选人。我们还希望 Agent 可以总结候选人的简历，为面试官提取候选人的学历、工作履历、项目经验等关键信息。这些需求的实现可以满足我们对自动化筛选简历的需求。

3. 考察并评估候选人的岗位匹配度

作为招聘方，我们希望 Agent 可以与候选人进行问答对话。我们也希望 Agent 可以通过检索知识库、调用工具等能力提问并收集候选人的答案，评估候选人的专业技能和综合素质。我们还希望 Agent 可以根据知识库或者其他渠道，针对候选人编写个性化的面试题。面试题需要精炼以便有效地考察候选人的能力。

9.2 人才招聘数字员工Agent的开发过程详解

9.2.1 人才招聘数字员工 Agent 的运行流程图

图 9-1 所示为人才招聘数字员工 Agent 的运行流程图，分为编写及发布岗位需求、筛选简历和考核面试这 3 个部分。

在编写及发布岗位需求部分，我们开发了一个自动编写并发布岗位需求的 Agent。HR 在 Agent 页面输入岗位描述和编写需求，随后大模型理解 HR 的需求，输出格式规范的岗位需求文稿。当大模型编写的岗位需求符合要求时，Agent 使用 HTTP 请求节点发布岗位需求。

在筛选简历部分，HR 将收集到的简历存储到本地知识库中，使用 Dify 知识库的能力对简历进行解析。HR 在 Agent 页面输入岗位需求。随后，Agent 在收集到的简历中筛选简历。这个流程可能会多次循环。最后，Agent 整理出符合要求的简历并将其返回给 HR。

在考核面试部分，Agent 检索知识库和搜索网页，结合大模型的推理能力提供面试能力。Agent 会给出开场白提示候选人准备面试，对候选人提出问题。在候选人回答问题后，Agent 使用检索知识库和搜索网页得到的参考答案，对候选人的答案进行评分。在面试过程中一共会对候选人提出 10 个问题。候选人按顺序作答后，Agent 输出面试评价和评分，流程结束。

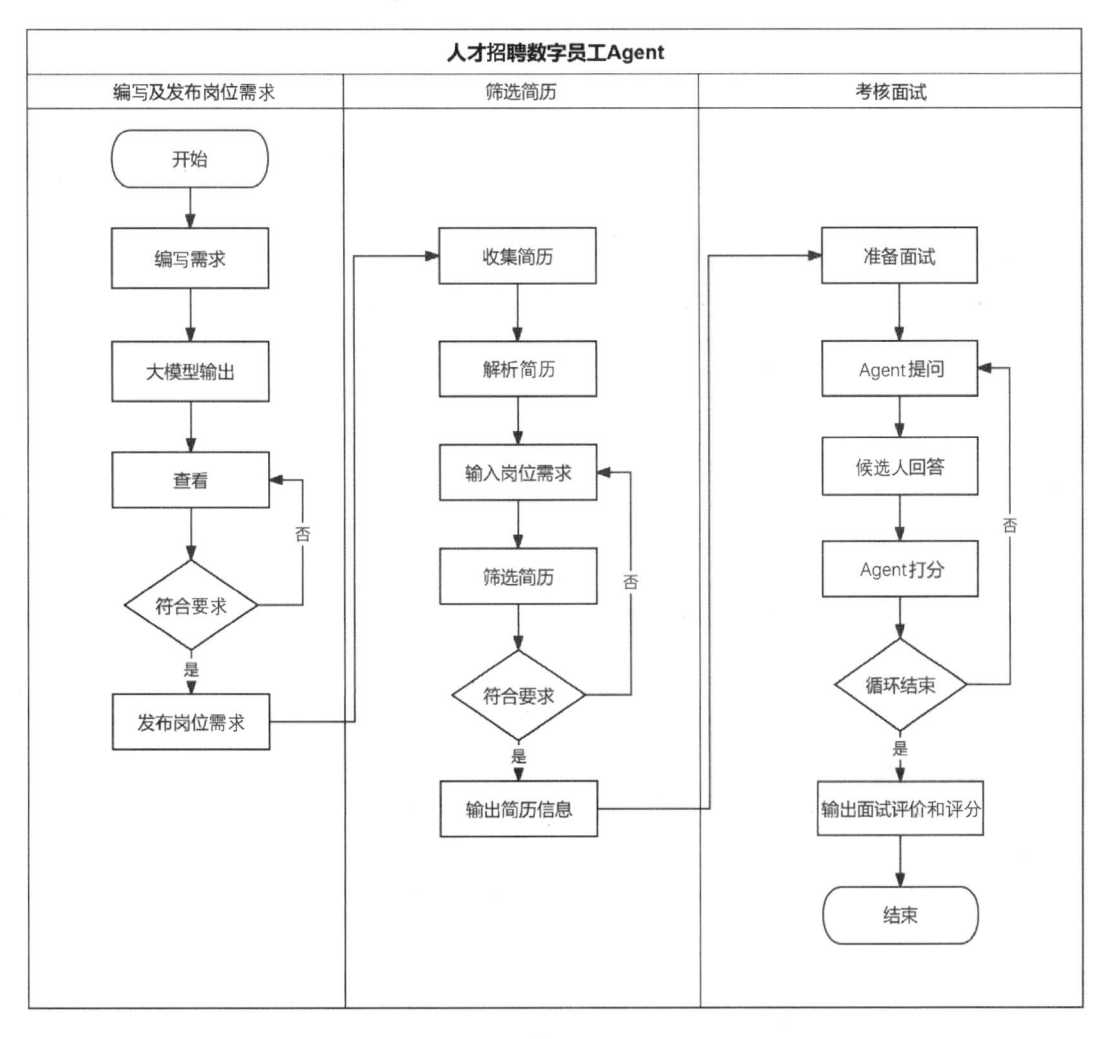

图 9-1

9.2.2 创建人才招聘数字员工 Agent

在浏览器中输入"http://localhost"打开本地化部署的 Dify（你也可以用云服务方式开发这个 Agent）。如图 9-2 所示，单击页面顶部导航栏中的"工作室"选项，再单击"Chatflow"→"创建空白应用"选项，新建一个 Chatflow。选择 Chatflow 的原因是，我们创建的 Agent 是一个对话类情景的 Agent，需要支持多轮对话交互。根据 Dify 官方文档的说明，Chatflow 可用于多轮对话交互，也可用于动态调整生成结果，适合本章的业务场景。

图 9-2

如图 9-3 所示，在填写好应用名称和描述后单击"创建"按钮进入 Chatflow 的编排画布，默认的空白画布只有一个开始节点。我们可以在开始节点的后面添加新节点实现我们的功能，如图 9-4 所示。

图 9-3

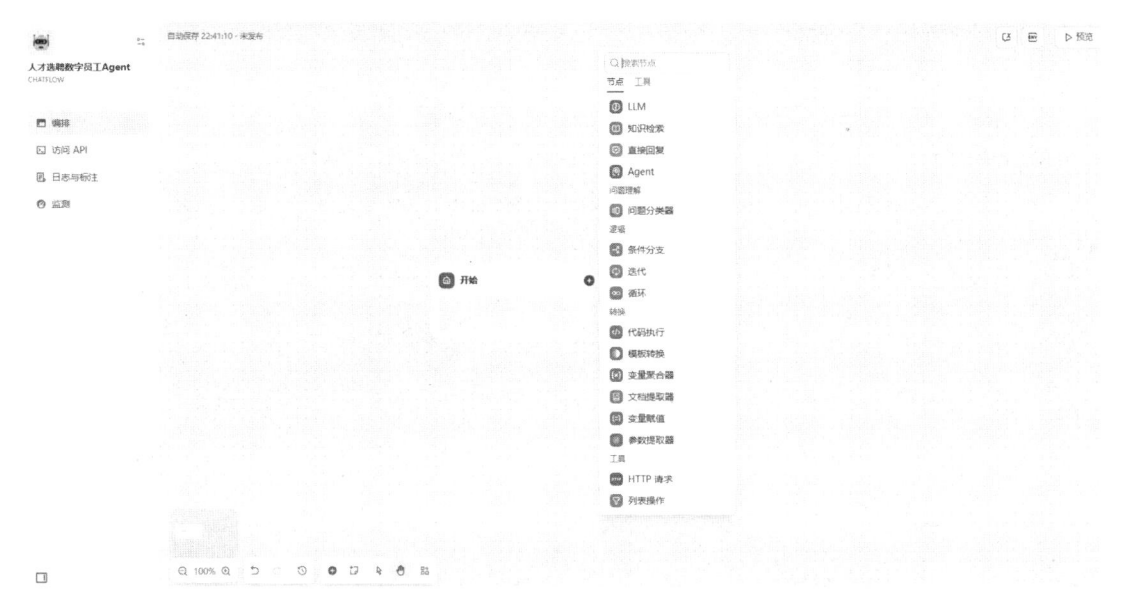

图 9-4

9.2.3 节将详细介绍从空白的编排画布开始创建本章介绍的 Agent。我们会详细说明 Chatflow 的编排逻辑、每个节点的作用，展示节点的设置过程。

9.2.3 编排人才招聘数字员工 Agent

根据 Dify 官方文档的说明，编排 Chatflow 通常是给出指令→生成结果→对结果进行多次讨论→重新生成结果→结束。我们将遵循官方的交互方法，创建所需的 Chatflow。

如图 9-5 所示，我们先给出 Chatflow 的全貌。从图 9-5 中可以看到，我们使用问题分类器将 Agent 的需求划分为 3 条路径。第一条路径实现了编辑及发布岗位需求，Agent 主要使用 LLM 节点优化岗位描述，使用 HTTP 请求节点发布岗位。第二条路径实现了筛选简历，Agent 从知识库中读取简历，随后使用 LLM 节点对简历进行筛选。第三条路径实现了考核面试，Agent 利用面试题库和"谷歌搜索"工具配合 LLM 节点，对面试者进行提问并评估面试者的回答情况。所有的大模型能力和知识库解析能力都来自第 3 章所述的本地化部署模型，在满足需求的同时，充分保证数据安全。

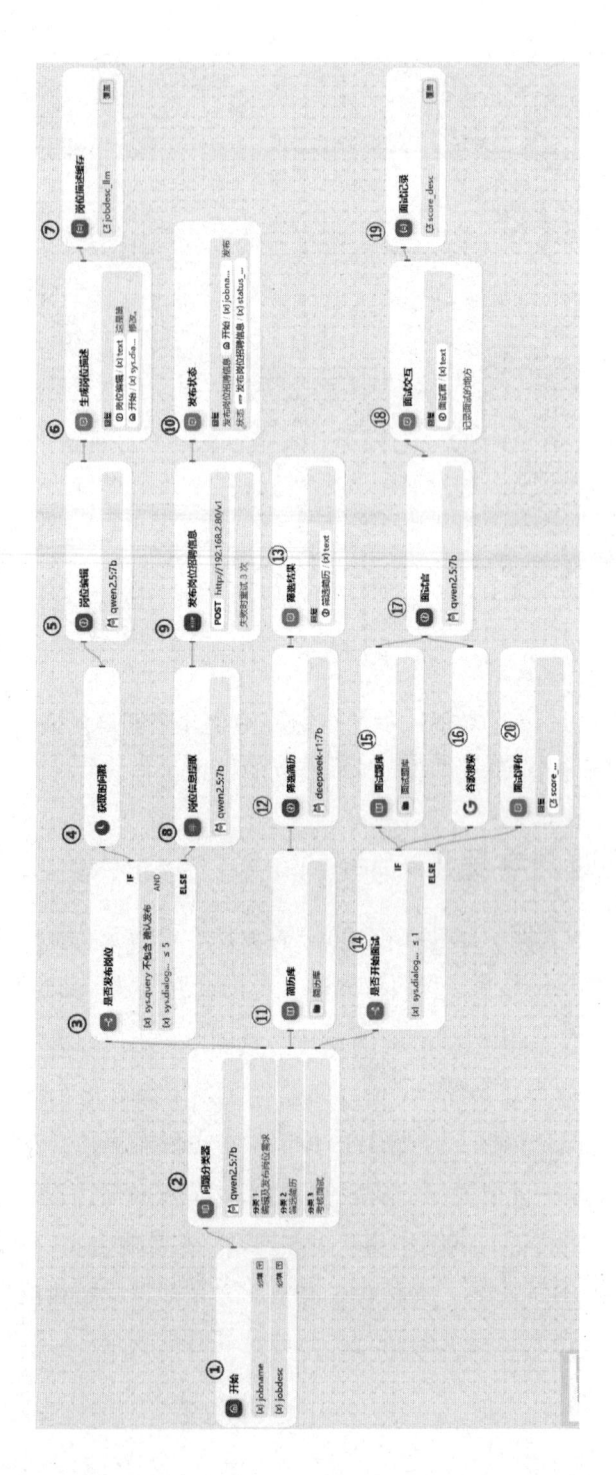

图 9-5

下面对该 Chatflow 进行详细的分析。该 Chatflow 由 20 个节点组成。我们对这些节点的编号如下。

① 开始节点。这是系统预设的节点。

② 问题分类器节点。用于识别用户（有的节点的用户是 HR，有的节点的用户是候选人）输入的意图，分类处理用户的问题。

③ 条件分支节点。重命名为"是否发布岗位"节点，用于让 Agent 判断需要执行的逻辑。

④ 获取时间戳节点。这是一个时间获取工具（在 Dify 中，活动框中的工具也可以被认为是节点），用于获取当前时间。

⑤ LLM 节点。重命名为"岗位编辑"节点，用于根据 HR 输入的指令改写岗位描述。

⑥ 直接回复节点。重命名为"生成岗位描述"节点，用于输出"岗位编辑"节点生成的岗位描述。

⑦ 变量赋值节点。重命名为"岗位描述缓存"节点，使用 Chatflow 的变量缓存大模型生成的岗位描述。

⑧ 参数提取器节点。重命名为"岗位信息提取"节点，用于提取需要的关键词。

⑨ HTTP 请求节点。重命名为"发布岗位招聘信息"节点，用于将岗位招聘信息发布至招聘网站。

⑩ 直接回复节点。重命名为"发布状态"节点，用于查看是否成功发布岗位招聘信息。

⑪ 知识库检索节点。重命名为"简历库"节点，用于存储收集到的简历。

⑫ LLM 节点。重命名为"筛选简历"节点，用于筛选知识库中的简历。

⑬ 直接回复节点。重命名为"筛选结果"节点，用于输出符合条件的简历。

⑭ 条件分支节点。重命名为"是否开始面试"节点，用于让 Agent 选择需要执行的逻辑。

⑮ 知识库检索节点。重命名为"面试题库"节点，用于存储面试题目。

⑯ 谷歌搜索节点。这是一个互联网搜索工具，用于联网搜索并获取最近的信息。

⑰ LLM 节点。重命名为"面试官"节点，用于对候选人提问并评价候选人的回答。

⑱ 直接回复节点。重命名为"面试交互"节点，用于输出候选人与面试官的交互过程。

⑲ 变量赋值节点。重命名为"面试记录"节点，使用 Chatflow 的变量缓存候选人与面试官的面试记录。

⑳ 直接回复节点。重命名为"面试评价"节点，用于输出候选人与面试官的全部面试记录及评价。

下面从开始节点开始介绍。单击开始节点，如图 9-6 所示，可以看到开始节点有很多系统变量（sys），这些是 Chatflow 运行时所需要的信息。其中，"sys.query"代表用户输入的内容，一般为文本；"sys.dialogue_count"代表当前的对话轮数。

图 9-6

单击"输入字段"右侧的"+"按钮,添加"岗位名称"和"岗位描述"这两个变量,用于 Chatflow 后续使用。如图 9-7 所示,添加"岗位名称"变量。选择"字段类型"为"文本",填写"最大长度"为"256","变量名称"必须为英文字符串,"显示名称"用中英文均可。最后,单击"保存"按钮添加变量。可仿照图 9-7 所示的内容添加"岗位描述"变量。

图 9-7

在完成开始节点的设置后,我们在开始节点的右侧添加一个问题分类器节点。在图 9-6 中,我们看到开始节点的右侧有一个"+"按钮,单击该按钮后会展开可连接的节点。我们选择问题分类器节点。

如图 9-8 所示,单击问题分类器节点打开设置页。在设置页中选择"模型"为本地化部署的"qwen2.5:7b",选择"输入变量"为开始节点的用户输入的内容,即"sys.query"变量。最后,在"分类"选区,我们填写编辑及发布岗位需求、筛选简历、考核面试。这 3 个分类对应 9.1.3 节提到的 3 个功能。如图 9-9 所示,在高级设置中,我们填写模型的提示词(指令),主要是提示模型需要处理的问题和可以使用的技能。在"高级设置"

的下方，我们开启模型记忆功能，使得节点可以适应多轮对话的场景。

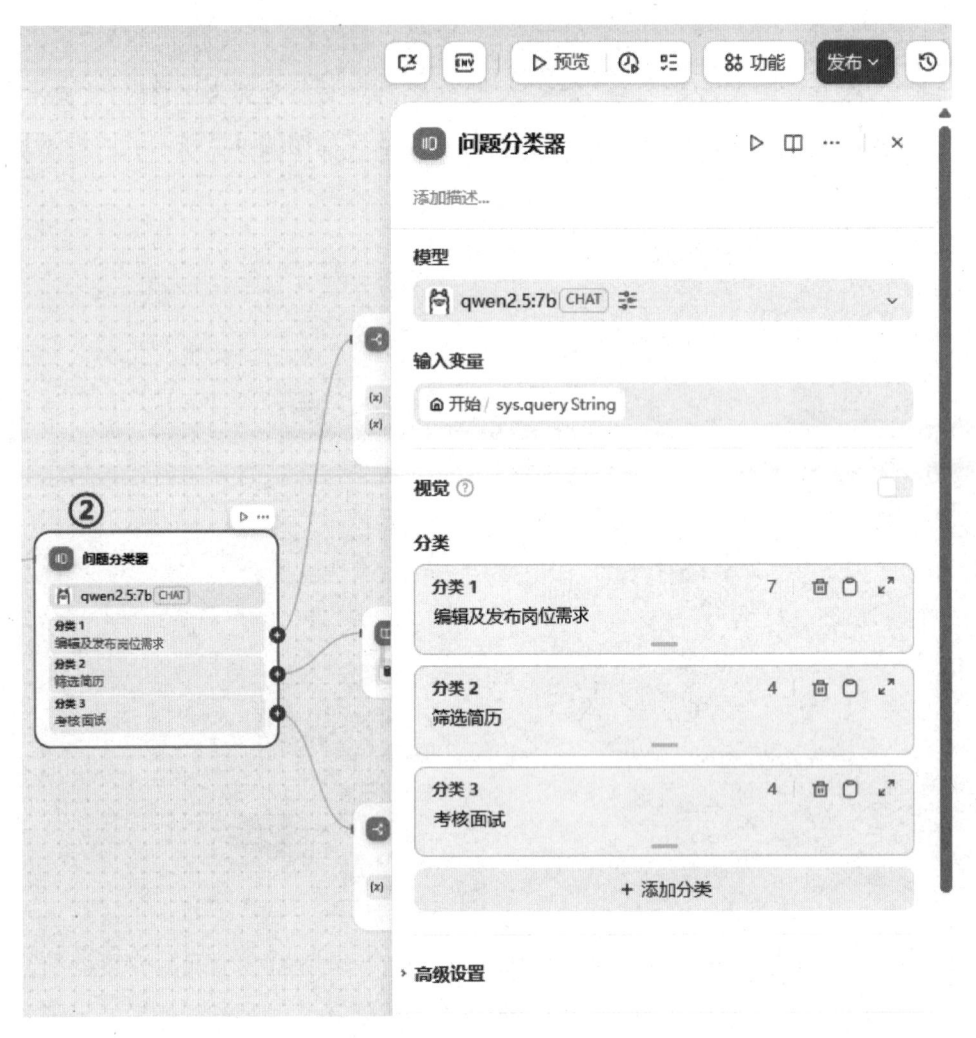

图 9-8

图 9-9

在完成开始节点和问题分类器节点的设置后,我们就开始编排具体的 Chatflow。

1. 编排编辑及发布岗位需求路径

这条路径如图 9-10 所示。在问题分类器节点的后面,我们添加一个条件分支节点,规定 Chatflow 应该使用哪一个分支逻辑处理 HR 的问题。

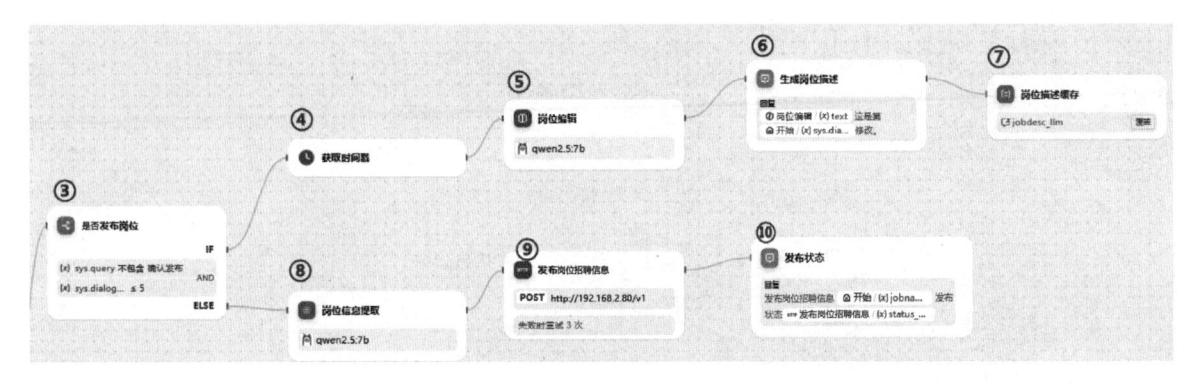

图 9-10

如图 9-11 所示，单击条件分支节点，在最上方的编辑框中将条件分支节点重命名为"是否发布岗位"节点。条件分支节点有 IF 和 ELSE 两个分支，我们先介绍 IF 分支的编排。

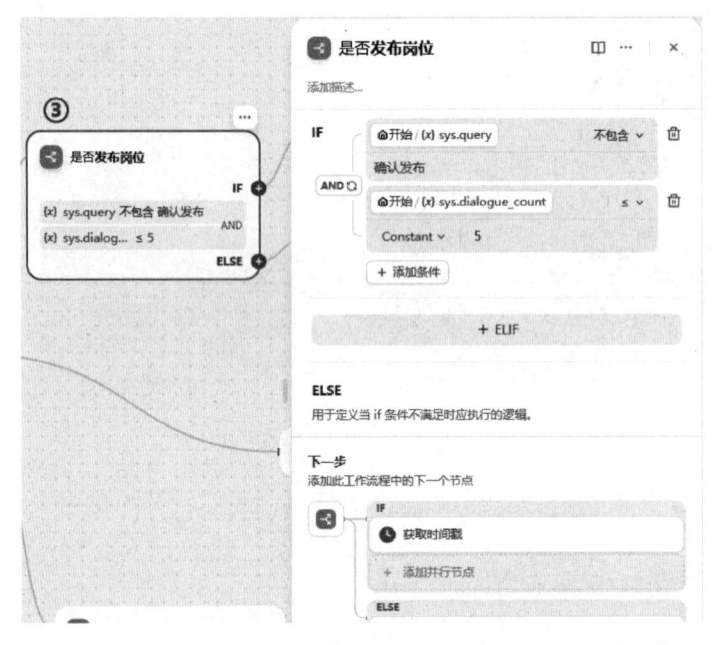

图 9-11

在 IF 分支中按图 9-11 所示的内容设置参数并用"AND"连接。这样设置的意思是，当 HR 输入的"sys.query"变量中不包含"确认发布"关键词并且对话轮数"sys.dialogue_count"小于等于 5 时，Chatflow 运行 IF 分支：使用大模型优化岗位描述并将其返回让 HR 提出修改意见，大模型会根据修改意见进行修改。这个流程在 HR 输入"确认发布"或者对话 5 轮后结束。

在 IF 分支的后面连接了一个获取时间戳节点。如图 9-12 所示，我们按照提示填写本地时间和时区，单击"保存"按钮即可。这个时间戳用于后续调用 HTTP 请求节点。我们需要记录发布时间。

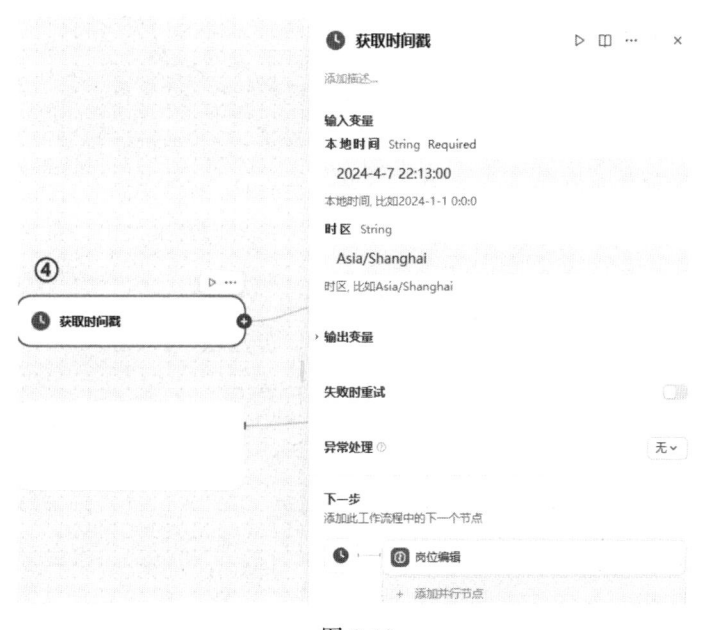

图 9-12

在完成获取时间戳节点的设置后，我们在后面连接一个 LLM 节点并将其重命名为"岗位编辑"节点。"岗位编辑"节点的设置如图 9-13 所示。选择"模型"为本地化部署的"qwen2.5:7b"，选择"上下文"为 HR 输入的"sys.query"变量。"SYSTEM"是模型使用的提示词，我们可以参考图 9-9 所示的内容编写。注意："SYSTEM"中使用了一些变量（如用户输入、岗位名称、岗位描述和时间戳）。引用变量的目的是让大模型了解上下文，让大模型更好地工作。"USER"是用户输入的提示词，是用户对大模型提问的内容，同样也引用了一些变量（如用户输入、岗位名称、岗位描述）。

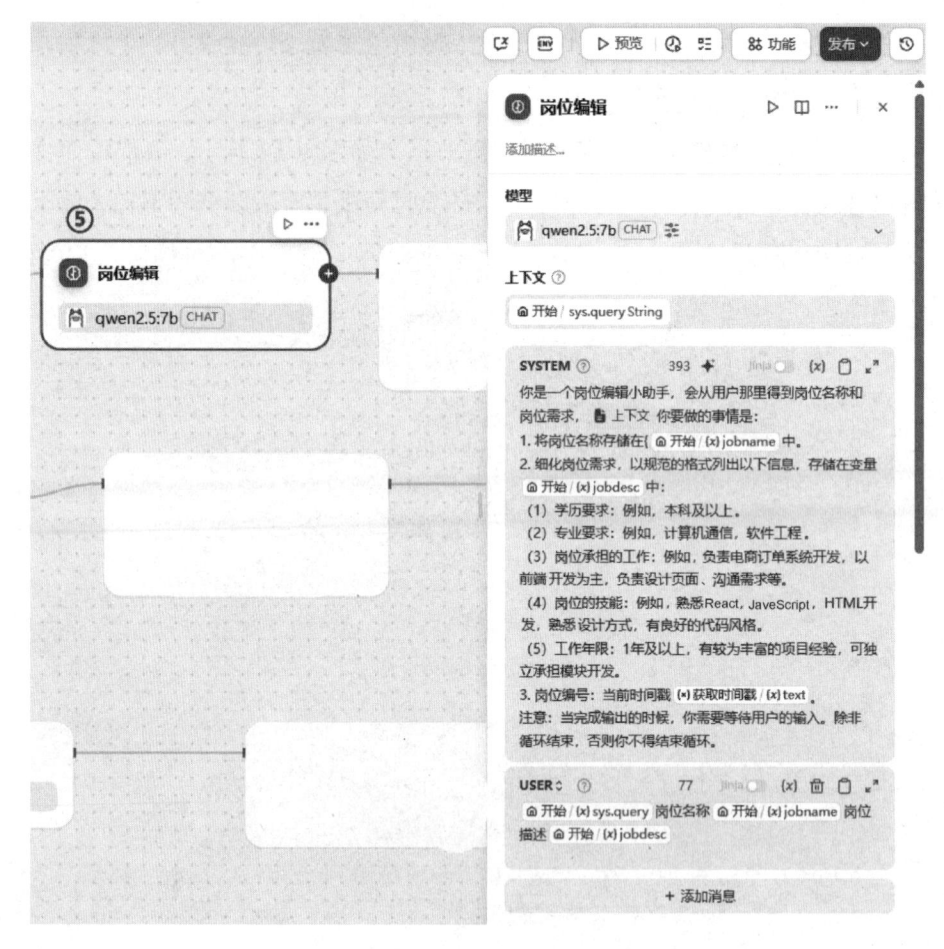

图 9-13

在"岗位编辑"节点后添加一个直接回复节点,用于向 HR 展示 LLM 节点的输出。如图 9-14 所示,我们引入直接回复节点并将其重命名为"生成岗位描述"节点。这个节点使用了"text"和"sys.dialogue_count"这两个变量,分别表示"岗位编辑"节点返回的内容和当前的对话轮数。

IF 分支的最后是一个变量赋值节点,我们将其重命名为"岗位描述缓存"节点并定义了一个"jobdesc_llm"变量用于存储最新生成的岗位描述。变量赋值节点的设置如图 9-15 所示,在方框所示的变量编辑区域,将大模型输出的"text"赋值给"jobdesc_llm"变量。

"jobdesc_llm"是一个会话变量。会话变量用于存储大模型需要的上下文信息,如用户偏好、对话历史等，是可读写的。如图 9-16 所示，单击上方方框处的按钮，会弹出"会话变量"窗口，单击"添加变量"按钮。然后，在"添加会话变量"窗口填写"名称"和"描述"，单击"保存"按钮新建会话变量，如图 9-17 所示。

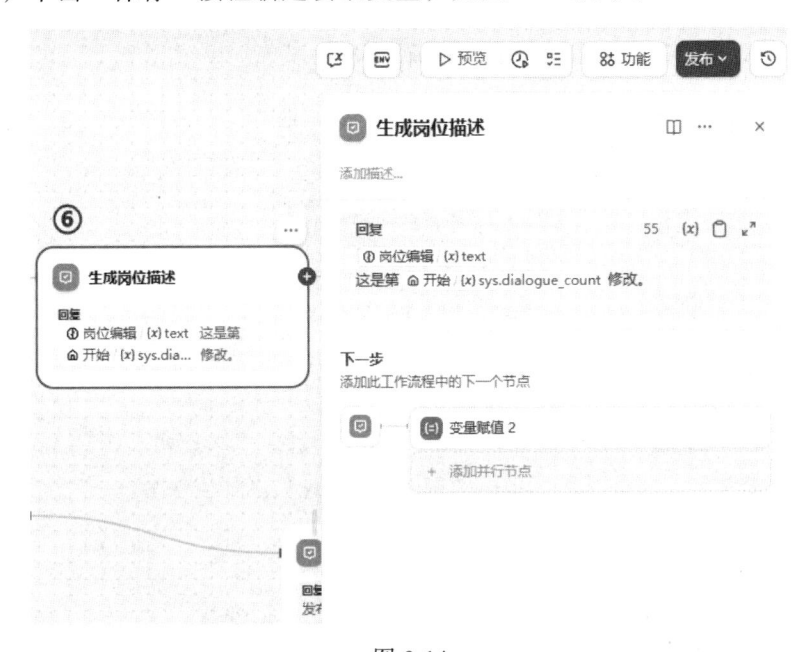

图 9-14

图 9-15

图 9-16

图 9-17

通过以上步骤，我们完成了编辑及发布岗位需求的 IF 分支的编排，其完整的路径如图 9-18 所示。

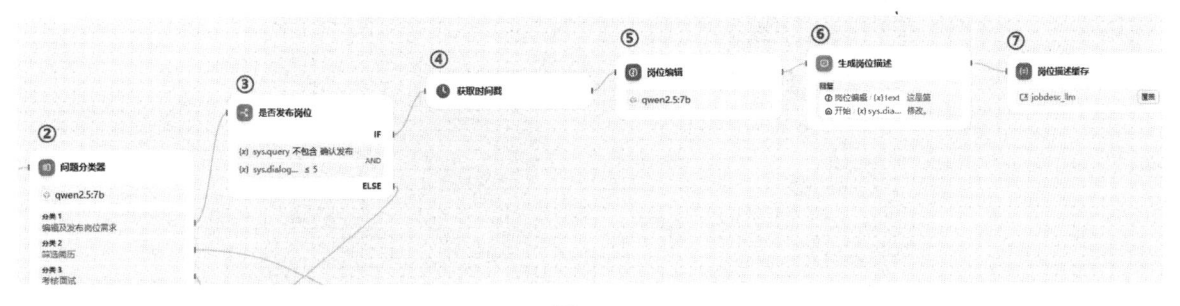

图 9-18

下面进行编辑及发布岗位需求的 ELSE 分支的编排。当我们认为大模型生成的岗位描述符合要求时，Chatflow 会流向 ELSE 分支的节点，完成编辑及发布岗位需求。

如图 9-19 所示，ELSE 分支后面的第一个节点是参数提取器节点。我们引入一个参数提取器节点并将其重命名为"岗位信息提取"节点。这个节点使用"qwen2.5:7b"模型，提取岗位描述中的参数。如图 9-20 所示，单击"提取参数"右边的"+"按钮可以添加需要提取的参数。我们要在"名称"和"描述"中填写需要提取的参数信息，单击"保存"按钮完成设置。

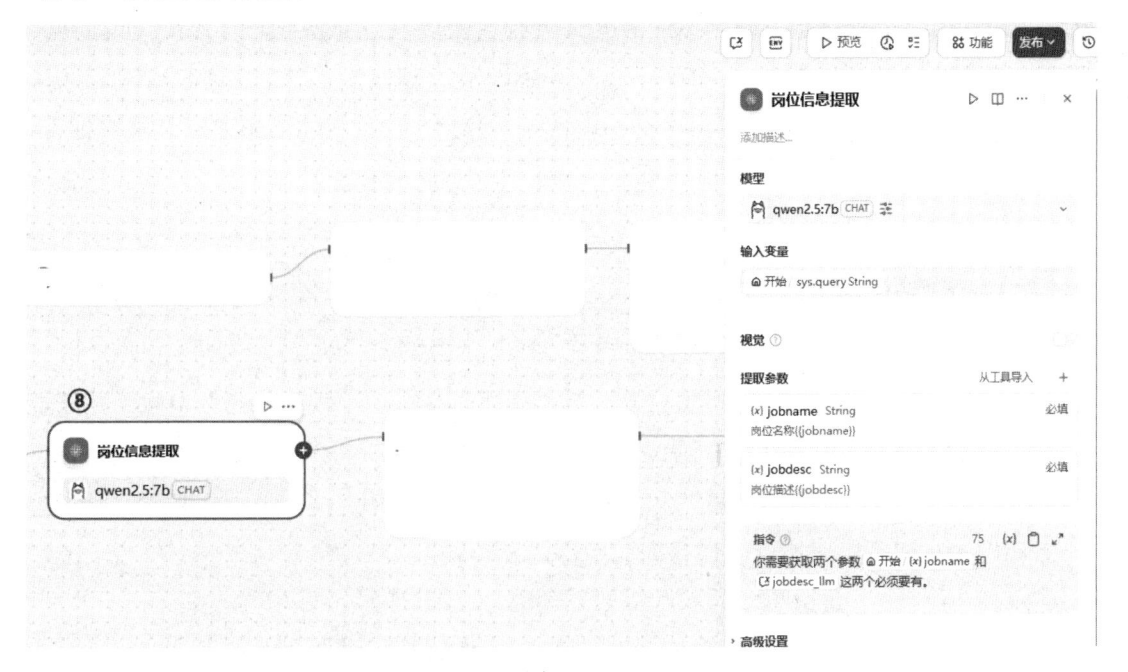

图 9-19

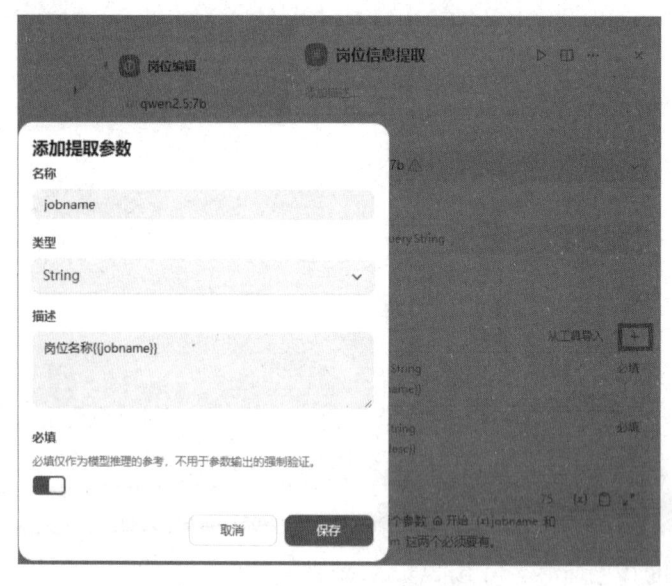

图 9-20

在设置好参数提取器节点后,我们添加一个 HTTP 请求节点并将其重命名为"发布岗位招聘信息"节点。这个节点使用本地安装的一个网络软件模拟招聘网站发布的过程。在实际应用时,可以订购招聘网站的 API 或者企业内部人力资源系统的 API。如图 9-21 所示,调用一个 HTTP 接口,一般需要提供 API 链接、请求头信息 HEADERS 和请求体 BODY。一般来说,API 能力提供者会提供这些参数,我们直接将其复制到节点里即可。各个 API 的调用方式不尽相同,但大部分 API 都接受 POST 请求,以 JSON 格式传输数据并且需要填写 API-KEY 鉴权信息。

"发布岗位招聘信息"节点引用了"岗位名称"和"岗位描述"两个变量作为请求体的参数。通过 HTTP 的 POST 方法将请求发送给服务器,完成职位发布。

最后,我们在"发布岗位招聘信息"节点后面连接一个"发布状态"节点,用于显示岗位发布的状态。如图 9-22 所示,"发布状态"节点是一个直接回复节点。我们在该节点里填写"发布岗位招聘信息"和"发布状态"两个变量。这个节点会将发布状态返回给 HR,HR 就可以通过返回信息确认职位的发布状态。

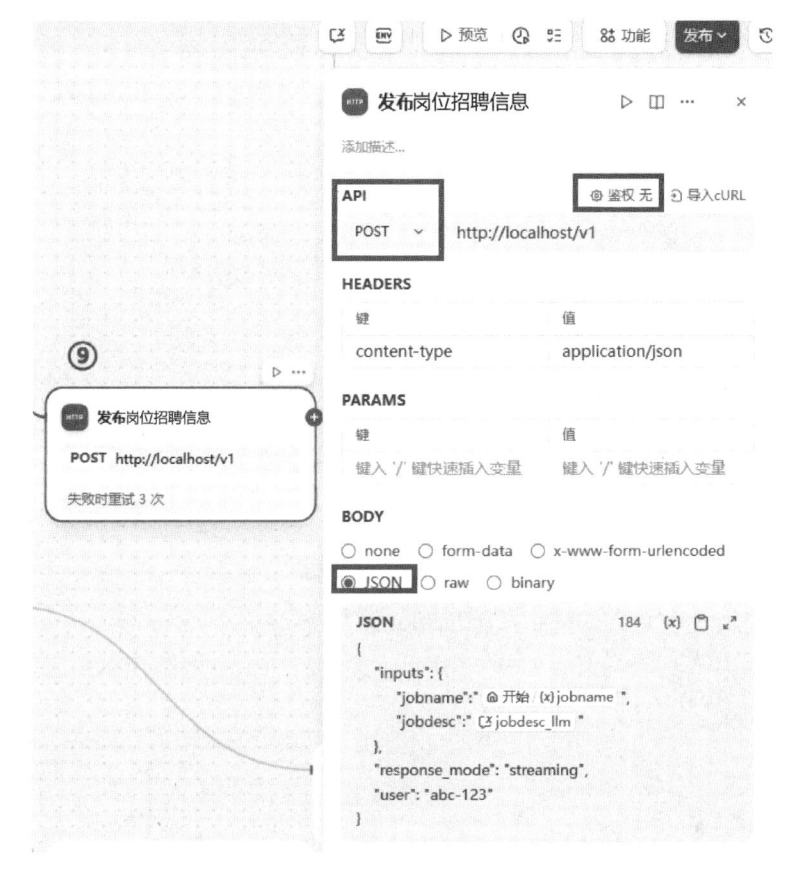

图 9-21

图 9-22

到这里，我们就完成了编辑及发布岗位需求的 ELSE 分支的编排，其完整的路径如图 9-23 所示。

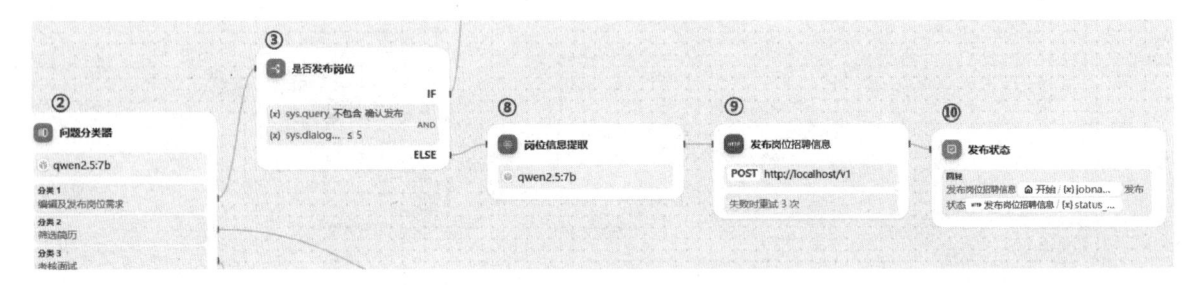

图 9-23

2. 编排筛选简历路径

下面介绍第二条路径。这条路径主要使用 LLM 节点读取知识库中的简历，筛选出合适的简历。这是一个经典的知识库 Chatflow。图 9-24 所示为筛选简历的完整路径。在实际的业务场景中，我们可以在知识库中主动添加简历，或者调用 API 从招聘网站上下载简历到知识库中。

图 9-24

我们将收集到的简历存储到"简历库"节点中。如图 9-25 所示，我们在问题分类器节点的后面添加知识检索节点并将其重命名为"简历库"节点。我们设置"查询变量"为 HR 输入的内容，提示知识库搜索的关键词为 HR 输入的内容。关于"简历库"节点的具体参数和设置，可参考 8.2 节的相关介绍。

在"简历库"节点的后面，我们连接一个 LLM 节点并将其重命名为"筛选简历"节点。如图 9-26 所示，我们在"筛选简历"节点中选择"模型"为本地化部署的"deepseek-r1:7b"，在"上下文"中添加"简历库"作为大模型的知识库。在"SYSTEM"中，我们给大模型一些提示信息，主要提示大模型根据岗位名称和岗位描述筛选简历。在"USER"中，我们依旧引入用户输入，并开启记忆功能以实现多轮对话的能力。

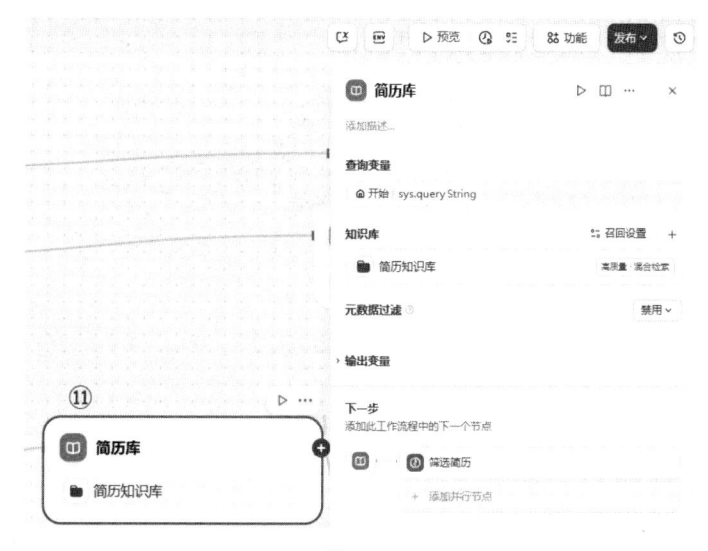

图 9-25

图 9-26

最后，我们在"筛选简历"节点后添加一个直接回复节点，用于展示搜索结果。如图 9-27 所示，我们将该节点重命名为"筛选结果"节点，并在该节点中引用大模型的返回结果，即"text"变量。

图 9-27

通过以上 3 步，我们就编排完了筛选简历路径。下面编排最后一个 Chatflow，即面试考核。

3. 编排面试考核路径

图 9-28 所示为面试考核 Chatflow。我们在问题分类器节点的后面添加了一个条件分支节点，随后使用知识库和搜索工具辅助大模型，为 Agent 提供面试提问和答案评价能力。我们使用了一个变量赋值节点将面试结果全部记录下来，当面试完成时将其输出到页面供面试官参考。下面对这个 Chatflow 用到的节点进行说明。

首先介绍条件分支节点，将其重命名为"是否开始面试"节点。如图 9-29 所示，我们使用对话轮数作为条件分支节点的条件。当对话轮数小于等于 10 时，IF 分支与候选人进行面试交互。当对话轮数大于 10 时，Chatflow 输出候选人的面试结果。

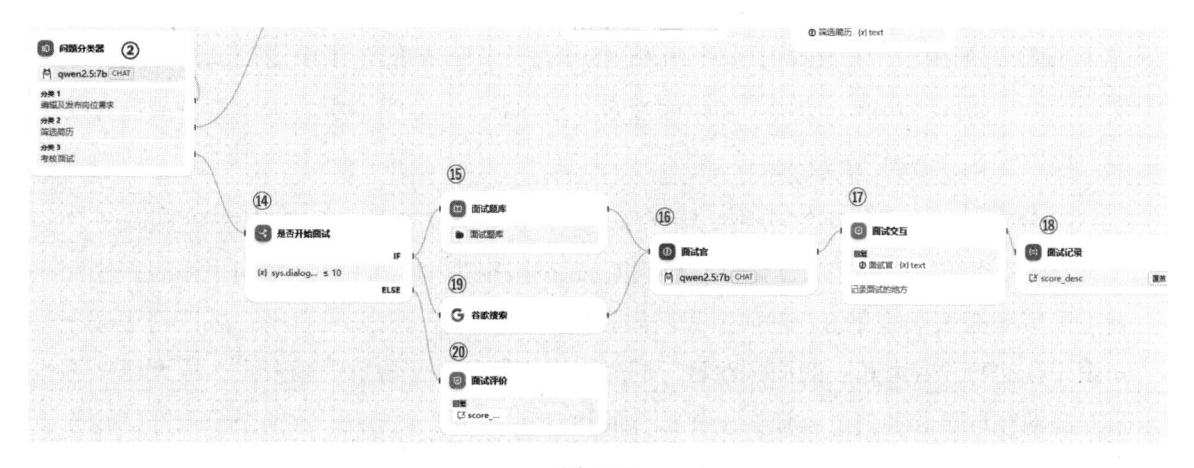

图 9-28

图 9-29

"是否开始面试"节点有 IF 分支和 ELSE 分支。我们先介绍 IF 分支的编排。IF 分支实现了多轮面试的功能，使用了知识库检索节点和谷歌搜索节点配合大模型对候选人提问，评价候选人的回答。

IF 分支连接了两个节点，分别是知识库检索节点和谷歌搜索节点，如图 9-30 和图 9-31 所示。我们将知识库存储的面试题编排到 Chatflow 中供大模型使用。对知识库的参数设置可以参考第 8 章的介绍。例如，我们需要面试一个 JAVA 开发工程师，可以创建一个知识库存储与 JAVA 相关的面试题目。同时，我们添加一个谷歌搜索节点，让大模型通过互联网获取更多的信息，提升出面试题的质量和面试评价能力。这两个节点都将候选人输入的内容作为查询变量，为大模型提供上下文。

图 9-30

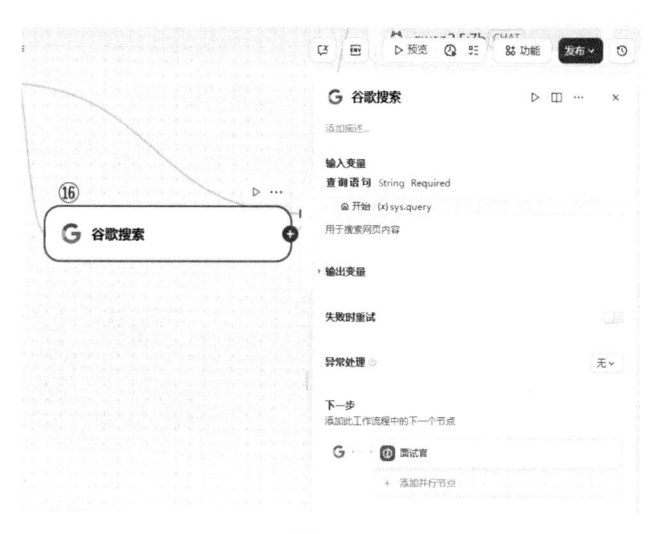

图 9-31

在"面试题库"节点和谷歌搜索节点的后面,我们连接了一个 LLM 节点并使用"qwen2.5:7b"模型作为"面试官"节点。如图 9-32 所示,我们在"面试官"节点中编辑"上下文"引用面试题库,并填写"SYSTEM"和"USER"。"SYSTEM"说明了大模型需要完成的任务,引用了一些变量(例如,岗位名称和搜索工具返回的结果)。

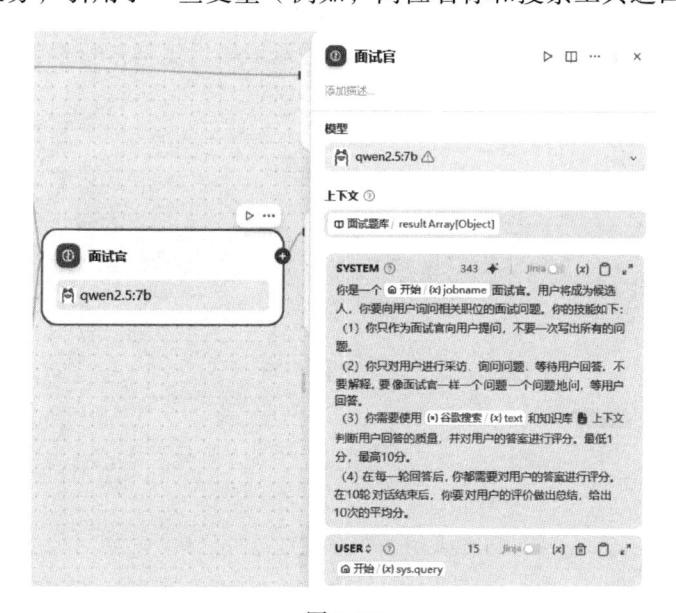

图 9-32

在完成"面试官"节点的设置后,我们添加一个直接回复节点展示"面试官"节点提出的问题并等待候选人输入答案。我们将该节点重命名为"面试交互"节点。如图 9-33 所示,在"面试交互"节点中,我们添加"面试官"节点输出的文本作为变量。这样就可以看到"面试官"节点输出的信息。

图 9-33

在"面试交互"节点的后面,我们添加一个变量赋值节点并将其重命名为"面试记录"节点。如图 9-34 所示,我们新建一个会话变量"score_desc"用于存储候选人与大模型的面试问答记录。新增会话变量的方法可以参考编排编辑及发布岗位需求路径部分。

图 9-34

以上是编排面试考核路径的 IF 分支,主要实现了面试问答的效果。ELSE 分支相对简单,主要是将面试结果返回到页面中。如图 9-35 所示,我们新建一个"面试评价"节点。当对话轮数大于 10 时，Agent 输出"score_desc"变量存储的面试记录和面试结果。在真实的业务场景中，如果我们不希望候选人看到面试评价结果，那么可以将该节点的输出内容显示为"面试结束"，将变量"score_desc"（面试记录及评价）写入一个文本文件中，通过 HTTP 请求节点返回给 HR。

图 9-35

这样，我们就成功地开发了人才招聘数字员工 Agent。在 9.3 节，我们运行该 Agent 并对运行结果进行讨论。

9.3 人才招聘数字员工Agent的运行效果

前面说明了开发人才招聘数字员工 Agent 的思路和过程，下面对该 Agent 提出几个问题，测试它的性能。我们主要关注该 Agent 能否正确识别用户意图，调用不同的路径实现我们的需求。

1. 场景 1：编写并发布岗位需求

如图 9-36 所示，我们单击"预览"按钮打开"预览"窗口，输入"岗位名称"和简单的"岗位描述"。在对话框中输入"帮我发布一个岗位"与该 Agent 对话，单击回车键后，可以看到编辑及发布岗位需求路径的 IF 分支被点亮，该 Agent 成功地输出了详细岗位需求，如图 9-37 所示。

我们可以与该 Agent 多次对话，提示该 Agent 修改岗位描述。当认为该 Agent 输出的岗位描述满足我们的需求后，我们在对话框中输入"确认发布"。可以看到，该 Agent 成功切换到编辑及发布岗位需求路径的 ELSE 分支，调用了 HTTP 请求节点，完成了岗位需求发布，如图 9-38 所示。

2. 场景 2：筛选简历

我们在对话框中输入筛选简历的需求，可以看到该 Agent 点亮了筛选简历路径，如图 9-39 所示。在对话框中，我们也可以看到该 Agent 调用的节点和返回的结果。该 Agent 返回了 5 封简历的工作经历和项目经历。为了隐私保护，我们提示该 Agent 不得返回候选人的姓

图 9-36

名、电话等敏感信息。该 Agent 也意识到有这些限制，所以没有输出敏感数据，仅输出了符合 Java 工程师职位要求的简历。

3. 场景 3：考核面试

我们使用该 Agent 模拟一场面试。如图 9-40 所示，我们模拟候选人，在对话框中输入文本进入面试考核路径。可以看到，该 Agent 询问我们面试的岗位并让我们做自我介绍。我们输入岗位和自我介绍后，该 Agent 对我们提出一个与 Java 相关的面试题等待我们回答，如图 9-41 所示。我们可以看到该 Agent 使用了"面试题库"和"谷歌搜索"。我们对该 Agent 提出的问题作答，该 Agent 会评价我们的答案并给出建议，随后提出下一个面试问题，如图 9-42 所示。最后，在面试结束后，该 Agent 输出此次对候选人面试的评价，如图 9-43 所示。

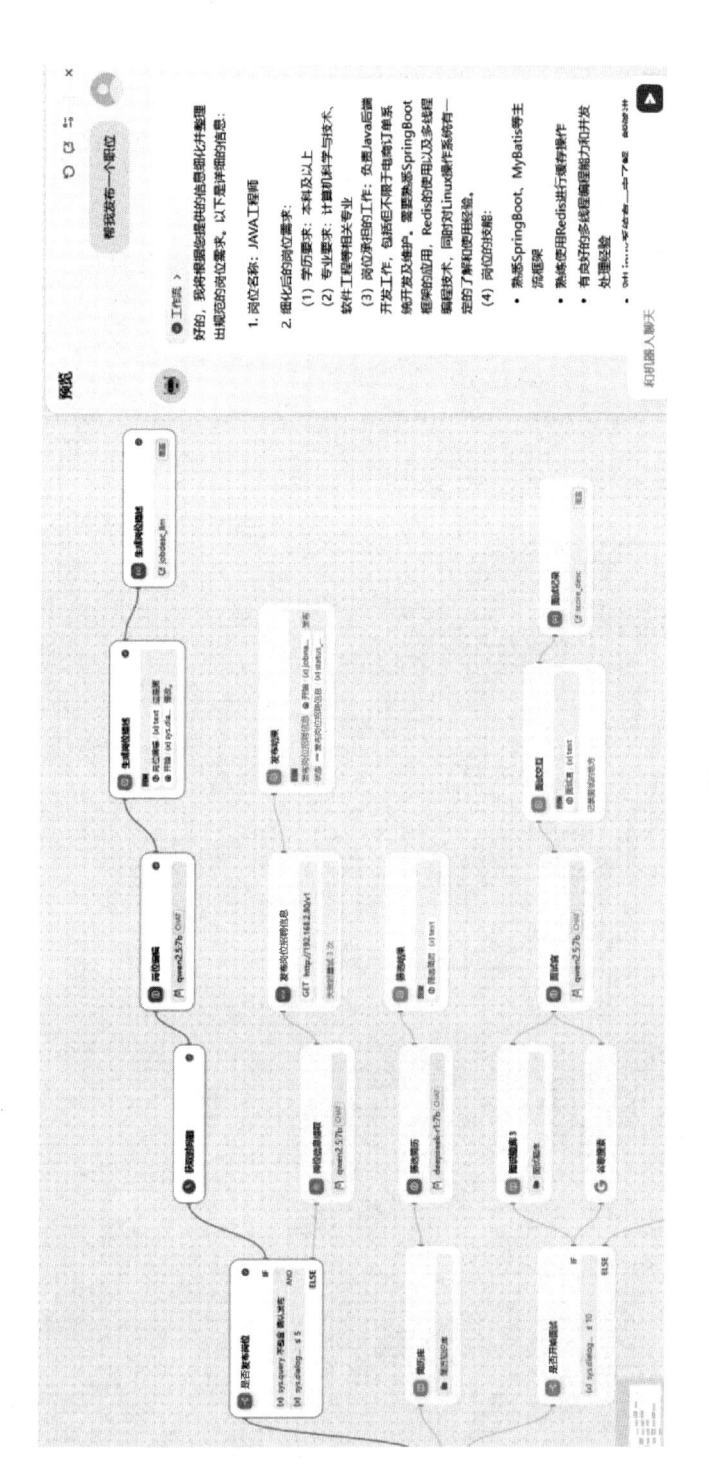

图 9-37

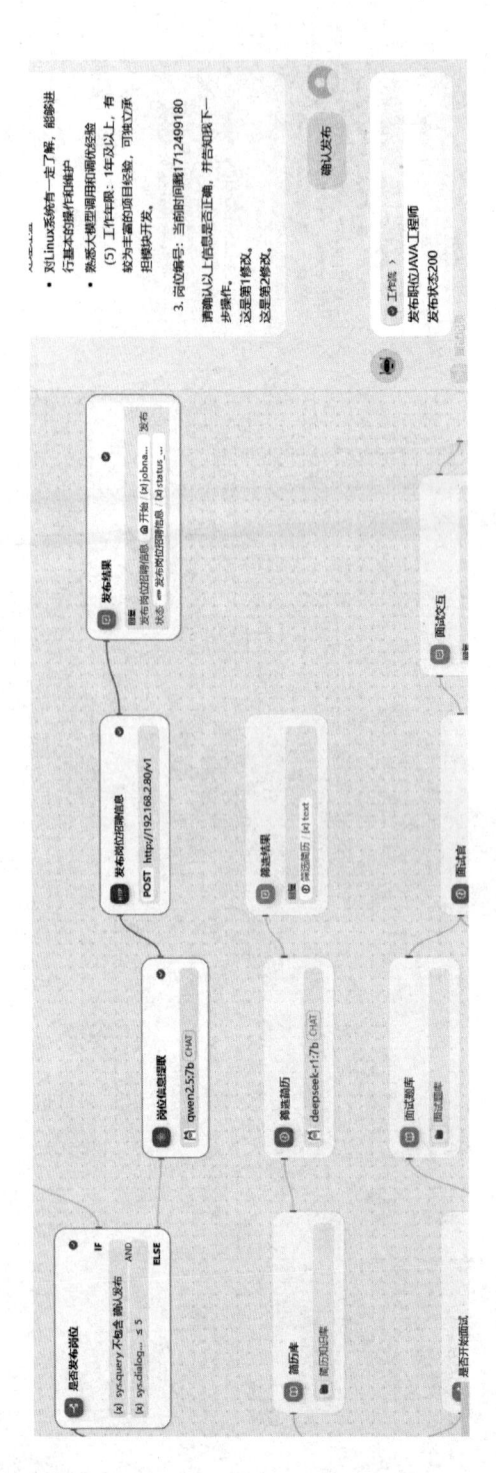

图 9-38

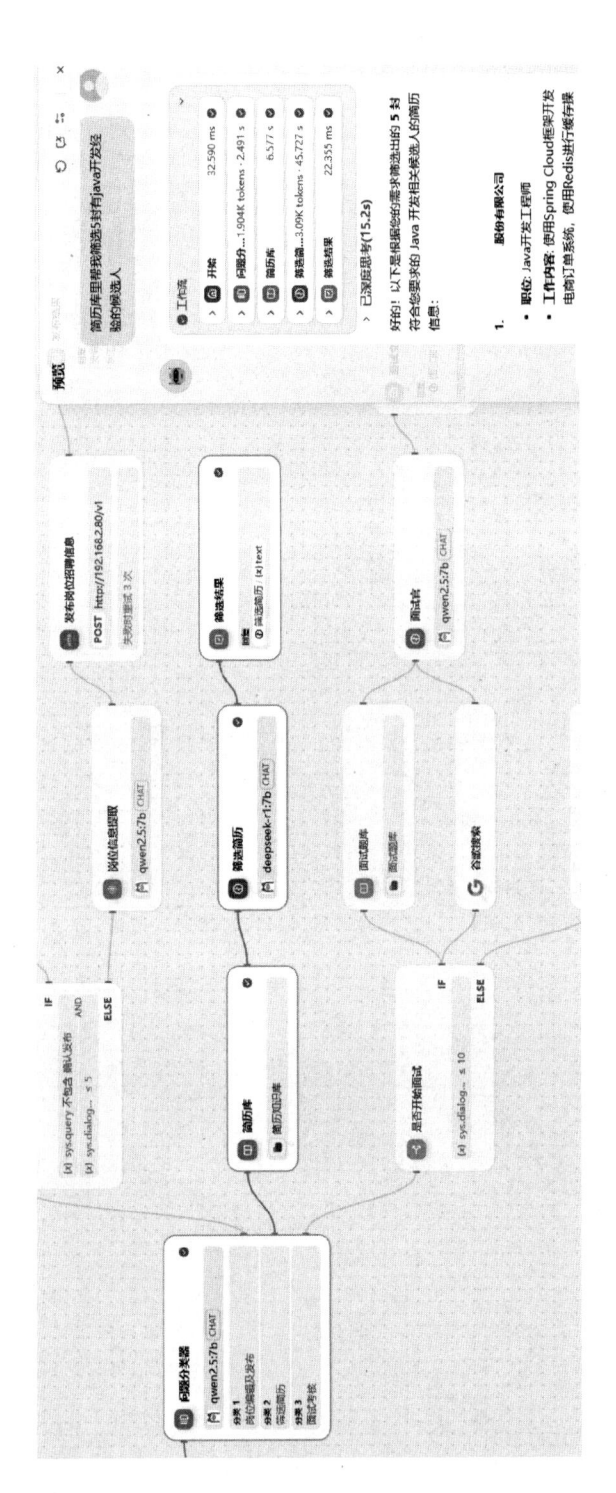

图 9-39

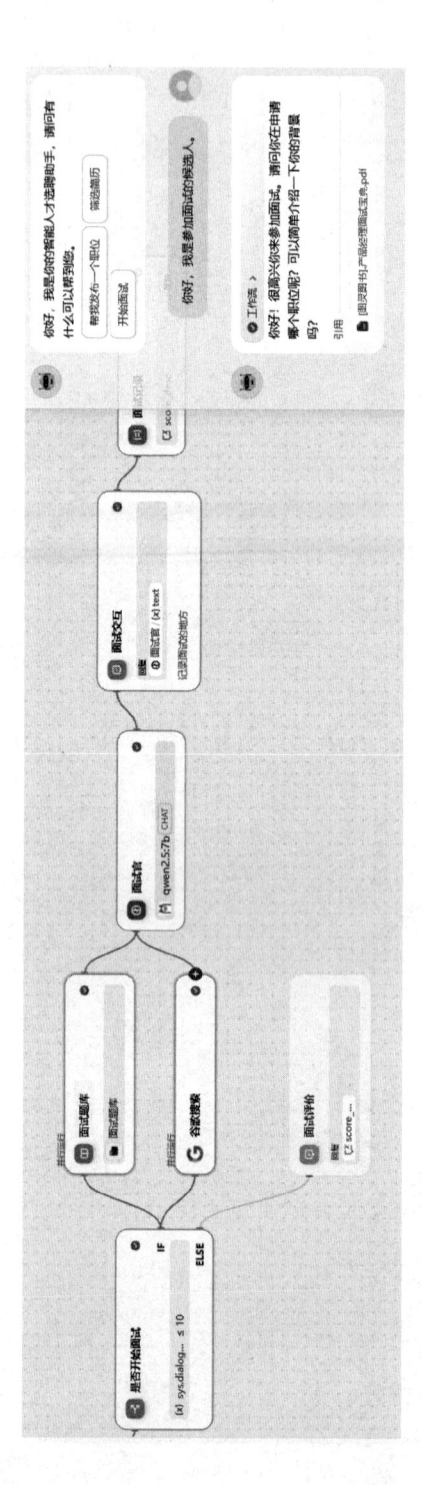

图 9-40

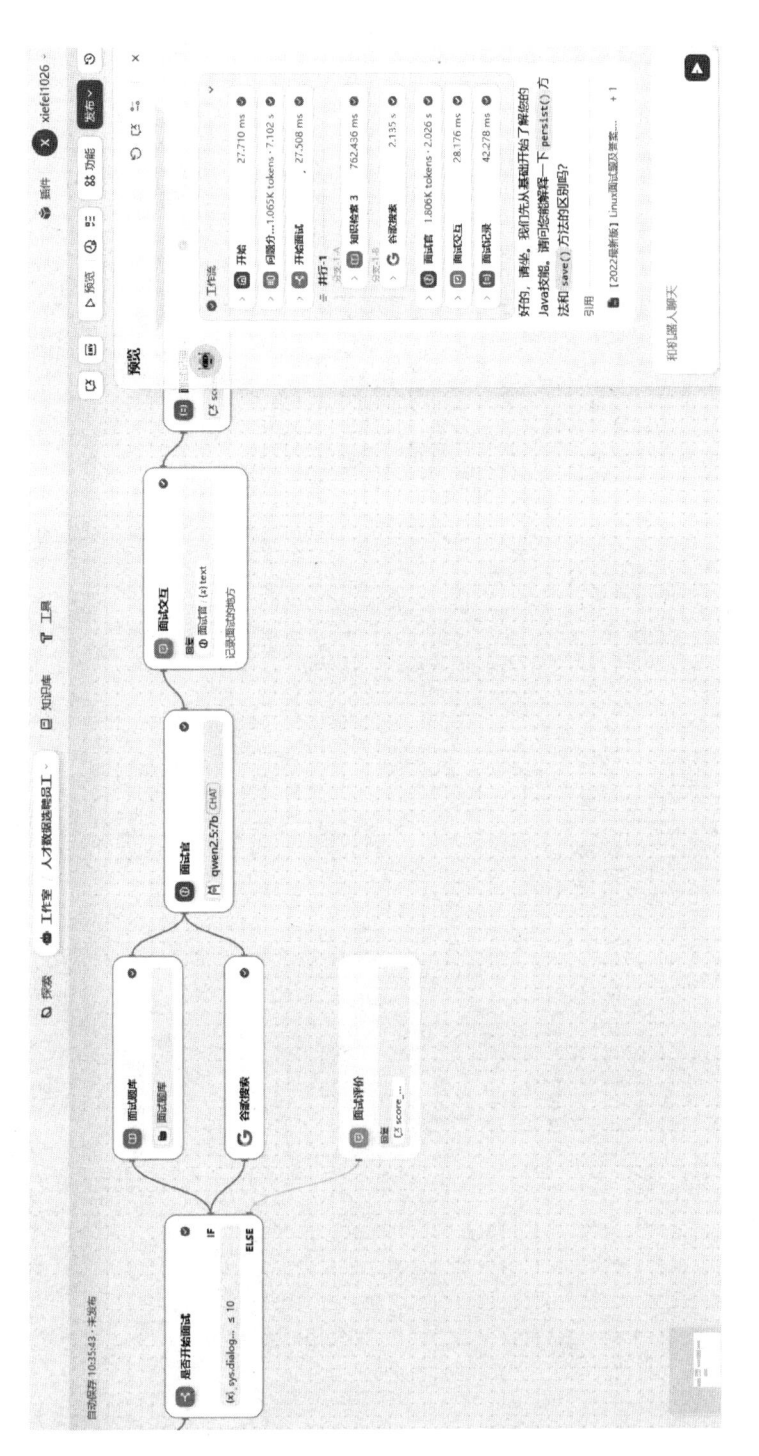

图 9-41

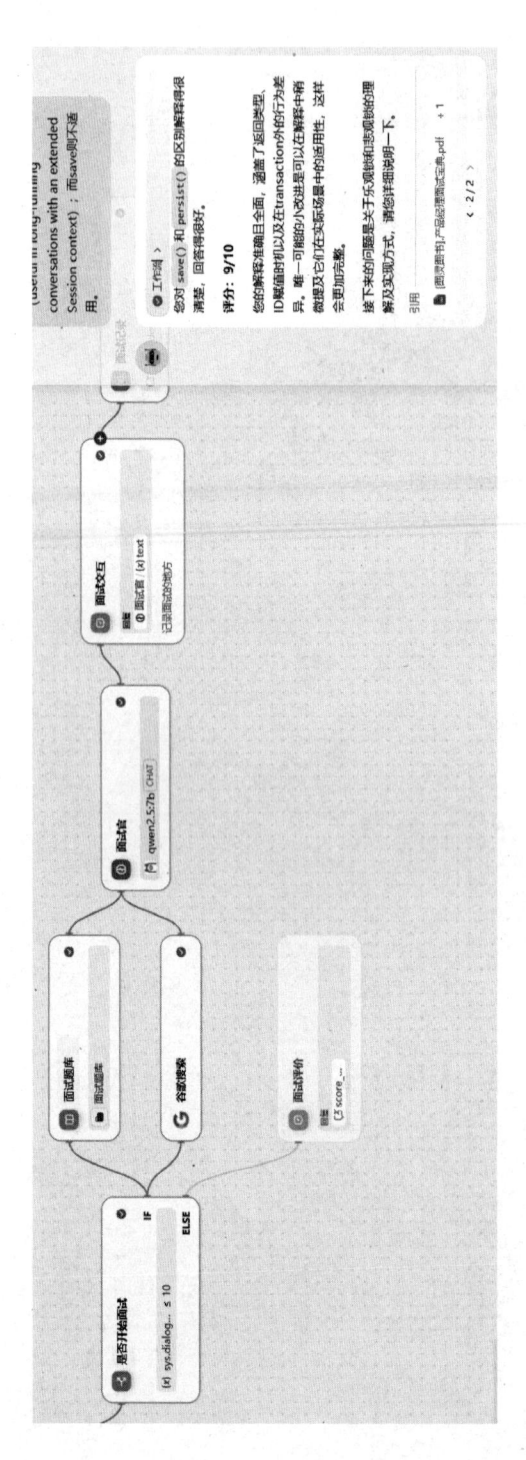

图 9-42

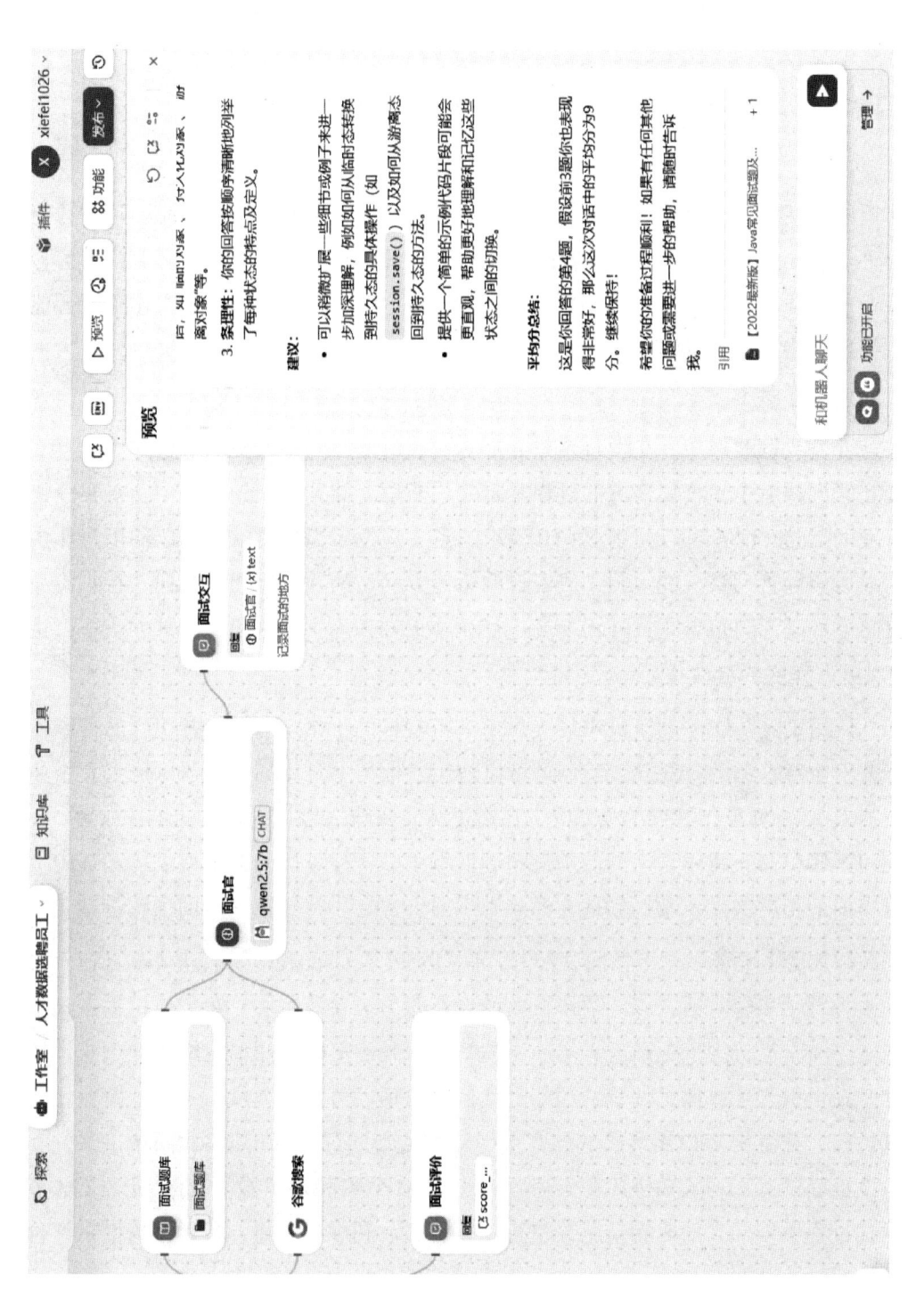

图 9-43

9.4　举一反三：Agent开发小结与场景延伸

　　人才招聘数字员工 Agent 的专业化和定制化程度高。它是专门辅助企业招聘的智能化办公助手。开发它的主要难点在于要设置和编排 Chatflow 节点。本章以企业招聘为背景，开发了一个功能全面的人才招聘数字员工 Agent，希望可以给企业的人才招聘智能化提供一些新思路。你可以结合自身需求和使用场景对本章介绍的 Agent 进行改进。下面有 3 点建议供你参考。

　　第一，开发或订购 API。在发布岗位需求时，我们使用的是模拟请求，并没有真实地发布到互联网环境中。收集简历的过程是将一些简历存储到本地知识库中。在实际使用本章开发的 Agent 时，可以使用 HTTP 请求节点实现发布岗位需求，可以使用企业内部开发的人力资源管理系统的 API，或者订购第三方网站的相关 API。同样，在收集简历时，我们也可以订购相应的 API 将简历存储到本地知识库中。这两个改进方法可以让 Agent 实现更高程度的自动化。

　　第二，使用工具。Dify 的工具市场提供了丰富多样的工具。除了经常用到的搜索工具，对于开发本章介绍的 Agent，我们还可以使用通信类工具（如钉钉群机器人和企业微信群机器人）。一种可以延伸的场景是，在通过 Agent 筛选出一些合适的候选人后，我们可以使用群聊机器人将候选人的简历发布到群聊中。这样可以及时提醒 HR 和部门负责人查看当前的招聘进度，掌握候选人的基本情况，进一步将筛选简历的工作自动化。

　　第三，添加更多功能。在考核面试部分，我们使用了 Chatflow 中的迭代节点让大模型和候选人进行了多轮对话，以评估候选人的专业能力。在面试中，我们使用输入文字的方式与 Agent 交互。为了更贴近真实应用的情景，我们可以使用语音输入的方式，还可以在此基础上引入生成面试评价的功能。我们在对话后可以加入一个 LLM 节点用于总结面试过程，并使用 HTTP 请求节点调用相关的 API 将面试评价返回给 HR。另外，我们还可以将面试过程写入知识库中，随后引入 LLM 节点和知识检索节点，让 LLM 节点提取面试过程中候选人的回答情况并进行评分，提取其中的变量，最后根据面试评价模板生成面试评价，将面试评价写入知识库中。

我们可以以本章开发的人才招聘数字员工 Agent 为基础，定制化开发招聘助手、简历筛选助手、AI 面试助手等应用。这类应用可以辅助我们高效、快速地寻找到合适的岗位候选人，同时提升候选人和面试官的招聘体验。现在很多企业都引入了 AI 面试用于评估候选人的基本能力。基于本章提供的 Agent 模板，你可以迅速开发自己的招聘助手。